“十二五”规划教材

12th Five-Year Plan Textbooks
of Software Engineering

软件测试实用教程

刘震 吴娟 ◎ 主编
侯小毛 崔晓明 翟社平 魏娟丽 ◎ 副主编

人民邮电出版社
北京

图书在版编目（CIP）数据

软件测试实用教程 / 刘震，吴娟 主编． — 北京：人民邮电出版社，2017.3（2022.1重印）
普通高等教育软件工程“十二五”规划教材
ISBN 978-7-115-44418-9

Ⅰ．①软… Ⅱ．①刘… ②吴… Ⅲ．①软件－测试－高等学校－教材 Ⅳ．①TP311.5

中国版本图书馆CIP数据核字(2017)第002013号

内 容 提 要

软件测试是一门涉及广泛知识的学科，软件测试行业在国内方兴未艾，测试工程师们亟须掌握各种测试技术和工具，测试团队的管理也亟须完善和提高。

本书在编写过程中考虑到测试人员的需求，尤其是测试新手对各种知识的需求，提供了丰富的测试知识：首先介绍了国内外先进的测试技术和测试理念，如微软的测试方法、RUP 中的测试过程、敏捷测试的理念等；其次详细讲述了几个主要测试工具的使用，如 LoadRunner、AppScan 等；然后介绍了各种常用的开源测试工具，为期待引入开源测试工具的团队提供参考；最后，结合项目实践，介绍了自动化测试框架的开发。本书在每章的最后，针对本章重要内容给出习题，方便大家进行自测。

本书适合作为高校软件测试相关课程教学用书，也适合从事测试工作的人员参考使用。

◆ 主　　编　刘　震　吴　娟
　副 主 编　侯小毛　崔晓明　翟社平　魏娟丽
　责任编辑　吴　婷
　责任印制　杨林杰

◆ 人民邮电出版社出版发行　　北京市丰台区成寿寺路 11 号
　邮编　100164　　电子邮件　315@ptpress.com.cn
　网址　http://www.ptpress.com.cn
　北京捷迅佳彩印刷有限公司印刷

◆ 开本：787×1092　1/16
　印张：16　　　　2017 年 3 月第 1 版
　字数：415 千字　　2022 年 1 月北京第 3 次印刷

定价：45.00 元

读者服务热线：(010)81055256　印装质量热线：(010)81055316
反盗版热线：(010)81055315

前 言

目前软件的质量问题几乎都可以归咎为测试阶段没有发现问题，然而，事实上我们在测试阶段是不可能发现所有问题的。这当然与软件的复杂度有关系，另外，不规范的测试过程和缺乏测试管理也是造成很多测试不充分、测试遗漏，甚至软件未经测试就匆忙发布的原因。

编者精心编写了本书，目的是指出很多人对测试的各种误解，以及测试过程中的各种误区，尤其是为测试新手进入测试行业提供一个测试知识的阶梯。编者结合多年的测试经验和测试团队管理经验，为广大测试人员介绍了各种先进的测试技术和测试理念，为测试人员提高自己的测试水平、完善自己的知识结构、扩展自己的测试知识面提供帮助。

1. 本书的内容安排

本书分为两篇，共 14 章，从软件测试的基本概念讲起，再进一步介绍一个完整的测试过程所经历的各个阶段，然后结合目前测试流行的各种实用技术和常用工具，讲解如何进行各种类型的测试，最后结合我们的经验讲解如何营造一个良好的学习环境，让测试人员的水平得以不断地提高。

（1）第 1 篇（第 1 章 ~ 第 5 章）软件测试的理论基础。

本篇讲述了软件测试的基础知识，包括测试起源和发展、测试行业的现状、软件测试的目的与原则，以及相关方法论和软件测试的过程管理，为希望进入测试领域的人提供一些基础知识。测试新手能通过这 5 章的基础知识来判断自己是否适合在测试领域发展，自己目前的不足是什么，需要努力提高的方向是什么。

（2）第 2 篇（第 6 章 ~ 第 14 章）实用软件测试技术与工具应用。

本篇具体讲述了各种实用的软件测试技术的使用，以及目前常用的各种测试工具的使用，包括测试管理工具 QC 的应用、自动化测试工具 UFT 的应用、性能测试工具 LoadRunner 的应用、安全测试工具 AppScan 的应用、单元测试工具 MSTest 的应用。本篇的内容是编者多年软件测试经验和测试管理经验的总结，其中还重点介绍了一些测试辅助工具的开发，是测试人员综合利用测试技术和测试方法进行各种类型测试的重要参考，也是普通测试工程师通往高级测试工程师需要掌握的核心知识。

2. 本书的特点

本书的特点主要体现在以下 6 个方面。

（1）本书的编排采用循序渐进的方式，适合初级、中级读者逐步掌握软件测试的基本方法及软件测试设计和管理的精髓。

（2）本书结合笔者多年的团队管理和新人培训经验，深入浅出地介绍各种测试知识。

（3）本书在介绍各种测试方法和技术时，采用了浅显易懂的例子；在介绍测试工具时也使用了大量的例子和代码，方便读者自己进行实践和演练；在介绍测试工具的开发时更是提供了丰富完整的开发示例代码，读者可直接使用，或者根据自己的实际情况进行调整。

（4）除了基础的测试知识外，本书还适当加入目前测试领域各种先进的前沿技术和理论，介绍国外先进的测试方法和技术，方便读者借鉴大型项目和组织的测试理念和技术。

（5）本书结合笔者多年的测试团队管理经验，在各种类型测试的管理方面提出了自己的见解，在测试工具的引入和管理、测试人员的管理和度量方面也提出了全面的解决方案。

（6）本书每章都提供了详细的教学视频，方便读者学习。

3. 适合阅读本书的读者

（1）希望进入测试行业的新手。

（2）迫切希望提高个人测试技能和水平的初级测试人员。

（3）具备一定的测试理论知识但是缺乏实践的测试工程师。

（4）希望了解国内外测试动向以及最新测试技术的测试人员。

（5）希望了解大型软件测试团队的测试理念和测试方法的测试人员。

（6）目前正在考虑引入测试工具或正在使用测试工具的测试人员。

（7）希望了解各种开源测试工具的测试人员。

（8）希望了解测试工具开发过程和开发技术，希望自己动手开发测试工具的测试人员。

（9）希望提高团队凝聚力和加强测试人员学习能力的测试管理者。

本书由刘震、吴娟任主编，侯小毛、崔晓明、翟社平、魏娟丽任副主编。其中，第1章、第2章、第14章由崔晓明编写，第3章、第4章由刘震编写，第5章、第6章由侯小毛编写，第7章~第9章由吴娟编写，第10章、第11章由翟社平编写，第12章、第13章由魏娟丽编写。其他参与资料整理的有梁静、黄艳娇、任耀庚、刘海琛、刘涛、蒲玉平、李晓朦、张鑫卿、李阳、陈诺、张宇微、李光明、庞国威、史帅、何志朋、贾倩楠、曾源、胡萍凤、杨罡、郝召远。

编　者

目 录

第1篇 软件测试的理论基础

第2篇 软件测试的技术与工具

第9章 性能测试工具LoadRunner的应用……154

第10章 安全漏洞的分析与测试……176

第11章 单元测试工具MSTest的应用……189

第 1 篇
软件测试的理论基础

- 第 1 章　了解软件测试行业
- 第 2 章　软件质量与软件测试
- 第 3 章　软件测试的目的与原则
- 第 4 章　软件测试的方法论
- 第 5 章　软件测试的过程管理

第 1 章

第 2 章

第 3 章

第 4 章

第 5 章

第1章 了解软件测试行业

随着信息技术的发展，软件成为大多数行业提高生产效率的必然选择。对各类软件的需求促使软件产业具备更精细的分工。需求分析、设计、开发与测试有着不同的目标划分，是软件生产过程中不可或缺的重要阶段。其中，软件测试是软件开发过程中一项十分重要的工作。它是对软件产品进行验证和确认的过程，目的在于发现软件产品中与需求、通行准则、功能性、适用性等方面相关的问题，保证软件具备客户满意的质量。

目前，软件测试越来越受到人们的重视。第三方测试、测试外包的涌现，测试培训、咨询、考证的红火，测试职位的高薪，软件测试网站的增多，软件测试专门杂志的出现，种种迹象表明，在国外早已是一个专门学科的软件测试，在国内开始步入可以称为“行业”的时期。

本章从测试的发展历程讲起，重点描述测试的组织形式和在不同软件开发模式下的应用，最后给出软件测试的定义与工作内容。

1.1 软件测试的发展历程

伴随着软件行业的发展，软件测试也在不断地发展，软件测试大概经历了图 1.1 所示的几个重要的阶段。

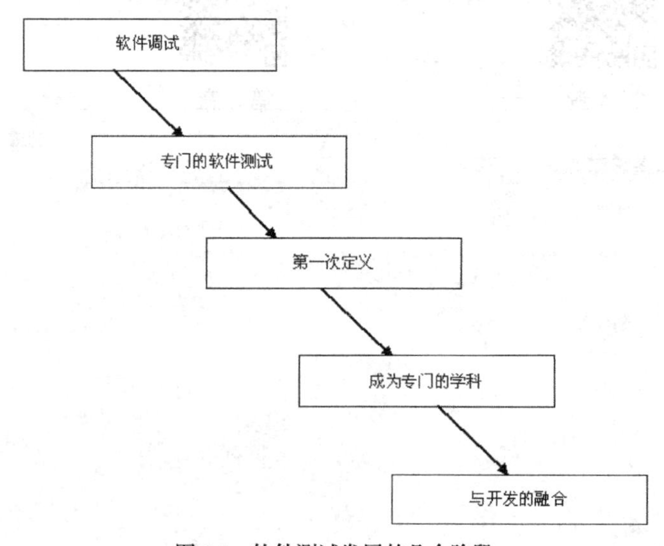

图 1.1 软件测试发展的几个阶段

早期软件的复杂度相对较低，软件规模也比较小，因此软件错误大部分在开发人员的调试阶段就发现并解决掉了。这个阶段的测试就等同于调试。

现在，大部分开发工具都把调试工具集成进来，调试已经成为开发人员开发工作中不可或缺的一部分。甚至测试脚本的开发工具也会把基本的调试功能集成进来。

在 20 世纪 50、60 年代，调试功能倾向于解决编译、单个方法的问题。随着需求的复杂化，软件规模越来越大，人们开始意识到仅仅依靠调试还不够，还需要验证接口逻辑、功能模块、不同系统间的功能是否正常，所以引入一个独立的测试组织来进行独立的测试。

这个阶段的测试绝大部分是在产品完成后进行的，因此测试分析方法简单、力度不足、时间有限，软件交付后还是存在大量的问题。

这个阶段没有形成测试方法论，主要靠错误猜测和经验推断。人们对软件测试也没有明确的定位、深入地思考软件测试的真正含义。

1973 年，Bill Hetzel 博士给出了软件测试的第一个定义，即“软件测试就是对程序能够按预期的要求运行建立起一种信心”。1983 年，他又对这个定义进行了修订，改成“软件测试就是以评价一个程序或系统的品质或能力为目的的一项活动。”

因此这个阶段对软件测试的认识是：软件测试是用于验证软件产品是正确工作的、符合要求的。

但同一时期，Glenford J. Myers 则认为，软件测试不应该专注于验证软件是工作的，而是将验证软件是不工作的作为重点，他提出的软件测试定义是“测试是以发现错误为目的而进行的程序或系统的执行过程”。

20 世纪 80 年代后，软件行业飞速发展，软件规模越来越大，复杂度越来越高。人们对软件的质量开始重视。软件测试的理论和技术都得到了快速的发展。人们开始把软件测试作为软件质量保证的重要手段。

1982 年在美国北卡罗来纳大学召开了首次软件测试的正式技术会议，软件测试理论开始迅速发展，随之出现了各种软件测试方法和技术。

1983 年，电气电子工程师协会（Institute of Electrical and Electronics Engineers，IEEE）对软件测试做出了如下定义。

- 使用人工或自动的手段来运行或测量软件系统的过程，目的是检验软件系统是否满足规定的要求，并找出与预期结果之间的差异。
- 这个阶段认为，软件测试是一门需要经过设计、开发和维护等完整阶段的软件工程。

从此，软件测试进入了一个新的时期，软件测试成为一个专门的学科，形成了各种测试的理论方法和测试技术，某些测试工具开始得到广泛应用。

20 世纪 90 年代后，软件工程百花齐放，出现了各种新的软件开发模式，以敏捷开发模式为代表的新一代软件开发模式开始出现，并且赢得很多开发团队的拥护。

由此带来的是对软件测试的重新思考，而大部分人倾向于软件测试将与软件开发融合的观点。开发人员将担负起软件测试的责任，测试人员将更多地参与到测试代码的开发中去。软件开发与测试的界限变得模糊起来。TDD 把测试作为起点和首要任务。

尽管软件测试经过几十年的发展，已经得到了长足的进步，但是与软件开发的发展比较起来，可以看到软件测试的发展还是比较缓慢的。

软件开发得益于计算机硬件的发展、计算速度的提高，还有计算机语言的发展、编译器的发展、开发工具的发展。因此比起软件早期的开发，无论是开发速度还是工作效率都有了很大的提高。

软件开发摆脱了早期的机器语言编码方式和汇编语言，跨越了结构化编程语言，进入面向对象的时代，开发人员的编程能力得到了很大的提高。而开发工具的不断改进，则起到了推波助澜的作用，使得开发人员无论是在编码速度还是调试方面都受益匪浅。

反观软件测试，虽然测试工具层出不穷，但是并没有革命性的发展。测试人员大部分情况下还是要依赖手工的测试。

软件测试受到越来越多人的重视，但是大部分的软件测试方法和理论还是沿用20世纪的研究结果。因此，软件测试的发展还需要更多热爱测试的人投入，需要更多的研究，无论是在测试的理论、方法，还是工具上。

软件测试发展比较缓慢的另外一个原因是质量成熟度模型和质量风险评估没有一个比较广泛和可用的业界标准。

1.2 软件测试的组织形式

早期微软的开发团队中也没有独立的测试组。那个时候通常由几百个人做几个项目，程序员写完程序自己测试一下就算完成了。后来随着微软的项目越来越大，开发的软件也越来越复杂，编码和测试的工作需要并行地开展，于是就渐渐产生了独立的测试组。在微软的产品组中开发人员和测试人员的普遍比例是3：1。在研发团队中开发测试比多少合适，是个仁者见仁智者见智的问题，微软是3：1，Google是10：1，百度是5：1。究竟开发测试比多少合适，不但与系统的复杂度、公司对产品的质量要求有关，还和团队的开发、测试工程师的素质有密不可分的关系。

1.2.1 软件鼻祖微软的经验教训

在微软的起步初期，微软的许多软件都出现了很多的Bug。例如，在1981年与IBM PC机绑定的BASIC软件，用户使用“1”除以10时就会出错，引起了大量用户的投诉。

微软公司的高层领导觉得有必要引入更好的测试和质量控制方法，但是遭到很多开发人员和项目经理的反对，因为他们认为开发人员自己能测试产品，无需加入太多的人力。

1984年，微软公司请Arthur Anderson咨询公司对其在苹果机上的电子表格软件进行测试，但是外部的测试没有能力进行得很全面，结果漏测的一个Bug，让微软为2万多个用户免费提供更新版本，损失达20万美元。

在这以后，微软得出了一个结论：不能依赖开发人员测试，也不能依赖外部的测试，必须自己建立一个独立的测试部门。

1.2.2 软件测试组织的雏形

最简单的软件测试组织形式就是没有任何组织的测试，几个人就把所有软件测试工作做完，这样做没有任何分工、没有任何层次结构。

简单的软件测试组织带来的问题是：软件测试依附在软件开发的组织下，不能真正发挥软件测试的威力。

一两个人的软件测试缺乏交流和思维的碰撞，导致测试人员的进步非常有限。缺乏测试的组织，导致测试无计划进行，测试人员疲于应付各项突如其来的测试任务，测试经验也得不到很好的总结。

1.2.3 组织形式的分类

软件测试的组织形式可以按测试人员参与的程度分为专职和兼职两类，如果按测试人员的从属关系则可分为项目型和职能型两大类。

1. 专职 VS.兼职

按照测试人员的职责明确程度，可以划分成兼职测试和专职测试两大类。目前在很多软件企业，尤其是小规模的软件企业，往往没有专职的测试人员。在做测试工作的同时还要兼顾软件开发、配置管理、技术文档编写、用户教育、系统部署实施等工作。

即使是在一些比较大规模的软件企业，拥有专门的质量部门，也会有兼职的情况。最常见的兼职工作是测试+配置管理，或者测试+QA。这种方式的好处是节省成本，可以充分利用资源。但是这样的测试人员缺乏专门独立的发展空间，不利于测试的纵深方向的发展，很难把测试做得精细，也不利于测试经验的积累和测试知识的传播。

当然，由于目前软件企业的现状，很多企业还是使用这种方式。对于测试人员来说，不要过分地去抱怨这些工作，尤其是对于新入行的测试人员来说，可以认为这是对自己的很好的锻炼机会。

测试本身的要求就是知识面要广，而这些工作有助于从不同层面、不同角度、不同角色的位置考虑软件的相关问题。

2. 项目型 VS.职能型

按测试人员参与项目的形式来划分，可分成项目型和职能型。

项目型的测试组织是指测试人员作为项目组成员之一紧密地结合到项目中，与项目组其他人员紧密协作，一般是从头到尾跟着项目走。当然，也有些项目是到了中后期才考虑把测试人员加入到项目中。项目型的组织结构一般如图 1.2 所示。

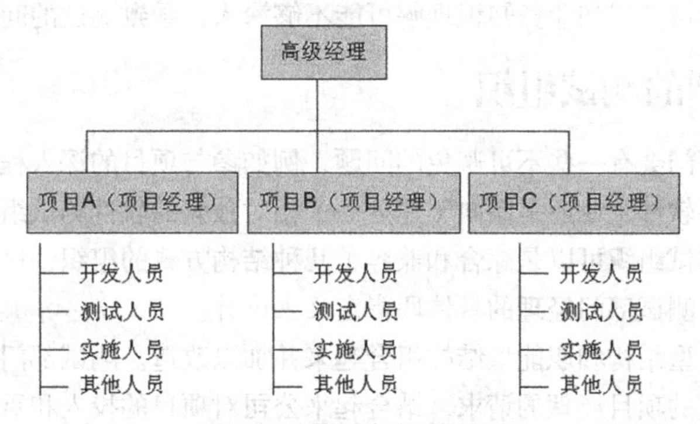

图 1.2 项目型软件测试组织

这种类型的测试组织一般不会有测试组长，测试的管理由项目的主管或项目经理负责。当然，在一些大的项目中，会划分出开发组长，也会划分出测试组长，但是最终报告的对象都是项目经理。因此项目经理是负责测试资源调配和测试计划的主要人员。

而职能型的测试组织是指测试人员参与到项目中是以独立的测试部门委派的方式进入的。职能型的测试组织如图 1.3 所示。

在这种结构中，一个测试人员有可能不仅仅测试一个项目的产品，可能会同时测试多个项目的产品。测试人员也可能不是长期稳定地从头到尾参与同一个项目。

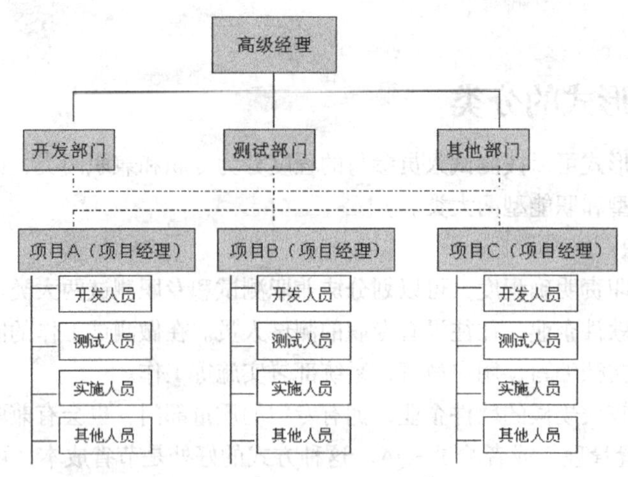

图 1.3　职能型软件测试组织

测试人员不向项目主管或项目经理报告工作，而是向自己所在的部门经理报告工作。并且，这种结构的项目经理也可能是虚拟的，或者由多个部门经理共同担当。

这两种方式各有利弊。项目型的好处是测试人员参与的力度很强，能深入了解项目的方方面面的信息，有利于稳定、持续有效地测试出更多细节问题；但是也有弊端，就是测试人员受项目负责人的管理，在对待 Bug 的处理意见上往往受到约束，同时由于过于亲密，很可能出现“网开一面”、不能严格要求的情况。而且由于缺乏独立的组织，测试人员的知识可能局限在项目组内传播，不利于测试经验在不同项目组之间的传播。某些测试人员在这种组织中可能会感到孤独和无助。

而职能型的好处是能避免项目型的部分问题，并且能节省部分测试资源，充分利用各个项目阶段之间的时间差来合理利用测试资源；但是也不可避免地存在一些问题。例如，深入程度不够，尤其是对项目涉及的领域知识和业务知识理解可能不够深入，导致测试的问题比较表面。

1.2.4　综合型的测试组织

尽管独立的测试部门会有一些不可避免的问题，例如参与项目的深入程度，容易导致“扔过墙”的测试。但是很多软件企业还是倾向于建立一个相对独立的软件测试组织。

一个理想的软件测试组织可以是综合和兼容了几种结构方式的组织，这要视公司的软件测试资源配备和项目经理、测试部门经理的具体职责定义来设计。

例如，可以将项目型结构和职能型结构组合起来并加以改造。测试部门是独立的部门，测试部门经理根据各项目组的项目经理的请求，结合起来公司对项目的投入和重点方向，决定委派哪些测试人员加入到项目组，并且长期稳定、持续地跟进项目，在项目的各个阶段都参与并做测试的相关工作内容。测试人员作为一种服务资源供项目组调用，测试的结果和报告作为评估软件产品质量的必要参考信息，为项目经理做出产品发布的决定提供参考价值。

测试部门的测试人员分为常规项目测试人员和专项测试人员，常规项目测试人员即参与到项目组中的测试人员。而专项测试人员一般由性能测试工程师、自动化功能测试工程师、界面及用户体验测试工程师、安全测试工程师等负责专门测试领域的人员构成，这些测试人员在项目发生专门的测试需求时，被调用到项目组，与常规项目测试人员一起工作，但是重点解决专项的测试问题。

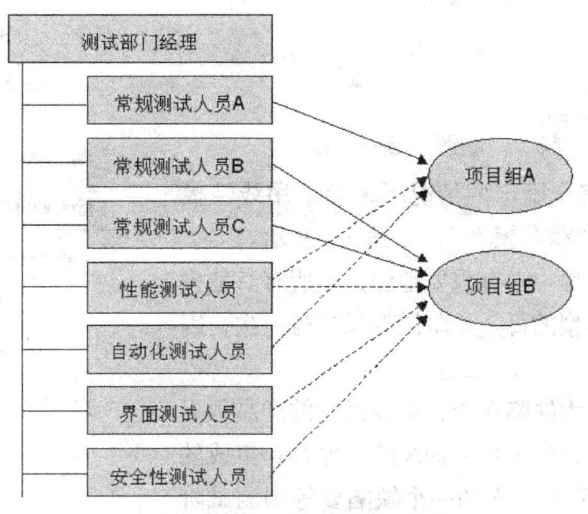

图 1.4 综合型软件测试组织

当然还可以根据需要丰富这个组织结构，例如，设置一个专门的培训中心，负责对测试人员的内部培训，同时负责收集和整理各个项目的测试经验和测试知识。

1.3 软件开发模式的分类

软件开发模式是软件工程研究的重要领域。软件测试与软件的开发模式息息相关。在不同的开发模式中，测试的作用有细微的差别，测试人员应该充分理解软件的开发模式，以便找准自己在其中的位置和角色定位，以便充分发挥测试人员的价值。

1.3.1 软件开发模式的发展

软件工程是一门综合了软件开发过程、方法和工具的学科。软件开发模式的发展大概经历了 3 个重要的阶段，如图 1.5 所示。

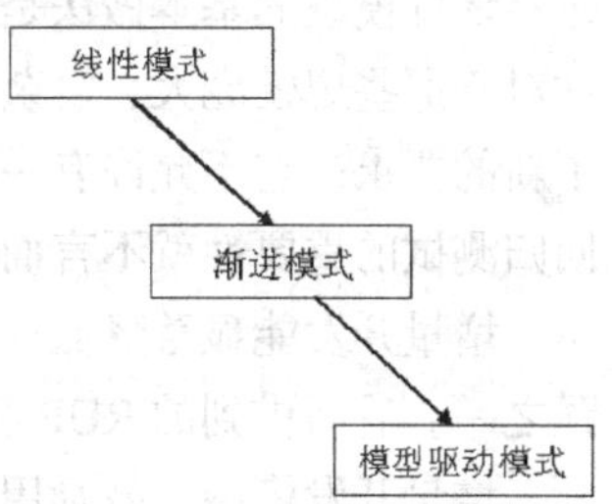

图 1.5 软件开发模式的发展

软件开发模式的发展大概经历了以下 3 个阶段，每个阶段都有其鲜明的特征。

（1）以软件需求完全明确为前提的第一代软件过程模型，如瀑布模型等。

（2）在初始阶段需求不明朗的情况下采用的渐进式开发模型，如螺旋模型和原型实现模型等。

（3）以体系结构为基础的基于构件组装的开发模型，例如基于构件的开发模型和基于体系结构的开发模型等。

在软件工程中，软件开发模型用来描述和表示一个复杂的开发过程。

一般人们在提起软件开发模型的时候，首先想到的大概是著名的“瀑布模型”。但是现在大部分软件开发过程都不可能是严格的“瀑布”过程，软件开发的各个阶段之间的关系大部分情况下不会是线性的。

常见的软件开发模型主要有以下 3 类。

（1）线性模型。

（2）渐进式模型。

（3）变换模型。

1.3.2 线性模型

一般在软件需求完全确定的情况下，会采用线性模型，最具代表性的是“瀑布模型”，如图 1.6 所示。

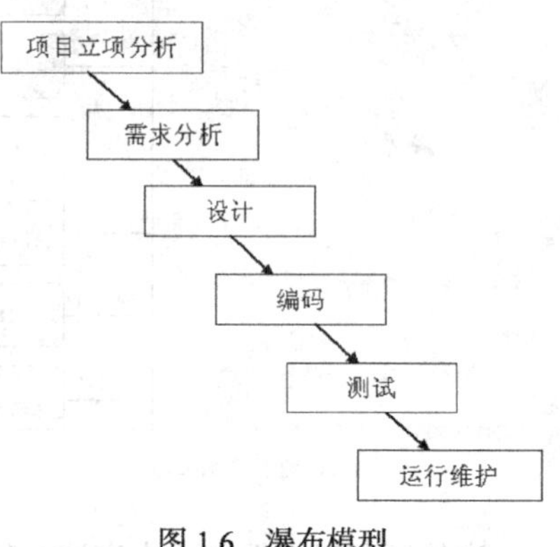

图 1.6 瀑布模型

瀑布模型在软件工程中占有重要地位，是所有其他模型的基础框架。瀑布模型的每一个阶段都只执行一次，因此是线性顺序进行的软件开发模式。

瀑布模型的一个最大缺陷在于，可以运行的产品很迟才能被看到。这会给项目带来很大的风险，尤其是集成的风险。因为如果在需求阶段引入的一个缺陷要等到测试阶段甚至更后的阶段才发现的话，通常会导致前面阶段的工作大面积返工，业界流行的说法是：“集成之日就是爆炸之日。”

尽管瀑布模型存在很大的缺陷，例如，在前期阶段未发现的错误会传递并扩散到后面的阶段，而在后面阶段发现这些错误时，可能已经很难回头再修正，从而导致项目的失败。但是目前很多软件企业还是沿用了瀑布模型的线性思想，在这个基础上做出自己的修改。例如细化了各个阶段，在某些重点关注的阶段之间掺入迭代的思想。

在瀑布模型中，测试阶段处于软件实现后。这意味着必须在代码完成后有足够的时间预留给测试活动，否则将导致测试不充分，从而把缺陷直接遗留给用户。

1.3.3 渐进式模型

一般在软件开发初期阶段需求不是很明确时，采用渐进式的开发模式。螺旋模型是渐进式开发模型的代表之一，如图 1.7 所示。

螺旋模型的基本做法是在“瀑布模型”的每一个阶段之前引入严格的需求分析和风险管理。这对于那些规模庞大、复杂度高、风险大的项目尤其适合。这种迭代开发的模式给软件测试带来了新的要求，它不允许有一段独立的测试时间和阶段，测试必须跟随开发的迭代而迭代。因此，回归测试的重要性就不言而喻了。

增量开发能显著降低项目风险，结合软件持续构建机制，构成了当今流行的软件工程最佳实践之一。后面讲到的 RUP 和敏捷工程方法都包含了这个最佳实践。

增量开发模型，鼓励用户反馈，在每个迭代过程中，促使开发小组以一种循环的、可预测的方式驱动产品的开发，如图 1.8 所示。

因此，在这种开发模式下，每一次的迭代都意味着可能有需求的更改、构建出新的可执行软件版本，意味着测试需要频繁进行，测试人员需要与开发人员更加紧密地协作。

增量通常和迭代混为一谈，但是其实两者是有区别的。增量是逐块建造的概念，例如画一幅人物画，我们可以先画人的头部，再画身体，再画手脚（见图 1.9）。而迭代是反复求精的概念，同样是画人物画，我们可以采用先画整体轮廓，再勾勒出基本雏形，再细化、着色（见图 1.10）。

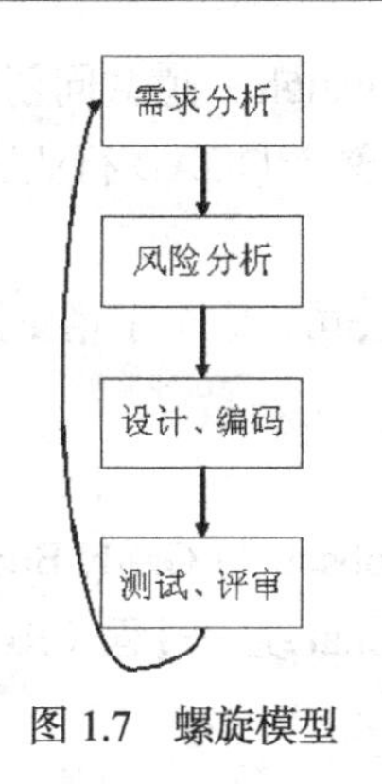

图 1.7　螺旋模型

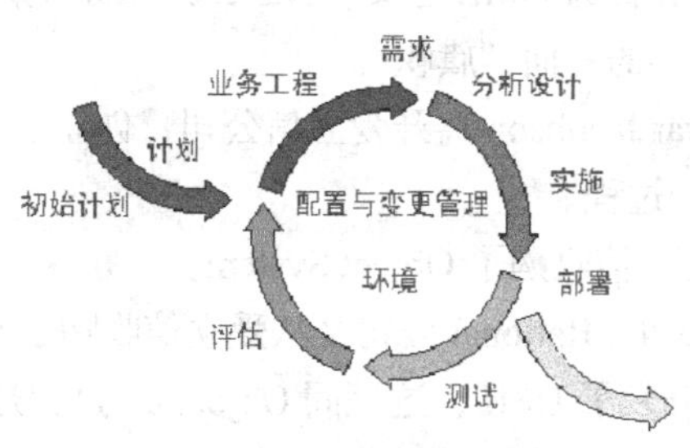

图 1.8　增量开发模型

图 1.9　增量开发示意图

图 1.10　迭代开发示意图

而目前很多软件过程所说的迭代开发，实际上意味着增量开发和迭代开发的结合。

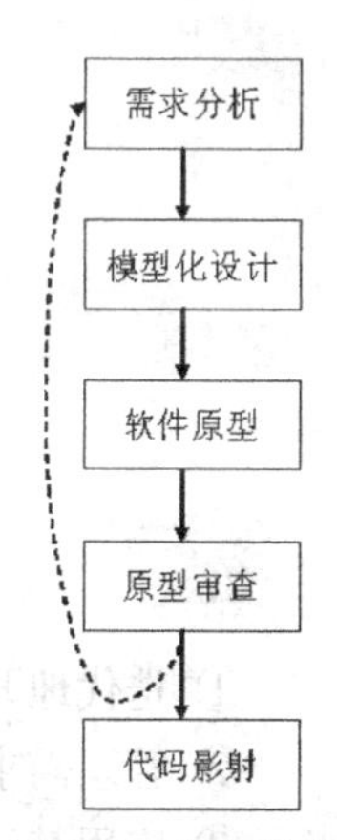

图 1.11　变换模型

1.3.4　变换模型

变换模型是基于模型设计语言的开发模式，是目前软件工程学者们在努力研究的方向。一个简单的变换模型如图 1.11 所示。

变换模型的主要思想是省略编码和测试阶段，代之以自动化的程序变换过程，而主要集中精力在前面的需求分析和建模。

看起来这样一种软件开发模式似乎可以把测试人员排除在外，实际上，它是要把测试人员提到原型验证阶段，这无疑对测试人员的能力提出了新的要求。因为程序变换过程是一个严格的形式推导过程，所以只需对变换前的设计模型加以验证，变换后的程序的正确性将由变换法则的正确性来保证。

在每一次迭代原型出来后，测试人员都需要从原型界面、系统主要功能、性能等方面对原型进行评审。

1.3.5　RUP 过程模型

业界普遍认为，开发复杂的软件项目必须采用基于 UML 的、以构架为中心的、用例驱动与风险驱动相结合的迭代式增量开发过程，这一过程通常被称之为 RUP（Rational Unified Process，Rational 统一过程）。

为什么叫 Rational 统一过程呢？这就要从 RUP 的创始人 Ivar Jacobson 讲起了。

现代软件开发之父 Ivar Jacobson 博士（见图 1.12）被认为是深刻影响或改变了整个软件工业开发模式的几位世界级大师之一。他是模块和模块架构、用例、现代业务工程、Rational 统一过程等业界主流

图 1.12　Ivar Jacobson 博士

方法、技术的创始人。Ivar Jacobson 博士与 Grady Booch 和 James Rumbaugh 一道共同创建了 UML 建模语言，被业界誉为 UML 之父。Ivar Jacobson 的用例驱动方法对整个 OOAD 行业影响深远，他因此而成为业界的一面“旗帜”。

1987 年，Ivar Jacobson 离开爱立信公司，创立了 Object System 公司，吸纳了增量迭代思想，开发出 Objectory 过程。

1991 年，爱立信收购了 Object System。

而到了 1995 年，Rational 公司又从爱立信收购了 Objectory，Jacobson 与 Grady Booch、James Rumbaugh 一起开发了 UML，这期间 Objectory 过程逐渐进化为 Rational 统一过程（RUP）。

2003 年，IBM 收购了 Rational 公司。

RUP 过程模型（见图 1.13）强调 6 项最佳实践。

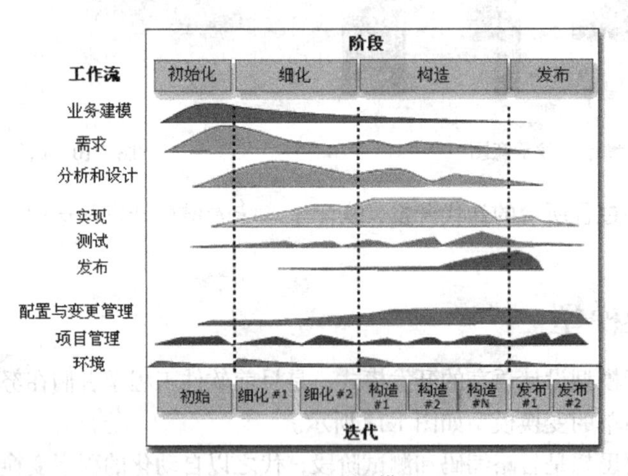

图 1.13　RUP 过程模型

① 迭代地开发软件（Develop Iteratively）。

② 管理需求（Manage Requirements）。

③ 应用基于构件的构架（Use Component Architectures）。

④ 为软件建立可视化的模型（Model Visually ，（UML））。

⑤ 不断地验证软件质量（Continuously Verify Quality）。

⑥ 控制软件的变更（Manage Change）。

从 RUP 过程模型图中，我们可以看到，在软件研发的每个阶段，都或多或少地包括了业务建模、需求分析、设计、编码实现、测试、发布、配置与变更管理、项目管理、环境搭建等工作。

RUP 强调自动和快速地持续测试，把测试划分为单元测试、集成测试、系统测试和验收测试 4 大阶段，测试类型涵盖软件的功能、性能、可靠性，可以进一步地细分成如表 1-1 所示的类别。

表 1-1　RUP 的测试分类

测试分类	具体测试类型
可靠性	完整性测试
	结构性测试

续表

测试分类	具体测试类型
功能	配置测试
	功能测试
	安装测试
	安全测试
	容量测试
性能	基准测试
	竞争测试
	负载测试
	性能曲线测试
	强度测试

IBM Rational 提供了 RUP 相关支持工具，网址如下：

http://www.ibm.com/developerworks/cn/rational/

读者可以下载试用版进行学习和使用。其中我们测试人员常用的包括以下工具。

① Rational Quality Manager——测试管理工具。

② Rational Functional Tester——自动化测试工具。

③ Rational Performance Tester——性能测试工具。

④ Rational AppScan——安全测试工具。

需要注意的是，进行 RUP 实践并不是说一定就要用 Rational 这一套工具。采用 RUP 过程模型可以结合任何软件厂商提供的合适的工具。

读者如果想学习到更多关于 RUP 的知识，可参考 IBM 网站所提供的资源：

http://www.ibm.com/developerworks/cn/rational/theme/rational-rup/rup.html?S_TACT=105AGX52&S_CMP=content

1.3.6 敏捷运动

2001 年，以 Kent Beck、Alistair Cockburn、Ward Cunningham、Martin Fowler 等人为首的“轻量”过程派聚集在犹他州的 Snowbird，决定把“敏捷”（Agile）作为新的过程家族的名称。

在会议上，他们提出了《敏捷宣言》（http://agilemanifesto.org/），如图 1.14 所示。

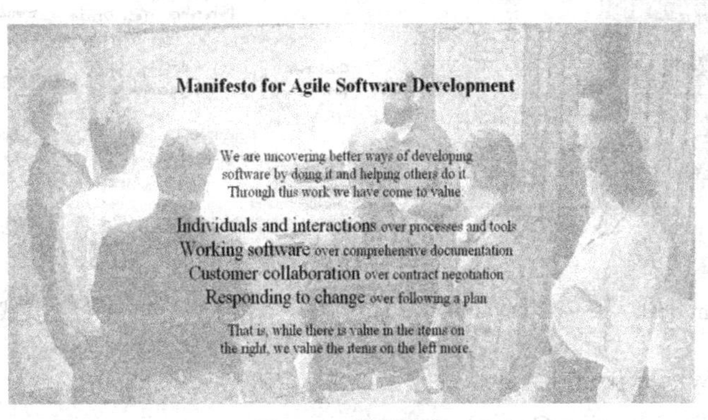

图 1.14　敏捷宣言

我们通过身体力行和帮助他人来揭示更好的软件开发方式。经由这项工作，我们形成了如下价值观。

个体与交互 重于 过程和工具
可用的软件 重于 完备的文档
客户协作 重于 合同谈判
响应变化 重于 遵循计划

在每对比对中，后者并非全无价值，但我们更看重前者。

由敏捷宣言可以看出，敏捷其实是有关软件开发的社会工程（Social Engineering）的。敏捷的主要贡献在于更多地思考了如何去激发开发人员的工作热情，这是在软件工程几十年的发展过程中相对被忽略的领域。

1.3.7 极限编程（XP）

敏捷运动让一大批被称为“敏捷派”的轻量过程繁荣起来，包括XP、SCRUM、Crystal、Context Driven Testing、Lean Development等，其中又以XP堪称代表。

1996年 Kent Beck为了挽救C3项目而创建了XP（Extreme Programming）过程。Kent Beck（见图1.15）是软件开发方法学的泰斗，倡导软件开发的模式定义、CRC卡片在软件开发过程中的使用、HotDraw软件的体系结构、基于xUnit的测试框架、在软件开发过程中测试优先的编程模式。

1999年Kent Beck出版了《Extreme Programming Explained:Embrace Change》一书，详细解释了XP的实践。

XP所追求的4个价值目标是沟通（communication）、简化（simlicity）、反馈（feedback）、勇气（courage）。

XP用“沟通、简单、反馈和勇气”来减轻开发压力和包袱。无论是术语命名、专著叙述内容和方式、过程要求，都可以从中感受到轻松愉快和主动奋发的态度和气氛。这是一种帮助理解和更容易激发人的潜力的手段。XP用自己的实践，在一定范围内成功地打破了软件工程必须“重量”才能成功的传统观念。

基于敏捷的核心思想和价值目标，XP要求项目团队遵循13个核心实践（见图1.16）。

图1.15 Kent Beck

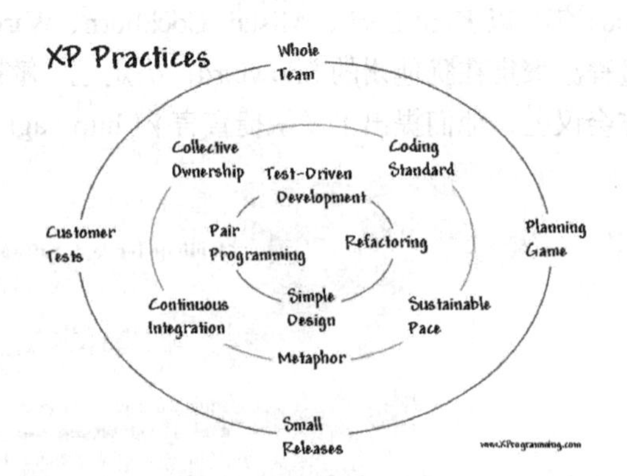

图1.16 XP的核心实践

① 团队协作（Whole Team）。

② 规划策略（The Planning Game）。

③ 结对编程（Pair programming）。
④ 测试驱动开发（Testing-Driven Development）。
⑤ 重构（Refractoring）。
⑥ 简单设计（Simple Design）。
⑦ 代码集体所有权（Collective Ownership）。
⑧ 持续集成（Continuous Integration）。
⑨ 客户测试（Customer Tests）。
⑩ 小型发布（Small Releases）。
⑪ 每周 40 小时工作制（40-hour Week）。
⑫ 编码规范（Coding Standard）。
⑬ 隐喻（Metaphor）。

关于 XP 实践的详细内容，请参考 XP 主页上的描述：

http://xprogramming.com/xpmag/whatisxp

1.4　不同软件开发模式下的软件测试

软件测试作为软件工程中的重要一环，是项目成败的一个不可忽略的内容。

但是不同的软件企业采用不一样的开发模式，不同的项目采用不同的开发过程，不同的产品适合采用不同的软件工程方法。那么对于不同的软件开发模式或开发过程，测试人员如何找准自己的位置，如何更好地配合这个过程进行工作呢？

按照软件工程的两大流派，可以分成“流程派”和“个体派”。“流程派”以 CMMI 和 ISO 为代表，强调按既定的流程工作。“个体派”以新兴的敏捷开发为代表，强调人在过程中发挥的价值。

1.4.1　CMMI 和 ISO 中的软件测试

“流程派”强调形成文档的制度、规范和模板，严格按照制度办事，按照要求形成必要的记录，检查、监督和持续改善。因此，测试人员在实施这样的流程改进方式的组织中工作，需要注意按照测试流程定义的模板进行工作，填写必要的测试记录和报告，度量测试的各个方面是否符合要求。

1.4.2　CMMI 与软件测试

CMMI 全称是 Capability Maturity Model Integration，即能力成熟度模型集成（也有称为：软件能力成熟度集成模型），是美国国防部的一个设想，1994 年由美国国防部与卡内基-梅隆大学下的软件工程研究中心以及美国国防工业协会共同开发和研制的。其目的是帮助软件企业对软件工程过程进行管理和改进，增强开发与改进能力，从而能按时地、不超预算地开发出高质量的软件。其所依据的想法是：只要集中精力持续努力去建立有效的软件工程过程的基础结构，不断进行管理的实践和过程的改进，就可以克服软件开发中的困难。

CMMI 为改进一个组织的各种过程提供了一个单一的集成化框架，新的集成模型框架消除了各个模型的不一致性，减少了模型间的重复，增加透明度和可理解性，建立了一个自动的、可扩展的框架。因而能够从总体上改进组织的质量和效率。CMMI 主要关注点就是成本效益、明确重点、过程集中和灵活性四个方面。

CMMI 把软件企业的过程管理能力划分成 5 个等级，如图 1.17 所示。

每一个级别的过程特征可概括如下。

（1）初始级：个别的、混乱无序的过程，软件过程缺乏定义，项目的成功严重依赖于某几个关键人员的努力。软件质量由个人的开发经验来保证。

（2）可重复级：建立了基本的项目管理过程来跟踪费用、进度和功能特性。制定了必要的过程纪律，能重复早先类似应用项目取得的成功经验。

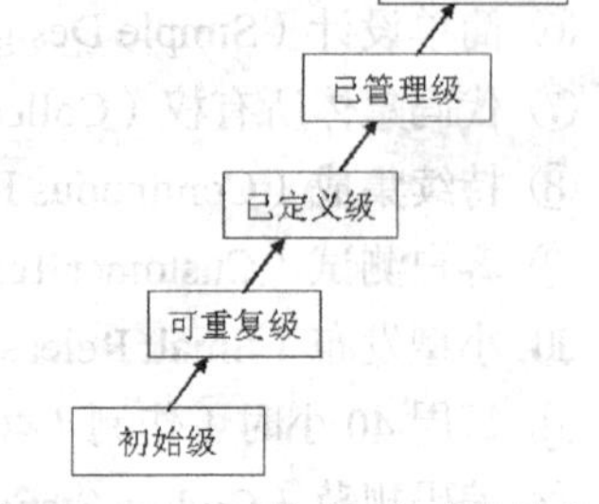

图 1.17　CMMI 的 5 级能力成熟度模型

（3）已定义级：已将软件管理和工程两方面的过程文档化、标准化，并综合成该组织的标准软件过程。所有项目均使用经批准、剪裁的标准软件过程来开发和维护软件，软件产品的生产在整个软件过程是可见的。

（4）量化管理级：分析对软件过程和产品质量的详细度量数据，对软件过程和产品都有定量的理解与控制。管理有一个作出结论的客观依据，管理能够在定量的范围内预测性能。

（5）优化管理级：过程的量化反馈和先进的新思想、新技术促使过程持续不断改进。关注改进的持续性，融入了技术改革、缺陷预防等理念。软件组织可从自己的过程控制和管理中得到反馈信息，用于进一步指导过程的改进。

CMMI 的二级关键域包括软件质量保证，主要需要解决的问题是培训、测试、技术评审等。这是任何一个想从混乱的初始级别上升到可重复级别的软件组织需要关注和解决的问题。

对于软件测试，在这个阶段需要考虑的是测试是否有规范的流程，与开发人员如何协作，Bug 如何记录和跟踪。还需要关注测试人员的技能水平是否达到一定的要求，是否建立起培训机制。

测试的管理是否完善直接关系到测试执行的效果。因此，测试组织必须确保形成了完善的测试策略和测试计划，测试完成的标准，以及测试报告的形式和内容。

1.4.3　ISO 与软件测试

ISO 9000 质量标准体系是在 20 世纪 70 年代由欧洲首先采用的，其后来在美国和世界各地迅速发展起来。很多企业都热衷于 ISO 认证，ISO 9000 的质量环如图 1.18 所示。

ISO 基于 PDCA 的循环提出了测量、分析和改进的重要性，使用测试作为软件测量的重要手段。它要求测试人员需要得到有关授权才能进行测试活动，应该得到充分的培训和指导，确保测试人员有足够的能力对软件产品进行测试。

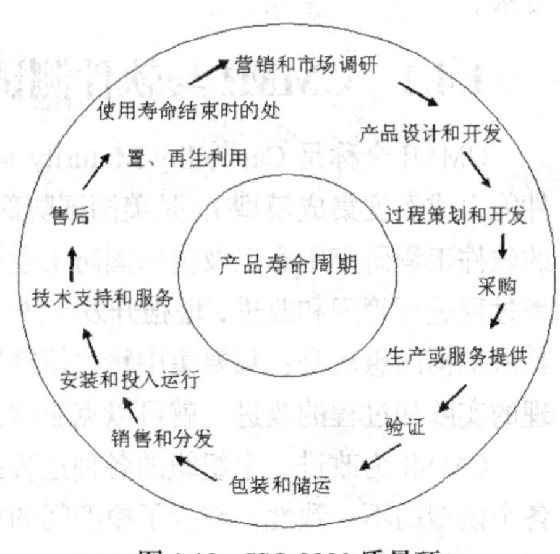

图 1.18　ISO 9000 质量环

ISO 非常强调缺陷的控制，包括对缺陷的修改进行回归测试和验证，对缺陷进行分析和评审，确保缺陷在交付使用前得到控制，并确保对缺陷制定了纠正预防措施，形成预防机制，防止缺陷的再次出现。

软件企业使用 ISO 进行过程管理和改进应该参考 ISO 9000-3 标准。ISO 9000-3 标准是 ISO 在软件开发、供应和维护中的使用指南，是针对软件行业的特点而制定的。ISO 9000-3 的主要内容如下。

- 合同评审。
- 需求规格说明。
- 开发计划。
- 质量计划。
- 设计和实现。
- 测试和确认。
- 验收。
- 复制、交付和安装。
- 维护。

上述内容基本上覆盖了软件生命周期的全部阶段，并且比 ISO 9001 更贴近软件企业的实际需求。但是需要注意的是 ISO 9000-3 是指南，而不是认证的准则。

1.4.4 敏捷开发中的软件测试

在敏捷开发中，测试是整个项目组的“车头灯”，它告诉大家现在到哪了，正在往哪个方向走。测试员为项目组提供丰富的信息，使得项目组基于这些可靠的信息做出正确的决定，如图 1.19 所示。

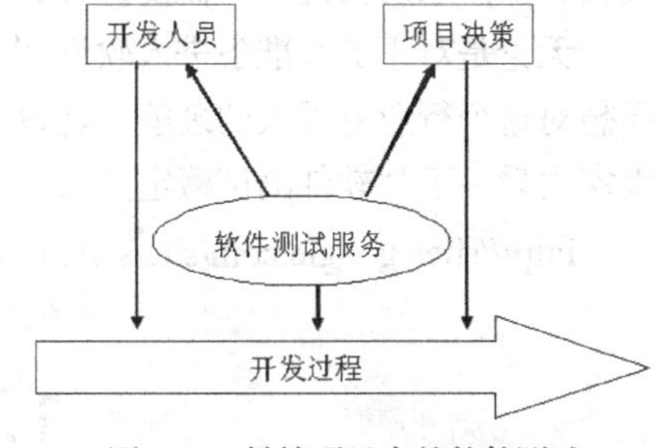

图 1.19　敏捷项目中的软件测试

在敏捷项目中，测试人员不再做出发布的决定。不只是由测试员来保证质量，而是由整个项目组中的每一个人都要对质量负责。测试员不再跟开发人员纠缠错误，而是帮助开发人员找到目标。

对于测试员来说，如果是在一个敏捷的团队，采用完全的 XP 方法，则应该按照敏捷测试的原则，调整自己的角色，让自己成为一名真正的敏捷测试员。

在敏捷的团队中，测试工作的核心内容是没有变的，就是不断地找 Bug，只是要调整好自己的心态，一切以敏捷的原则为主。敏捷测试需要更多地考虑以下方面的内容。

- 更多地采用探索性测试方法。
- 更多地采用上下文驱动的测试方法论。
- 更多地采用敏捷自动化测试原则。

在敏捷项目中，测试人员不能依赖文档，而是看是否能自动地寻找和挖掘更多关于软件的信息来指导测试。探索性测试，这种强调同时设计、测试和学习被测试系统的测试方式是可以被充分借鉴和应用的。

敏捷讲求合作，在敏捷项目组中，测试人员应该更主动点，多向开发人员了解需求、讨论设计、一起研究 Bug 出现的原因。

技巧

敏捷测试认为要持续地测试，不断地回归测试，快速地测试。测试人员需要多点借鉴上下文驱动测试的方法，适当采用自动化的方式加快测试的速度。

1.5 小 结

软件测试是为向客户提供满足规定质量要求的软件产品，而执行软件并校验逻辑与数据、检查文档符合性的工作。

软件测试主要工作内容是验证（verification）和确认（validation）。

验证（verification）是保证软件正确地实现了一些特定功能的一系列活动，即保证软件以正确的方式来做了这个事件（Do it right）。

① 确定软件生存周期中的一个给定阶段的产品是否达到前阶段确立的需求的过程。

② 程序正确性的形式证明，即采用形式理论证明程序符合设计规约规定的过程。

③ 评审、审查、测试、检查、审计等各类活动，或对某些项处理、服务或文件等是否和规定的需求相一致进行判断和提出报告。

确认（validation）是一系列的活动和过程，目的是想证实在一个给定的外部环境中软件的逻辑正确性，即保证软件做了你所期望的事情（Do the right thing）。

① 静态确认，不在计算机上实际执行程序，通过人工或程序分析来证明软件的正确性。

② 动态确认，通过执行程序做分析，测试程序的动态行为，以证实软件是否存在问题。

软件测试的对象不仅仅是程序测试，软件测试应该包括整个软件开发期间各个阶段所产生的文档，如需求规格说明、概要设计文档、详细设计文档，当然软件测试的主要对象还是源程序。

无论是对于那些准备进入软件测试行业的新手，还是已经具备几年测试经验的测试工程师，要想对这个行业有深入的理解，建议全面地了解一下软件测试行业、工作内容和知识体系。推荐大家去看一下“软件测试藏宝图”，以便窥探一下软件测试的全景：

http://sites.google.com/site/swtestingmap/stadventure

1.6 习 题

以下是通常会出现在面试或笔试中的题目，建议读者自行练习。

1. 采用瀑布模型进行系统开发的过程中，每个阶段都会产生不同的文档。以下关于产生这些文档的描述中，正确的是________。

A. 外部设计评审报告在概要设计阶段产生

B. 集成测评计划在程序设计阶段产生

C. 系统计划和需求说明在详细设计阶段产生

D. 在进行编码的同时，独立地设计单元测试计划

2. 渐增式开发方法有利于________。

A. 获取软件需求　　B. 快速开发软件

C. 大型团队开发　　D. 商业软件开发

3. 统一过程（UP）是一种用例驱动的迭代式增量开发过程，每次迭代过程中主要的工作流包括捕获需求、分析、设计、实现和测试等。这种软件过程的用例图（Use Case Diagram）是通过________得到的。

A. 捕获需求　　B. 分析

C. 设计　　D. 实现

4. 关于原型化开发方法的叙述中，不正确的是________。

A. 原型化方法适应于需求不明确的软件开发

B. 在开发过程中，可以废弃不用早期构造的软件原型

C. 原型化方法可以直接开发出最终产品

D. 原型化方法利于确认各项系统服务的可用性

5. CMMI 模型将软件过程的成熟度分为 5 个等级。在________使用定量分析来不断地改进和管理软件过程。

A. 优化级　　B. 管理级

C. 定义级　　D. 可重复级

6. ________是一种面向数据流的开发方法，其基本思想是软件功能的分解和抽象。

A. 结构化开发方法　　B. Jackson 系统开发方法

C. Booch 方法　　D. UML（统一建模语言）

7. 风险分析在软件项目开发中具有重要作用，包括风险识别、风险预测、风险评估和风险控制等。“建立风险条目检查表”是________时的活动，“描述风险的结果”是________时的活动。

（1）A. 风险识别　　B. 风险预测

C. 风险评估　　D. 风险控制

（2）A. 风险识别　　B. 风险预测

C. 风险评估　　D. 风险控制

8. 极限编程（eXtreme Programming）是一种轻量级软件开发方法，________不是它强调的准则。

A. 持续的交流和沟通　　B. 用最简单的设计实现用户需求

C. 用测试驱动开发　　D. 关注用户反馈

9. 某公司采用的软件开发过程通过了 CMMI 2 级认证，表明该公司________。

A. 开发项目成效不稳定，管理混乱

B. 对软件过程和产品质量建立了定量的质量目标

C. 建立了基本的项目级管理制度和规程，可对项目的成本、进度进行跟踪和控制

D. 可集中精力采用新技术新方法，优化软件过程

第2章 软件质量与软件测试

软件测试是软件质量保证的重要手段。软件测试人员除了需要针对软件进行测试，还需要掌握软件质量保证的相关知识。事实上，在很多软件企业中，软件质量部门的QA人员与测试人员是合为一体的。

本章介绍软件质量保证的相关知识，以及软件质量保证和软件测试之间的关系。

2.1 软件质量属性

2.1.1 质量的3个层次

质量就是产品或工作的优劣程度，换句话说，质量就是衡量产品的或工作的好坏。这是通俗的讲法，下面是ISO关于质量的定义：

"一个实体的所有特性，基于这些特性可以满足明显的或隐含的需求。而质量就是实体基于这些特性满足需求的程度。"

在这个定义中，关键字是"隐含"的需求以及满足需求的"程度"。从质量的定义，我们可以引申出不同层次的软件质量。

（1）符合需求规格：符合开发者明确定义的目标，即产品是不是在做让它做的事情 。目标是开发者定义的，并且是可以验证的；

（2）符合用户显式需求：符合用户所明确说明的目标。目标是客户所定义的，符合目标即判断我们是不是在做我们需要做的事情；

（3）符合用户实际需求：实际的需求包括用户明确说明的和隐含的需求。

狩野纪昭教授提出的卡诺模型（见图2.1），深入分析了表达出来的需求和未表达出来的需求（隐含的需求），对提升"顾客满意度"产生的影响。

关于软件质量的定义，给了我们测试人员启示，在测试过程中，应该善于从用户角度出发，设身处地为用户着想，看用户需要什么，我们的软件系统是否很好地满足了用户的这些需求（包括明显的和隐含的需求）。

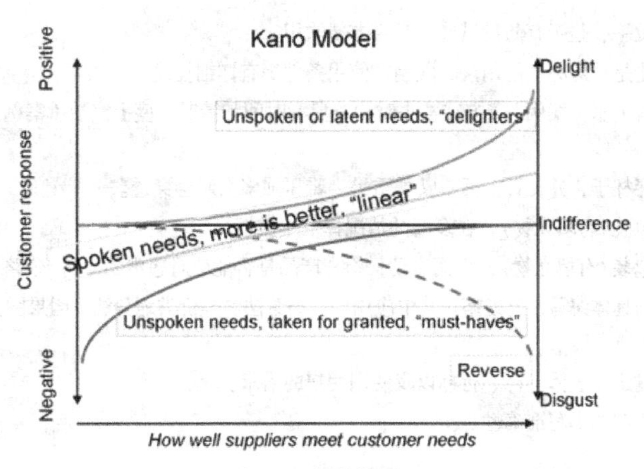

图 2.1　卡诺模型

2.1.2　软件质量模型

ISO 9126 软件质量模型是评价软件质量的国际标准，由 6 个特性和 27 个子特性组成，如图 2.2 所示。

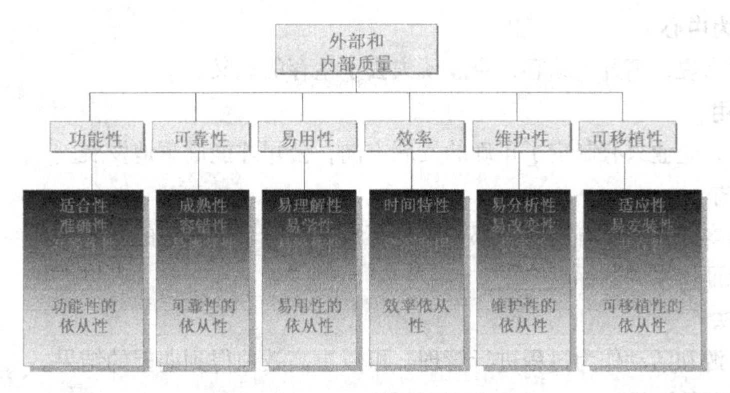

图 2.2　ISO 9126 软件质量模型

建议读者深入理解各特性、子特性的含义和区别，测试工作需要从这 6 个特性和 27 个子特性去测试、评价一个软件。这个模型是软件质量标准的核心，对于大部分的软件，都可以考虑从这几个方面着手进行测评。

微软曾经给软件测试面试者出过一个面试题目叫“测试杯子”，如果能从软件质量的各个属性进行分析的话，则可以比较好地回答这个问题：

> 测试项目：杯子。
> 需求测试：查看杯子使用说明书，是否有遗漏。
> 界面测试：查看杯子外观，是否变形。
> 功能性：用水杯装水看漏不漏；水能不能被喝到。
> 安全性：杯子有没有毒或细菌。
> 可靠性：杯子从不同高度落下的损坏程度。
> 可移植性：杯子在不同的地方、温度等环境下是否都可以正常使用。
> 可维护性：把杯子捏变形，然后看是否又能恢复。
> 兼容性：杯子是否能够容纳果汁、白水、酒精、汽油等。

易用性：杯子是否烫手、是否有防滑措施、是否方便饮用。

用户文档：使用手册是否对杯子的用法、限制、使用条件等有详细描述。

疲劳测试：将杯子盛上水（案例一）放 24 小时检查泄漏时间和情况，盛上汽油（案例二）放 24 小时检查泄漏时间和情况等。

压力测试：用根针穿杯子，并在针上面不断加重量，看压强多大时会穿透。

跌落测试：杯子加包装(有填充物)，在多高的情况摔下不破损。

震动测试：杯子加包装(有填充物)，六面震动，检查产品是否能应对恶劣的铁路/公路/航空运输。

测试数据：测试数据具体编写，此处略。其中应用到：场景法、等价类划分法、因果图法、错误推测法、边界值法等方法。

期望输出：该期望输出需查阅国标、行标以及使用用户的需求。

说明书测试：检查说明书书写准确性。

2.1.3 ISO 9000 质量管理体系与八项质量管理原则

流行的软件质量管理体系有 ISO 9000、CMMI/CMMII、六西格玛等。

ISO 9000 系列质量管理体系标准，是一组有关质量管理体系的国际标准，它由国际标准化组织（International Organization for Standardization，ISO）制定发布。

ISO 9000 提倡质量管理遵循以下 8 项原则。

1. 以顾客为中心

对任何企业来说，离开了顾客，企业就失去了生存的意义。

2. 领导作用

领导如舵手，企业只有制定了正确的发展方向，公司才能健康地发展。

3. 全员参与

管理以人为本，只有所有的员工都认识到了自己在整个体系中的重要性并参与其中，才能以个体的达标来保证体系的达标。

4. 过程方法

将相关的资源和活动作为过程进行管理，可以更高效地得到期望的结果。

5. 管理的系统方法

针对设定的目标，识别、理解并管理一个由相互关联的过程所组成的体系，可以提高工作的有效性和效率。

6. 持续改进

持续改进是组织的一个永恒目标。

7. 基于事实的决策方法

对数据和信息的逻辑分析或直觉判断是有效决策的基础。

8. 互利的供方关系

只有互惠互利，才能得到供应商更有力的支持，才能更稳健地发展。

2.1.4 ISO 9000 质量管理体系的建立过程

对于一个组织要建立 ISO 9000 质量管理体系，要通过一套完整的程序。可归纳为以下 4 个步骤。

（1）前期准备，组织培训。

（2）编写文件，开始试运行。

（3）申请认证，迎接审核。

（4）接受监督，持续改进。

2.1.5　CMMI 质量管理体系与过程改进

CMMI 的核心是把软件开发视为一个过程，并根据这一原则对软件开发和维护进行过程监控和研究，以使其更加科学化、标准化，使企业能够更好地实现商业目标。CMMI 是一种用于评价软件承包能力并帮助其改善软件质量的方法，侧重于软件开发过程的管理及工程能力的提高与评估。

CMMI 是目前国际上最流行、最实用的一种软件生产过程标准，已经得到了众多国家以及国际软件产业界的认可，成为当今企业从事规模软件生产不可缺少的一项内容。

CMMI 的基本思想是：因为问题是由我们管理软件过程的方法引起的，所以新软件技术的运用不会自动提高生产率和利润率。CMMI 有助于组织建立一个有规律的、成熟的软件过程。改进的过程将会生产出质量更好的软件，使更多的软件项目免受时间和费用的超支之苦。

2.1.6　结合 PSP、TSP 建立 CMMI 过程改进体系

CMMI 的成功与否，与组织内部有关人员的积极参与和创造性活动密不可分，而且 CMMI 并未提供有关子过程实现域所需要的具体知识和技能。因此，个体软件过程（PSP）和团体软件过程（TSP）应运而生。

PSP（Personal Software Process）同样是由卡内基梅隆大学软件工程研究所开发出来的，为基于个体和小型群组软件过程的优化提供了具体而有效的途径。例如，如何制定计划、如何控制质量、如何与其他人相互协作等。

TSP（Team Software Process）则用于指导项目组中的成员如何有效地规划和管理所面临的项目开发任务，并且告诉管理人员如何指导软件开发队伍，始终以最佳状态来完成工作。

实施 TSP 的先决条件是需要有高层主管和各级经理的支持，以取得必要的资源，项目组开发人员需要经过 PSP 的培训并有按 TSP 工作的愿望和热情，整个开发团队在总体上应处于 CMMI 二级以上，开发小组的规模以 3～20 人为宜。

2.1.7　应用 PDCA 质量控制法持续改进软件质量

无论是采用哪一种质量管理体系，也无论是否需要取得 ISO 9000 认证和 CMMI 认证，都可以综合应用质量管理的思想，采取合理的质量控制手段来建立和完善自己组织的质量管理体系。例如，PDCA 质量控制法是一个"放之四海"皆准的方法，如图 2.3 所示。

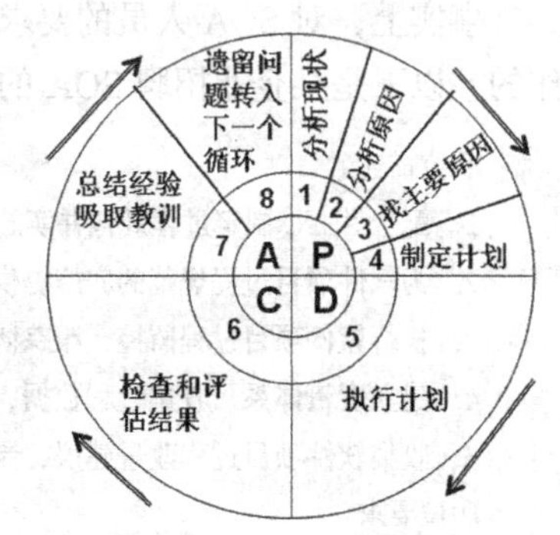

图 2.3　PDCA 质量控制法

PDCA 循环又叫戴明环，是管理学中的一个通用模型，最早由休哈特（Walter A. Shewhart）于 1930 年构想，后来被美国质量管理专家戴明（Edwards Deming）博士在 1950 年再度挖掘出来，并加以广泛宣传和运用于持续改善产品质量的过程中。

PDCA 循环是能使任何一项活动有效进行的一种合乎逻辑的工作程序，尤其是在质量管理中得到了广泛的应用。P、D、C、A 四个英文字母所代表的意义如下。

（1）P（Plan）：计划。包括方针和目标的确定以及活动计划的制定。

（2）D（Do）：执行。执行就是具体运作，实现计划中的内容。

（3）C（Check）：检查。就是要总结执行计划的结果，分清哪些对了，哪些错了，找出问题所在。

（4）A（Action）：行动（或处理）。对总结检查的结果进行处理，成功的经验加以肯定，并予以标准化，或制定作业指导书，便于以后工作时遵循；对于失败的教训也要总结，以免重现。对于没有解决的问题，应提给下一个 PDCA 循环中去解决。

2.2 软件质量保证与软件测试

软件组织中最主要的软件质量活动包括软件质量保证（SQA）和软件测试。

2.2.1 SQA 与软件测试

CMMI 第一个级别的改进方向中（CMMI 二级）就提出要“开展软件质量保证（SQA）活动”，可见 SQA 在软件能力改进方面的重要性。

SQA 组织的好坏在一定程度上决定了 SQA 活动被执行的好坏情况。IBM 公司的经验指出：“在超过 8 年的时间内，SQA 发挥了至关重要的作用，并使得产品质量不断提高。越来越多的项目经理也感觉到由于 SQA 的介入，不管是产品质量还是成本节约都得到较大改善。”

软件质量由组织、流程和技术三方面决定，SQA 从流程方面保证软件的质量，测试从技术方面保证软件的质量。只进行 SQA 活动或只进行测试活动不一定能产生好的软件质量。

2.2.2 SQA 的工作内容

SQA 一般包括以下工作内容。

（1）指导并监督项目按照过程实施。

（2）对项目进行度量、分析，增加项目的可视性。

（3）审核工作产品，评价工作产品和过程质量目标的符合度。

（4）进行缺陷分析，缺陷预防活动，发现过程的缺陷，提供决策参考，促进过程改进。

因此，对于 SQA 人员的素质有一定的要求，一般要求具备扎实的技术基础和背景、良好的沟通能力、敏锐性和客观性、积极的工作态度、独立工作的能力。

事实上，对 SQA 人员的要求是非常高的，没有一定的软件项目实战经验是很难胜任 SQA 工作的。以下是某企业招聘 SQA 的职位描述和职位要求。

职位描述：

1. 配合 SEPG 制定过程规范并实施。
2. 为软件项目过程规范的实施提供咨询、指导和培训。
3. 执行软件项目过程监控，跟踪协调问题的解决。
4. 建立度量体系，收集过程数据，分析质量过程的情况。
5. 收集软件项目过程改进建议，制定改进方案，开展过程改进工作。

职位要求：

1. 计算机相关专业，熟悉软件工程。
2. 熟悉 CMMI/CMMII 或其他相关质量管理模型。

3. 具有较强的沟通理解能力和协调能力，工作积极主动。
4. 敏锐的观察力，能及时发现流程中需要改进的地方。
5. 参与或主导过软件过程改进工作。
6. 至少有两年以上质量管理或项目管理相关经验。

2.2.3　QA 与 QC 的区别

QA，即质量保证；QC，即质量控制。两者都是想要不断提高软件质量和竞争力的软件企业不可缺少的质量管理工具。

现在很多公司都设置了质量保证部门，并且把测试人员作为部门中的成员，冠以 QA 的头衔。因此很多测试人员会误认为自己正在做的是质量保证工作，而实际上，人们都知道软件的质量是不能靠软件测试来保证的。

软件测试是事后检查，只能保证尽量暴露出软件的缺陷，但是因为错误已经发生，既成事实，因此对项目造成的损失是很难挽回的。而真正软件的质量要想得到有效地提高，需要从设计开始考虑，需要从发现的缺陷中学习，并找出错误发生的原因，制定出相应的纠正预防错误，从而确保下一次不会出现相同的错误。

因此测试只能算是 QC 的一种手段，测试人员需要积极配合 QA 人员记录好缺陷、分析统计缺陷，为质量保证提供各种基础数据。QA 与 QC 存在很多区别的地方，但是又有以下共同点。

（1）都是查找错误。QC 查找的是产品的错误，QA 查找的是过程的错误。

（2）QA 和 QC 的目的都是对质量进行管理。

因此，QA 和 QC 的关系如图 2.4 所示。

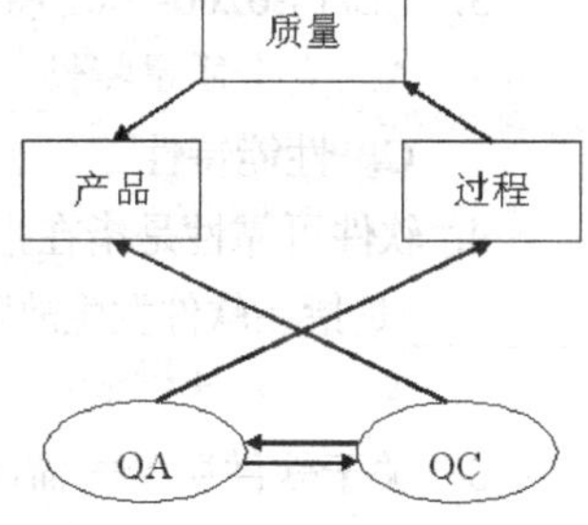

图 2.4　QA 与 QC 的关系

注意

不管是单纯的测试人员还是赋予了部分 QA 的角色，都不要以一种管理者的姿态出现在开发人员面前，应该始终保持一种帮助开发人员纠正错误、保证产品质量的服务态度。

2.3　小　　结

软件测试是企业控制软件质量的最佳手段，软件质量是软件核心竞争力的根本所在，作为软件测试人员应该尽可能多地了解软件质量相关的知识，建议读者在阅读本章内容之后，补充阅读以下软件质量相关的内容。

（1）维基百科关于 ISO9126 的内容：

http://en.wikipedia.org/wiki/ISO_9126#Quality_Model

（2）《质量免费》 - 克劳士比。

（3）维基百科关于 ISO9000 的内容：

http://en.wikipedia.org/wiki/ISO_9000

（4）维基百科关于 PSP 和 TSP 的内容：

http://en.wikipedia.org/wiki/Personal_Software_Process

http://en.wikipedia.org/wiki/Team_Software_Process

(5)软件测试与软件质量专业网站:

http://www.51testing.com

2.4 习 题

1. 软件质量的定义是________。

A. 软件的功能性、可靠性、易用性、效率、可维护性、可移植性

B. 满足规定用户需求的能力

C. 最大限度达到用户满意

D. 软件特性的总和，以及满足规定和潜在用户需求的能力

2. 软件内部/外部质量模型中，可移植性不包括________子特性。

A. 适应性　　B. 共存性　　C. 兼容性　　D. 易替换性

3. GB/T 16260-2003 将软件质量特性分为内部质量特性、外部质量特性和________。

A. 安全质量特性　　B. 适用质量特性

C. 性能特性　　D. 使用质量特性

4. 软件可靠性是指在指定的条件下使用时，软件产品维持规定的性能级别的能力，其子特性________是指在软件发生故障或者违反指定接口的情况下，软件产品维持规定的性能级别的能力。

A. 成熟性　　B. 易恢复性　　C. 容错性　　D. 可靠性依从性

5. 关于软件质量的描述，正确的是________。

A. 软件质量是指软件满足规定用户需求的能力

B. 软件质量特性是指软件的功能性、可靠性、易用性、效率、可维护性、可移植性

C. 软件质量保证过程就是软件测试过程

D. 以上描述都不对

6. 软件________的提高，有利于软件可靠性的提高。

A. 存储效率　　B. 执行效率　　C. 容错性　　D. 可移植性

7. 软件内部/外部质量模型中，以下________不是功能性包含的子特性。

A. 适合性　　B. 准确性　　C. 稳定性　　D. 互操作性

8. 在软件设计和编码过程中，采取“________”的做法将使软件更加容易理解和维护。

A. 良好的程序结构，有无文档均可

B. 使用标准或规定之外的语句

C. 编写详细正确的文档，采用良好的程序结构

D. 尽量减少程序中的注释

9. 软件维护成本在软件成本中占较大比重。为降低维护的难度，可采取的措施有________。

A. 设计并实现没有错误的软件

B. 限制可修改的范围

C. 增加维护人员数量

D. 在开发过程中就采取有利于维护的措施，并加强维护管理

第3章 软件测试的目的与原则

目的决定行动，对软件测试目的的不同理解也会导致不同的软件测试方法和测试的组织方式，甚至影响测试人员在项目组中扮演的角色以及地位。但是，不管测试人员认为软件测试的目的是什么，都需要理解和遵循基本的测试原则。

本章主要介绍软件测试的一些基本原则，以及测试人员如何理解这些基本原则，并应用在测试工作过程中。

3.1 软件测试的目的

3.1.1 测试是为了建立软件的信心

软件测试从诞生之日开始，就不断地被人们误解和曲解。对于软件测试的目的，不同的人有不同的理解。有的认为软件测试是为了证明软件是正确的、建立对软件的信心而进行的活动。也有的认为软件测试是为了证明软件存在错误。

3.1.2 软件测试与软件信心的关系

目前大部分人对于软件测试目的的理解是基于 Glen Myers 和 Hetzel 两位学者的著名测试论点。Glen Myers 认为测试是为了发现错误而执行软件程序的过程。一个成功的测试可以发现迄今为止尚未发现的错误。

而 Hetzel 则认为软件测试是对软件建立信心的一个过程。测试是评估软件或系统的品质或能力的一种积极的行为，是对软件质量的度量。软件信心与测试的关系如图 3.1 所示。

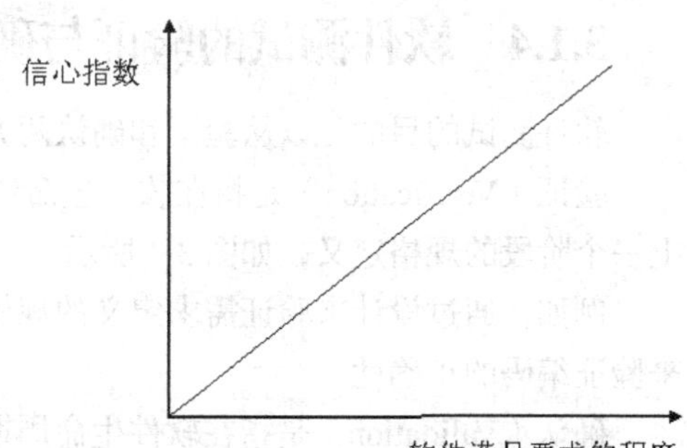

图 3.1 软件的信心建立在软件对要求的满足程度的度量上

对软件进行的测试越多、越充分，人们对使用该软件的信心就越强。可以想象，在提交用户使用软件时，如果告诉用户软件没有被测试过，用户的表情会是什么。

关于软件测试的心理学和软件测试的经济学方面的内容，建议读者阅读 Myers 的著作《The Art of Software Testing》（《软件测试的艺术》）一书。

3.1.3 软件测试的两面性

从测试的目的出发，大概可以把测试分成两大类。

（1）一类是为了验证程序能正常工作的测试。

（2）另一类是为了证明程序不能正常工作的测试。

一类是正面的，另一类是反面的，测试人员应该从两面“夹击”，如图 3.2 所示。

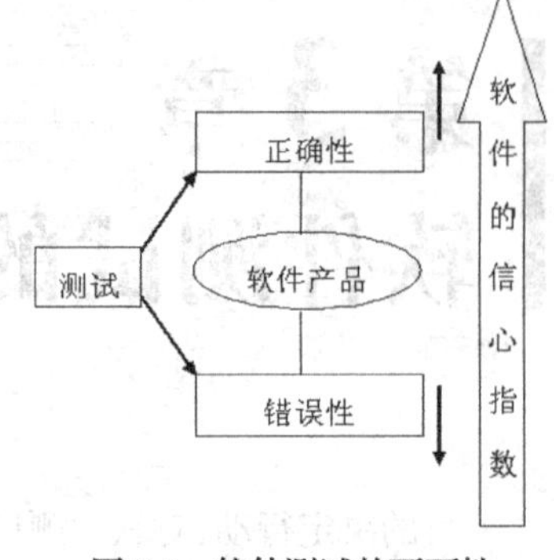

图 3.2 软件测试的两面性

测试人员要验证软件程序能否正常工作需要有一定的依据，普遍认为软件需求文档即是这样的依据。但是如果需求文档本身就是错误的呢？因此，不能仅仅依据需求文档即来验证程序是否能正常工作。还需要加入测试人员的经验判断以及对软件的理解。

要验证程序能在所有情况下都能正常工作的工作量非常大，实现起来非常困难。因为，现在的软件程序越来越复杂，程序的状态空间变得越来越广。在有限的测试时间内，有限的测试资源下，要想证明程序在所有情况下都能正常工作是不可能的。

而相比之下，证明程序不能正常工作会相对容易一些，只要找到了错误，就证明软件是不正确的。但是，要想找到所有的错误也是不可能的，因为 Bug 会随着程序的修改变得越来越少，同时也会变得越来越隐蔽，难以发现，如图 3.3 所示。

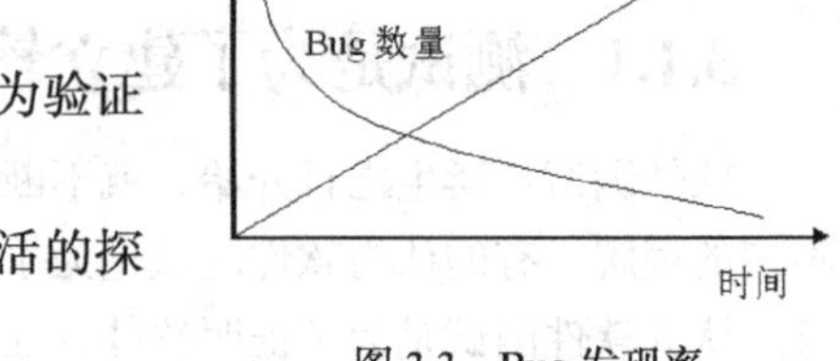

图 3.3 Bug 发现率

现在，大部分软件测试组织在综合应用着这两类测试方式。主要体现在以下方面。

- 测试用例的设计分正面的和反面的测试用例，分为验证主成功场景的用例和验证扩展场景的测试用例。
- 测试的执行结合严格的测试用例执行过程以及灵活的探索性测试执行。
- 软件测试的中前期主要集中精力发现软件的错误，软件的中后期主要集中精力验证软件的正常使用性得到保证。
- 单元测试主要关注程序做了正确的事情，集成测试和系统测试主要关注程序的错误行为。
- 自动化测试主要专注于验证程序的正确行为，手工测试主要专注于发现软件的错误行为。

3.1.4 软件测试的验证与确认

软件测试的目的可以从验证和确认两方面进行理解。

验证（Verification）是指在软件生命周期的各个阶段，用下一个阶段的产品来检查是否满足上一个阶段的规格定义，如图 3.4 所示。

例如，通过设计来验证需求定义的规格是否正确，通过编码来验证设计的合理性，通过测试来验证编码的正确性。

确认（Validation）是指在软件生命周期的各个阶段，检查每个阶段结束时的工作成果是否满足软件生命周期的初期在需求文档中定义的各项规格和要求，如图 3.5 所示。

例如，软件设计完成后，需要通过评审来判断是否满足需求定义；编码完成后，也需要通过代码审查等方式来检查编码是否满足了各项需求的规格定义；在测试阶段，则通过评审测试用例、测试计划、测试报告、缺陷覆盖等材料来判断测试是否覆盖了各项需求。

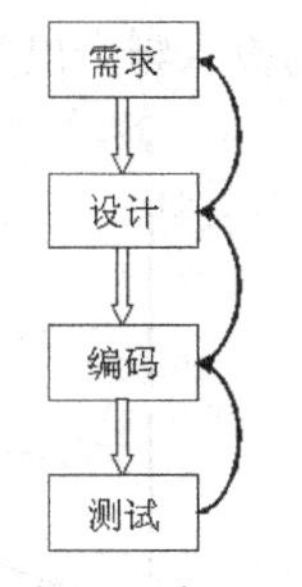

图 3.4 验证过程

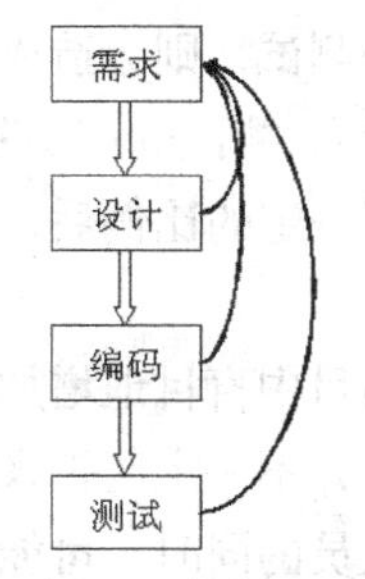

图 3.5 确认过程

验证和确认是两种不同的软件测试方式，测试人员应该综合利用两种方式进行测试。

3.1.5 测试是一种服务

在敏捷开发中，测试并没有被人们提出来进行广泛的讨论。但是有人提出，软件测试是敏捷项目的车头灯，它指引着整个团队的方向。

软件测试是一种服务，软件测试人员对软件产品进行学习和探索，获取了有关软件方方面面的信息，以便提供给项目决策者做出正确的决定，如图 3.6 所示。

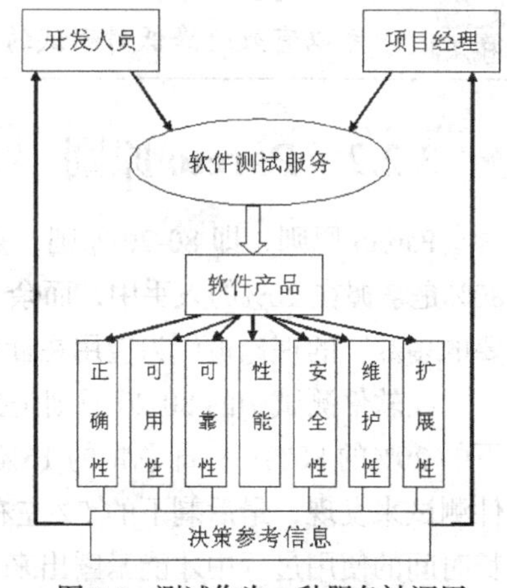

图 3.6 测试作为一种服务被调用

把软件测试理解成一种服务的好处主要有以下两方面。

（1）可以化解很多测试与开发之间的矛盾。

（2）有利于测试客观公正地进行工作。

这种对测试的理解综合了对软件测试目的的两种观点。

3.2 软件测试应该遵循的原则

不管测试的目的是什么，作为软件测试人员，在进行测试的时候有几个基本的原则是要充分理解和遵循的。

- Good enough 原则。
- Pareto 原则。
- 尽可能早开展测试。
- 在发现比较多错误的地方需要投入更多的测试。
- 同化效应。

3.2.1 Good enough 原则

Good enough 原则是指测试的投入跟产出要适当权衡，测试得不够充分是对质量不负责任的表现，但是投入过多的测试，则会造成资源浪费。软件测试的投入与产出关系如图 3.7 所示。

随着软件测试的投入，测试的产出基本上是增加的；但是当测试投入增加到一定的比例后，测试效果并不会有非常明显的增强。

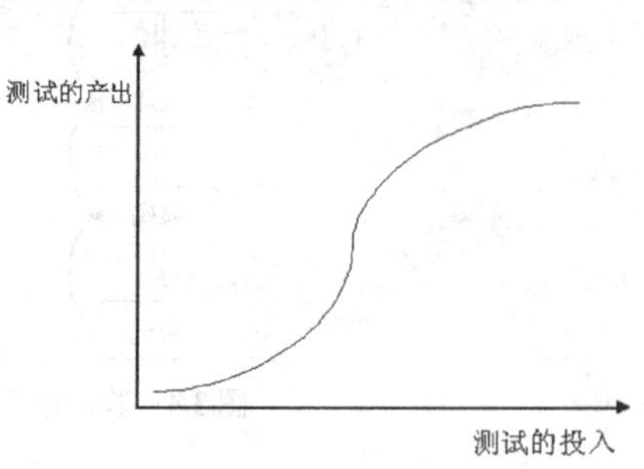

图 3.7 测试的投入与产出关系

如果在一个测试项目中盲目地增加测试资源，如测试人员、测试工具等，并不一定能带来更高的效率和更大的效益。因为增加人员的同时，可能会增加沟通的成本、培训的成本。增加工具则可能带来学习和培训的成本。尤其是在进度比较紧迫的测试项目中，为了加快测试的进度而盲目地增加资源，可能会带来相反的效果。

零缺陷是理想的追求，而 Good enough 则是现实的追求。不能盲目追求最佳的测试效果而投入过多的测试资源。应该根据项目实际要求和产品的质量要求来考虑测试的投入。

适当加入其他的质量保证手段，例如代码评审、同行评审、需求评审、设计评审等。可以有效地降低对测试的依赖，并且确保软件缺陷能尽早发现，从而降低总体质量成本。

3.2.2 Pareto 原则

Pareto 原则，即 80-20 原则，是由意大利人 Villefredo Pareto 在 1879 年提出的。社会财富的 80%是掌握在 20%的人手中，而余下 80%的人只占有 20%的财富。后来，这种“关键的少数和次要的多数”的理论被广为应用在社会学和经济学中，并称之为 Pareto 原则。

在软件测试中的 80-20 原则是指 80%的 Bug 在分析、设计、评审阶段就能被发现和修正，剩下的 20%的 80%——即总量的 16%，则需要由系统的软件测试来发现，最后剩下的 5%左右的 Bug 只有在用户长时间的使用过程中才能暴露出来，如图 3.8 所示。

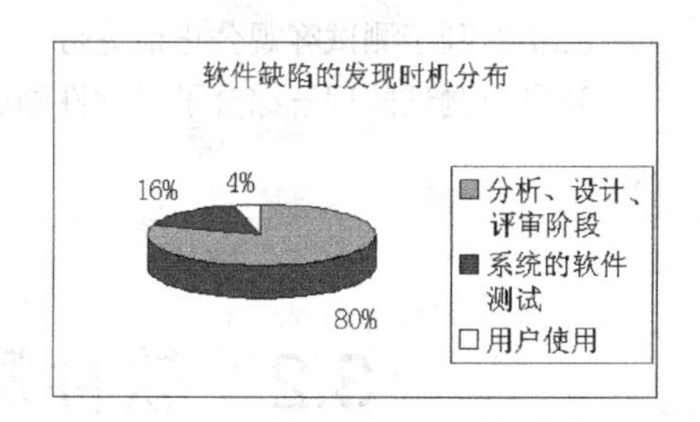

图 3.8 软件缺陷的发现时机分布

基本上可以根据这个分布来定义缺陷逃逸率，即多少缺陷未被发布前测试发现，而是逃逸到了用户的手中。对于一个广泛使用的程序，其维护成本通常是开发成本的 40%以上，并且维护成本受用户数量的严重影响，用户越多，发现的缺陷也越多。

测试不能保证发现所有的错误，但是测试人员应该尽可能多地发现错误，不让应该在开发阶段发现的错误逃逸到用户手中。

3.2.3 尽可能早开展测试

越早发现错误，则修改的代价越小。越迟发现错误，修复软件需要付出的代价就越高，如图 3.9 所示。

修改缺陷的代价成倍数增长，到了软件发布后才发现问题再进行修复，则通常要多花百倍甚至上千倍的成本。可以想象一个技术支持工程师坐飞机来回一趟，到用户现场解决问题的开销。

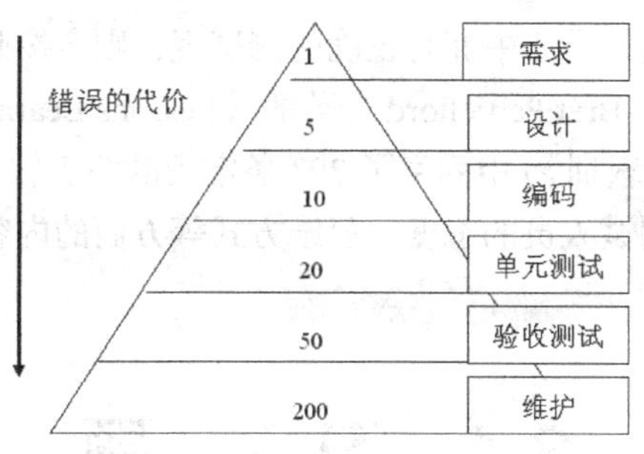

图 3.9　在不同阶段修改错误的代价

3.2.4　在发现比较多错误的地方需要投入更多的测试

常有“物以类聚”的说法，软件缺陷也同样有聚集效应。软件缺陷的聚集通常是由缺陷出现的阶段时间程序员的开发状态，或者是缺陷出现的代码范围的复杂度导致的。

经验数据表明，周一上班时，程序员无论是代码生产率还是代码出错率都会明显地比其他工作日要高。因为很多开发人员经过周末的放松，在周一还未能完全恢复最佳工作状态。

一旦测试人员发现在某个模块的 Bug 有集中出现的迹象，则应该对这些缺陷集中的模块进行更多的测试和回归验证。

3.2.5　同化效应

一个测试人员在同一个项目待的时间越久，越可能忽略一些明显的问题。例如，对于界面操作，由于测试人员重复使用同一个软件而产生熟练感，因此对于一些易用性问题和用户体验问题可能会忽视。

同化效应主要体现在以下两方面。

（1）测试人员与开发人员一起工作在某个项目中一段较长的时间后，容易受到开发人员对待软件的观点影响，变得更容易赞同开发人员的观点。

（2）测试人员对软件的熟悉程度越高，越容易忽略一些看起来较小的问题。这也是一些测试人员感觉越来越难发现 Bug 的原因。

同化效应会造成 Bug 的“免疫”效果，因此，在测试过程中需要通过轮换，或补充新的测试人员来避免同化效应。

交叉测试能避免一些测试的“盲点”，充分利用不同人员对待软件的不同视角和观点。通过引入新的测试思维来打破测试的局限和僵局。

3.3　小　　结

软件测试的目的和原则就像测试人员需要修炼的“心法”，是测试人员的座右铭，利用这些“心法”来达到正确的测试观，从而指导测试的整个过程。

目的决定行为，如果测试人员心中拥有正确的测试观，则会按照正确的方式进行测试。

Cem Kaner、James Bach、Bret Pettichord 合著的《Lessons Learned in Software Testing》（中文版本名称是《软件测试经验与教训》）中列举了 293 条宝贵的关于软件测试经验，涉及了软件测试的原则、软件测试的方法、测试人员的态度、思维方式等方面的内容，建议读者阅读并结合实际项目进行实践、揣摩和体会。

3.4 习　题

1. 关于测试用例的设计，正确的是________。
   A. 设计分正面的和反面的测试用例
   B. 单元测试关注模块间的逻辑关系
   C. 自动化测试用于测试新功能是否有错误
   D. 验证（Verification）是检查软件是否符合需求
2. 测试应该遵循的几个原则不包括________。
   A. Good enough 原则
   B. 尽可能晚开展测试
   C. 同化效应
   D. 在发现比较多错误的地方需要投入更多的测试
3. 在________阶段修改错误的代价最大。
   A. 设计　　B. 维护　　C. 验收测试　　D. 编码
4. 哪种测试人员容易因过于熟悉而忽略用户体验问题________。
   A. 重复测试此软件的人员　　B. 第一次测试软件的人员
   C. 性能测试人员　　D. 压力测试人员
5. Pareto 原则，即 80-20 原则是指________。
   A. 用户越多，发现的缺陷也越少
   B. 系统的软件测试发现评审后遗留问题的 80%
   C. 20%的用例发现 50%的错误
   D. 以上描述都不对

第 4 章 软件测试的方法论

软件测试就像武术的各种流派，南拳北腿，各有所长。本章介绍软件测试中几种主流的软件测试方法论的流派，以及某些著名软件企业所采用的软件测试方法。测试人员应该参考借鉴其他公司的方法论，然后形成具有自己的特色、适合自己的测试方法论，用来指导测试的过程。

4.1 软件测试的 5 大流派

软件测试发展到今天，大量的学者和工程师们做出了伟大的贡献，不同的人根据自己所在的领域和专长，提出了各具特色的测试理论。

根据对测试的不同视角和理解可以划分成 5 大流派。

（1）分析学派：该学派认为测试是严格的技术性的，这一派在学术界有很多支持者。

（2）标准学派：该学派认为测试是用于衡量进度的一种方式，强调成本度量和可重复的标准。

（3）质量学派：该学派强调过程，测试人员像警察一样审判开发人员，又像守门员一样保证质量。

（4）上下文驱动学派：该学派强调人的作用，寻找利益相关的 Bug。

（5）敏捷学派：该学派使用测试来验证开发是否完成，强调自动化测试。

其中分析学派是其他学派的根源，从分析学派发展出标准学派，再从标准学派衍生出其他的学派，如图 4.1 所示。

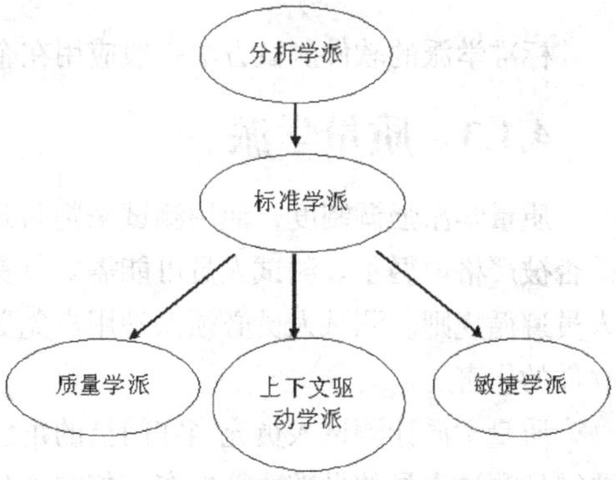

分析学派

标准学派

质量学派

上下文驱动学派

敏捷学派

图 4.1 软件测试的 5 大流派

4.1.1 分析学派

在分析学派的核心理念中，软件是逻辑产品，测试是计算机软件和计算数学的分支，因此，测试方法必须有一个逻辑数学形式。

分析学派热衷于计算代码覆盖率，研究出很多代码覆盖率的度量方法，提供了测试的客观度量方法。分析学派的测试需要精确和详细的规格说明书。测试人员验证软件是否符合规格说明书的要求，如图 4.2 所示。

这一学派的测试方法在电信、安全等关键的行业应用软件的测试中应用比较广泛。

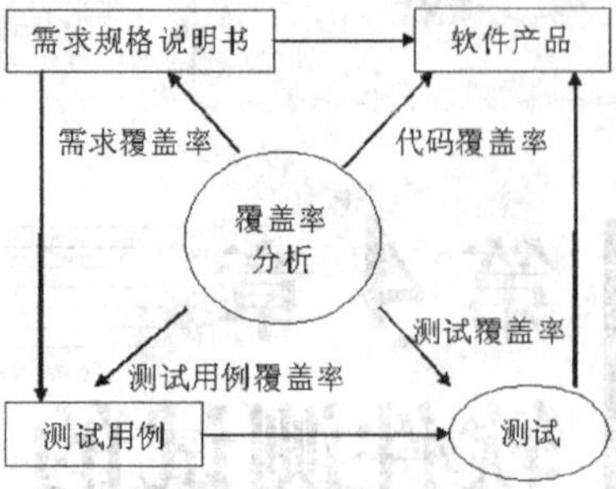

图 4.2　分析学派的测试

4.1.2　标准学派

标准学派的核心理念是：测试必须被管理起来，是可预见的、可重复的、计划好的。测试必须是高效的。测试对产品进行确认，利用测试来对开发进度进行度量。

标准学派研究出了很多跟踪矩阵来确保每一个需求都被测试到。标准学派的测试需要清晰的边界来界定测试和其他活动，例如进入测试和退出测试的标准。标准学派倾向于抵制计划的变更，软件测试采用 V 模型。鼓励标准的使用，例如“最佳实践”的应用，如图 4.3 所示。

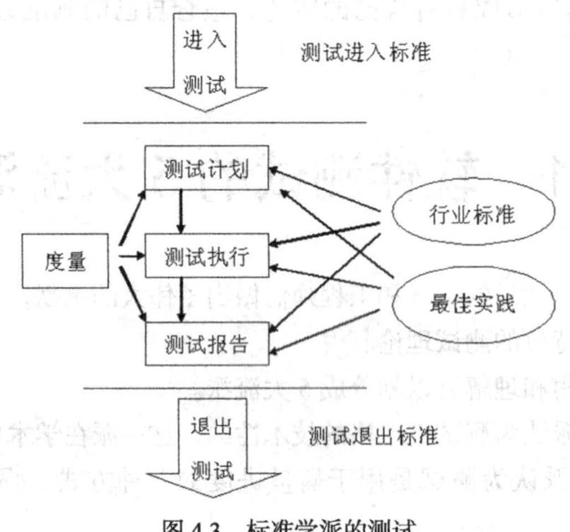

图 4.3　标准学派的测试

标准学派的软件测试方法一般应用在企业级的 IT 和政府软件应用行业。

4.1.3　质量学派

质量学派强调制度，使用测试来判断开发的过程是否被严格遵循了。测试人员可能需要负责监督开发人员遵循规则。测试人员必须保护用户免受质量差的软件的伤害。

质量学派让测试人员充当守门员的角色，软件需要得到测试人员的批准才能发布，如图 4.4 所示。

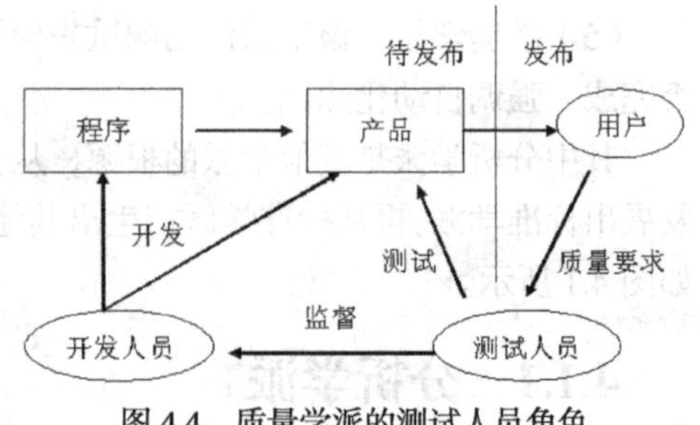

图 4.4　质量学派的测试人员角色

质量学派把测试看成是 QA 的角色，测试是过程改进的阶梯。这一派的测试方法大部分应用在大机构、承受强大压力的组织。

4.1.4　上下文驱动学派

在上下文驱动学派的核心理念中软件是由人创建的，人决定上下文。测试负责寻找 Bug。Bug

是指那些会让任何利益相关方困扰的问题。测试为项目提供信息。测试是一项技巧性的智力活动。测试是一门包含各种学科知识的综合学科，如图 4.5 所示。

上下文驱动测试强调探索性测试，强调同时设计测试和执行测试，强调快速学习能力。上下文驱动测试拥抱变化。根据测试结果调整测试计划。测试策略的有效性只能通过实际的观察来判断。上下文驱动测试更关注技能，而不是所谓的“最佳实践”。

本派的测试方法主要应用在商业的、市场驱动的软件项目中。

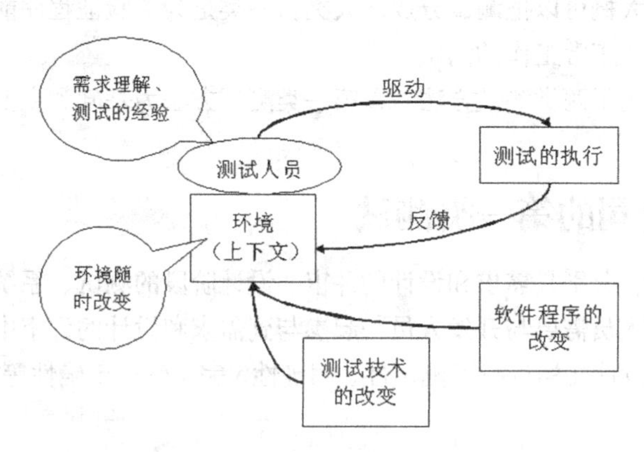

图 4.5　上下文驱动派的测试

4.1.5　敏捷学派

在敏捷学派的核心理念中软件是一个动态变化的过程，由测试来告诉大家开发的过程是否完成。测试必须被自动化，如图 4.6 所示。

敏捷学派非常强调单元测试。开发人员必须提供自动化框架。这一派的应用主要集中在 IT 顾问公司、互联网行业、云计算应用。

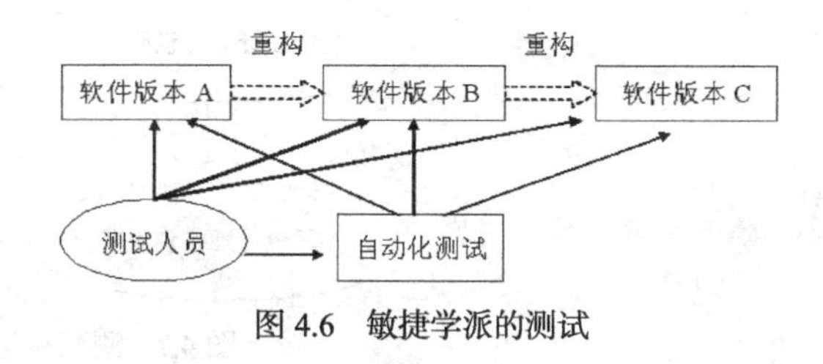

图 4.6　敏捷学派的测试

4.1.6　不同流派的测试定义

不同的流派对测试的定位，软件测试人员担任的角色、执行的职责和对测试人员的要求，以及关注的重点都存在一些差异。

下面是不同流派对软件测试的定义。

（1）分析学派：软件测试是计算机科学和数学的分支。

（2）标准学派：软件测试是一个管理的过程。

（3）质量学派：软件测试是软件质量保证的分支。

（4）上下文驱动学派：软件测试是开发的一个分支。

（5）敏捷学派：软件测试是顾客角色的一部分。

对于同样一个项目，遵循不同学派的标准进行测试可能会有不同的做法。应该综合考虑项目的实际情况来借鉴和综合利用不同学派的测试方法。

James Bach 在上下文驱动测试方法论的基础上，融合了探索性测试（Exploratory Testing）、敏捷思想，形成了“快速测试”（Rapid Software Testing）方法论。

4.2 软件测试的方法应用

针对不同的软件，企业会结合自己的产品特点，制定出一套测试方法论。这些不同公司的测试方法各有特色，值得读者去了解、学习和借鉴。

从测试目的出发，大概可以把测试分成两大类，一类是为了验证程序能正常工作的测试，另一类是为了证明程序不能正常工作的测试。

微软的测试综合利用了两类测试方法，以第一类测试方法为基础和主要线索，阶段性地运用第二类测试方法。

4.2.1 微软公司的第一类测试

第一类按步骤进行，分别是需求和设计的评审、设计阶段的测试、系统全面的测试。

在微软公司，测试人员需要与开发人员一起参与到需求和设计的评审中，测试人员从测试的角度出发对需求文档、设计文档进行可测试性、明确性、完整性、正确性等方面的审查，如图 4.7 所示。

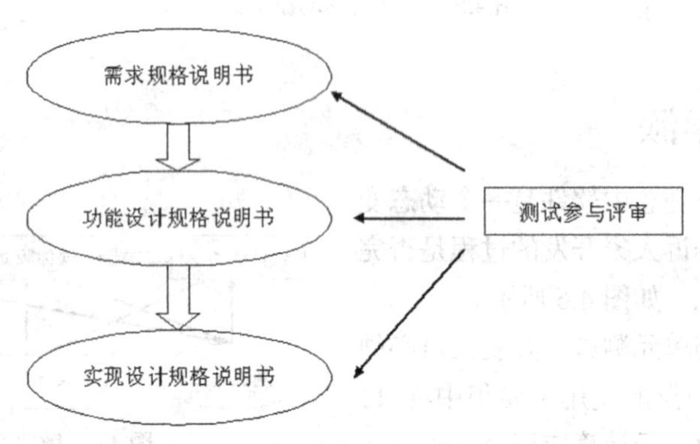

图 4.7 测试参与各类文档的评审

在评审的过程中，测试人员也在同时学习软件涉及的业务知识和技术，为后面的测试计划和测试用例设计做好准备。

在开发人员进行产品设计的过程中，测试人员开始依据需求文档编写测试计划、测试用例，编写出来的测试计划和测试用例需要与项目经理和开发人员一起评审，确保对项目和软件达成一致的认识。等到开发人员把设计做完，则需要根据设计文档适当补充和完善测试用例。

在进入正式的测试阶段之后，测试人员按照测试计划搭建测试环境，执行测试用例，编写自动化测试程序并重复运行。

测试采取的基本测试策略包括以下方面。

（1）先执行简单测试用例，再执行复杂的用例。

（2）先验证单一的基本功能，再验证组合的功能。

（3）先解决表面的、影响面大的 Bug，再解决深层的、不易重现的 Bug。

测试人员会每天执行自动化测试脚本，防止缺陷的重复出现。另外，还会及时补充完善和维护测试用例库中的测试用例。

4.2.2　微软公司的第二类测试

微软公司的第二类测试是阶段性的，通常叫做“Bug Bash”，即 Bug 大扫除。

Bug Bash 通常在项目的里程碑阶段的末期进行，例如在 Beta 版本发布之前，会专门预留几天的时间让项目组中所有人都参与到测试中来，尽力搜寻项目的 Bug。

除了 Bug Bash，微软还会组织一些专门的测试，例如安全性攻击测试，会邀请广大人员甚至安全专家来尝试攻击产品，找出产品的安全漏洞。

4.2.3　微软的缺陷管理

在微软的研发过程中，主要有 3 种角色，即项目经理、开发人员和测试人员。

三者分工明确，接口清晰。项目经理负责定义需求、编写需求规格说明书和设计文档；开发人员负责编写代码来实现需求和设计的规格定义；测试人员负责测试开发人员编写的代码是否符合项目经理定义的规格要求。三个角色之间没有必然的上下级关系，只是分工合作完成某个功能特性的研发。

项目经理把需求规格说明书保存到 SharePoint 中，所有人都可以随时查看；开发人员使用 Source Depot（微软的内部源代码管理工具，类似 CVS）来保存源程序；测试人员把发现的 Bug 记录到 Raid（微软的内部缺陷跟踪管理系统）中以便跟踪这个问题的处理流程，如图 4.8 所示。

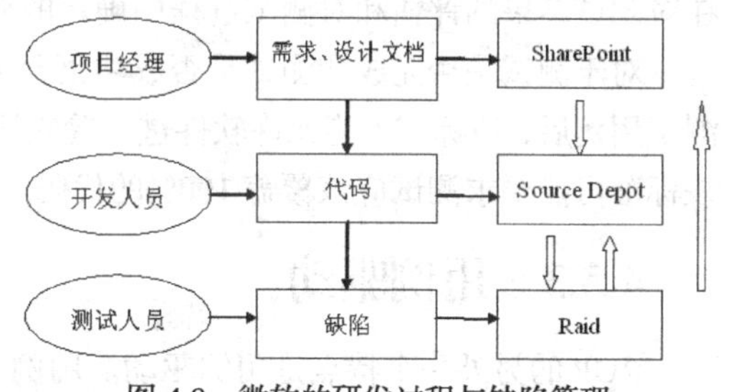

图 4.8　微软的研发过程与缺陷管理

微软的研发过程也分为计划、开发、测试、发布等几个阶段。但是微软的研发流程注重实用性，能够有效地控制进度。

完成一个阶段版本后，进行项目回顾，找出这个版本的各种问题以便在下个版本中解决，这个过程被称为“Postmortem”，中文意思是“事后剖析”、“事后检讨”。在项目阶段结束后，对项目过程中的所有问题进行分析和回顾。

关于微软的软件测试方法，请读者参考《How We Test Software at Microsoft》（中文名《微软的软件测试之道》）一书和《测试有道：微软测试技术心得》一书，可以窥探一下微软的测试方法。

4.3　IBM 公司的软件测试方法

IBM 公司的软件测试是基于 RUP 的过程模型进行的。RUP，即 Rational 统一过程模型，是一个强调迭代开发、持续集成的软件开发过程模型。

4.3.1　回归测试

作为 RUP 中的重要部分，RUP 非常注重回归测试，如图 4.9 所示。

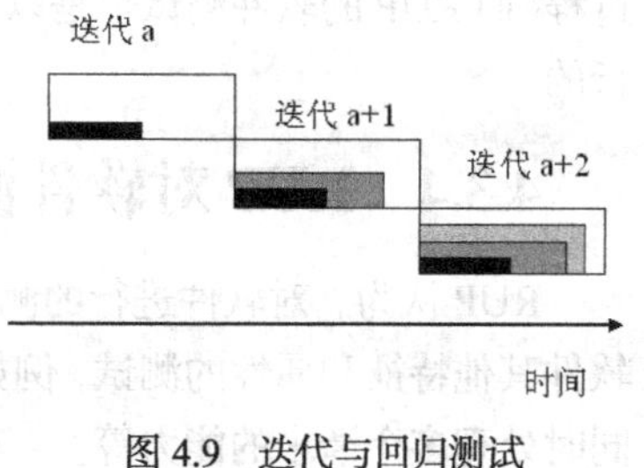

图 4.9　迭代与回归测试

迭代 a 中的大多数测试在迭代 a+1 中都用作回归测试。在迭代 a+2 中，将使用迭代 a 和迭代 a+1 中的大多数测试作为回归测试，后续迭代中采用的原则与此相同。因为相同的测试要重复多次，所以要投入一些精力将回归测试自动化。

4.3.2 测试的度量

RUP 的测试方法比较关注测试的度量，采用测试覆盖率和质量来对测试进行度量。测试覆盖是对测试充分程度的评价，测试覆盖包括以下方面。

（1）测试需求的覆盖。

（2）测试用例的覆盖。

（3）测试执行代码的覆盖。

基于需求的测试覆盖在测试生命周期中要评估多次，并在测试生命周期的里程碑处提供测试覆盖的标识（如已计划的、已实施的、已执行的和成功的测试覆盖）。

基于代码的测试覆盖评估测试过程中已经执行代码的多少，与之相对的是要执行的剩余代码的多少。代码覆盖可以建立在控制流（语句、分支或路径）或数据流的基础上。控制流覆盖的目的是测试代码行、分支条件、代码中的路径或软件控制流的其他元素。数据流覆盖的目的是通过软件操作测试数据状态是否有效，例如，数据元素在使用之前是否已做定义。

质量是对测试对象（系统或测试的应用程序）的可靠性、稳定性以及性能的评价。质量建立在对测试结果的评估和对测试过程中确定的变更请求（缺陷）分析的基础上。

对于测试是否完成和测试是否成功也会采用一些客观的评价标准。例如，当成功执行 95%的测试用例后，该标准可能允许软件进行验收测试。另一个标准是代码覆盖。在安全至上的系统中，该标准可能要求测试应该覆盖 100%的代码。

4.3.3 用例驱动

RUP 的另外一个特点是用例驱动。用例（Use Case）是 RUP 方法论中一个非常重要的概念。简单地说，一个用例就是系统的一个功能。例如在一个航空电子订票系统中，预定机票就是系统的一个用例。在系统分析和设计中，把一个复杂的庞大的系统进行分割，定义成一个个小的单元，这些小单元就是用例，然后将小单元作为对象进行开发。

按照 RUP 的指导思想，用例贯穿于整个软件开发的生命周期。在需求分析时，用户对用例进行描述；在系统设计时，设计人员对用例进行分析；在开发阶段，开发人员用代码来实现用例；在测试阶段，测试人员针对产品对照用例进行检验，如图 4.10 所示。

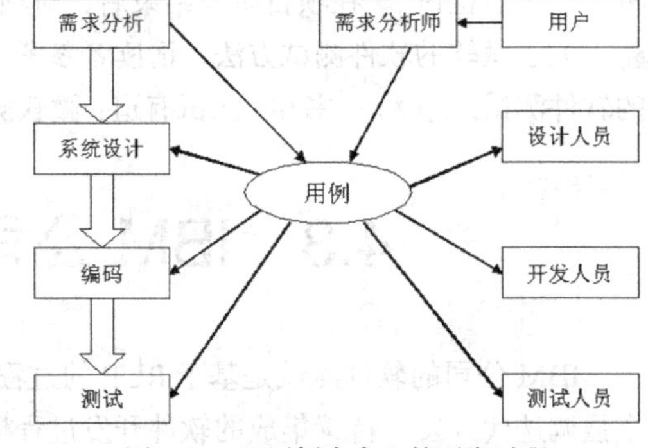

图 4.10 以用例为中心的开发过程

可以这样说，RUP 是一种以用例为中心的开发过程。而 RUP 的软件测试也是以用例为基本依据进行的。

4.3.4 RUP 对软件测试的分类

RUP 认为，对软件进行的测试不仅限于测试软件的功能、接口和响应时间特征，还需要注重软件其他特征和属性的测试，例如，完整性（防止失败的能力）、在不同平台上安装和执行的能力、同时处理多个请求的能力等。

为此，需要实施和执行多种不同的测试，每种测试都有其具体的测试目标，每种测试都只侧重于对软件的某方面的特征或属性进行测试。测试类型包括可靠性、功能和性能 3 大类。

对于这 3 大类的测试，又可以进一步再细分为不同的测试类型。RUP 对测试的分类如表 4-1 所示。

表 4-1　　RUP 的测试分类

测试分类	具体测试类型
可靠性	完整性测试
	结构性测试
功能	配置测试
	功能测试
	安装测试
	安全测试
	容量测试
性能	基准测试
	竞争测试
	负载测试
	性能曲线测试
	强度测试

（1）可靠性的测试又可细分为完整性测试和结构性测试。

① 完整性测试侧重于评估测试对象的强壮性（防止失败的能力），语言、语法的技术兼容性以及资源利用率。该测试针对不同的测试对象实施和执行，包括单元和已集成单元。

② 结构测试侧重于评估测试目标是否符合其设计和构造。通常对基于 Web 的应用程序执行该测试，以确保所有链接都已连接、显示正确的内容，以及没有孤立的内容。

（2）功能性测试又可细分为配置测试、功能测试、安装测试、安全测试、容量测试。

① 配置测试侧重于确保测试对象在不同的硬件和/或软件配置上按预期运行。该测试还可以作为系统性能测试来实施。

② 功能测试侧重于核实测试对象按计划运行，提供需求的服务、方法或用例。该测试针对不同的测试对象实施和执行，包括单元、已集成单元、应用程序和系统。

③ 安装测试侧重于确保测试对象在不同的硬件和/或软件配置上，以及在不同的条件下（磁盘空间不足或电源中断）按预期安装。该测试针对不同的应用程序和系统实施并执行。

④ 安全测试侧重于确保只有预期的主角才可以访问测试对象、数据（或系统）。该测试针对多种测试对象实施和执行。

⑤ 容量测试侧重于核实测试对象对于大量数据（输入和输出或驻留在数据库内）的处理能力。容量测试包括多种测试策略，如创建返回整个数据库内容的查询；或者对查询设置很多限制，以至不返回数据；或者返回每个字段中最大数据量的数据条目。

（3）性能测试又可细分为基准测试、竞争测试、负载测试、性能曲线测试、强度测试。

① 基准测试侧重于比较（新的或未知的）测试对象与已知的参照负载和系统的性能。

② 竞争测试侧重于核实测试对象对于多个主角对相同资源（数据记录、内存等）的请求处理

是否可以接受。

③ 负载测试用于在测试的系统保持不变的情况下，核实和评估系统在不同负载下操作极限的可接受性。评估包括负载和响应时间的特征。如果系统结合了分布式构架或负载平衡方法，将执行特殊的测试以确保分布和负载平衡方法能够正常工作。

④ 性能曲线测试监测测试对象的计时配置文件，包括执行流、数据访问、函数和系统调用，以确定并解决性能瓶颈和低效流程。

⑤ 强度测试侧重于确保系统可在遇到异常条件时按预期运行。系统面对的工作强度可能包括过大的工作量、内存资源不足、不可用的服务/硬件或过低的共享资源。

4.3.5 RUP 对测试阶段的划分

在软件交付周期的不同阶段，通常需要对不同类型的目标应用进行测试。这些阶段是从测试小的构件（单元测试）到测试整个系统（系统测试）不断向前发展的。RUP 对测试阶段的划分如图 4.11 所示。

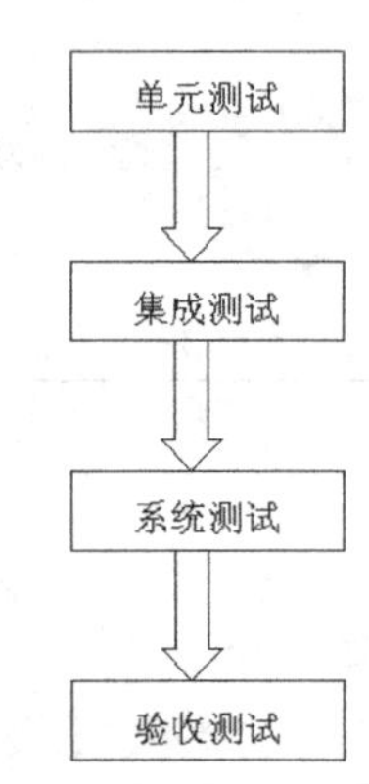

图 4.11 RUP 的 4 个测试阶段

（1）单元测试在迭代的早期实施，侧重于核实软件的最小可测试元素。单元测试通常应用于实施模型中的构件，核实是否已覆盖控制流和数据流，以及构件是否可以按照预期工作。这些期望值建立在构件参与执行用例的方式的基础上。实施员在单元的开发期间执行单元测试。实施工作流程对单元测试做出了详细描述。

（2）执行集成测试是为了确保当把实施模型中的构件集成起来执行用例时，这些构件能够正常运行。测试对象是实施模型中的一个包或一组包。要集成的包通常来自于不同的开发组织。集成测试将揭示包接口规约中不够完全或错误的地方。

（3）当将软件作为整体运行或实施明确定义的软件行为子集时，即可进行系统测试。这种情况下的目标是系统的整个实施模型。

（4）验收测试是部署软件之前的最后一个测试操作。验收测试的目的是确保软件准备就绪，并且可以供最终用户用于执行软件的既定功能和任务。

关于如何结合 IBM 的 Rational 工具实施 RUP，以及 RUP 模式下的软件测试方法，请读者参考《高品质软件成功之路——IBM Rational 软件交付平台全接触》一书。

4.4 自动错误预防（AEP）方法

AEP 即自动错误预防，是美国 Parasoft 公司提倡的一种软件测试方法，是一种以防止错误发生为主要目的的测试方法。

4.4.1 AEP 的基本概念

AEP 是在质量大师戴明的质量模型的基础上加入了自动化的元素。戴明提倡质量改进应该通过分析错误根源来消除错误原因。但是对于软件行业，这种手工的质量改进方式很难实现，需要花费大量的时间和精力，因此有必要引入自动化的实现方式。

Parasoft 公司提出的 AEP 方法论是对 AEP 概念的具体实现。旨在帮助软件企业从低效的错误检测转移到全面的自动化错误预防。

可以遵循以下 5 个特定的步骤来防止制造错误。

① 识别错误。

② 找出错误的原因。

③ 定位产品产生错误的地方。

④ 执行预防措施来确保相同的错误不再出现。

⑤ 监视整个过程。

上述 5 个步骤可用图 4.12 来表示。

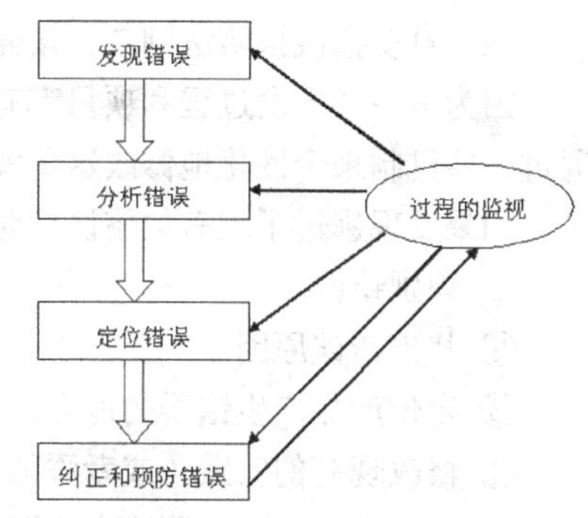

图 4.12　错误预防的 5 个步骤

把这 5 个步骤用自动化的方式衔接并执行即形成了 AEP 的机制。AEP 把重点放在代码标准检查、单元测试方面，应用相应的工具让这两个过程尽量自动化持续地进行。

例如，在开发一个 N 层架构的系统时，为了知道系统能处理怎样的通信量，测试人员需要执行压力测试。不幸的是，可能发现系统在压力面前垮掉了。原因是中间件与数据库的连接存在内存泄露。通常，修正这个 Bug 很简单，但是不能防止类似的错误发生。AEP 希望能纠正错误的根源，从而防止内存泄露问题的出现。

错误的根源是当连接打开后没有被关闭。因此怎样防止它的出现呢？假设发生错误的中间件是用 Java 写的，则需要确保每个类的打开方法都有一个 finalize()方法来关闭连接或者有 finally 块。

代码标准是一个很好的方法，简单地创建一个规则来检查这个配对，确保每一个 open 方法都有一个 close 方法。通过创建这个规则，从压力测试错误"游"到上游，并建立一个代码标准强制要求所有的连接都应该关闭。

接下来是自动地实现这个改变，应该使用代码标准扫描工具来确保规则被用在开发组中。这才是真正的 AEP 实现。不仅改变了确保错误不再重现的做法，而且自动化了这个过程，并使用它的结果来度量改变如何有效地被整个开发组遵循。这使得判断改变是否有效成为可能，或者判断是否需要在过程中实现进一步的改变。

4.4.2　实现软件自动错误预防的 5 大法则

Parasoft 公司的 AEP 方法论提出了 5 大法则来实现软件的自动错误预防。

① 应用行业最佳实践来防止普遍错误并建立全寿命的错误预防基础。

② 按需要修改实践来预防特殊的错误。

③ 确保每个小组都能正确地和始终如一地执行 AEP。

④ 循序渐进地采用每一个实践。

⑤ 利用统计来稳定每一个过程，让它发挥价值。

（1）自动错误预防法则一：应用行业最佳实践来防止普遍错误并建立全寿命的错误预防基础。

综合的最佳实践是软件行业专家研究不同语言的最普遍的错误而得出来的产物，然后形成设计的最佳实践用于预防这些普遍的错误。它们代表了前期大量的 AEP 概念的 5 个步骤循环积累而形成的知识财富。

通过借用这些已经形成的最佳实践，可以在自己实践 5 大循环步骤之前就能开始预防很多普遍的严重错误，尤其是不需要经过长时间的、大量的开发、测试来形成最佳实践，而是采用行业专家通过分析大量的代码和错误而得出的宝贵经验。

自动化是 AEP 的精华。如果缺少了自动化的技术，AEP 会变得很难实现，也不能彻底地始终如一地贯彻错误预防的思想。

（2）自动错误预防法则二：按需要修改实践来预防特殊的错误。

因为每一个开发过程和项目都有自己独特的挑战，因此某些错误是最佳实践不能预防的。AEP 通过一些机制来个性化地修改这些实践，从而预防那些错误。

如果发现逃过了现有的错误预防实践的错误，应该应用 AEP 的核心 5 大步骤。

① 识别错误。

② 找出错误原因。

③ 定位产品产生错误的地方。

④ 修改现有的实践（或者添加一些新的）来确保相同的错误不再出现。

⑤ 坚持检查，来监测这个实践是否被遵循了。

（3）自动错误预防法则三：确保每个小组正确地、始终如一地贯彻执行 AEP。

按小组逐个引入 AEP，从一个小组开始，等到这个小组已经有效地实行 AEP 了，然后才开始另外一个组。确保每个组都有一个合适的支持体系，在开始实行 AEP 之前，每个组都应该有能正常工作的源代码控制系统、自动化构建过程。

建立小组的工作流程来确保错误预防被恰当地执行。图 4.13 是一个推荐的工作流程。

（4）自动错误预防法则四：循序渐进地采用每一个实践。

最佳实践的贯彻执行会失败的其中一个原因是：开发人员一开始就接受大量的信息，以致拒绝接受或忽略这些最佳实践的检查结果。

所以，应该循序渐进地引入最佳实践，不要让项目组一开始就学习和遵循大量的新要求。其中一种策略是把实践分成几个等级：关键的、重要的、建议的，然后分阶段逐步引入每一个等级。或者把实践应用到某个预定的开发阶段完成后的修改和创建的代码文件。

（5）自动错误预防法则五：利用统计来稳定每一个过程，让它发挥价值。

只有过程是稳定的和有能力的，AEP 才能发挥它的最大价值。一个稳定的过程是可预见的，它的变量是受控的。另一个有能力的过程是稳定的，并且平均变化落在指定的限制范围内。

图 4.14 所示为用于度量小组对所有错误预防实践的坚持程度的置信因子曲线。

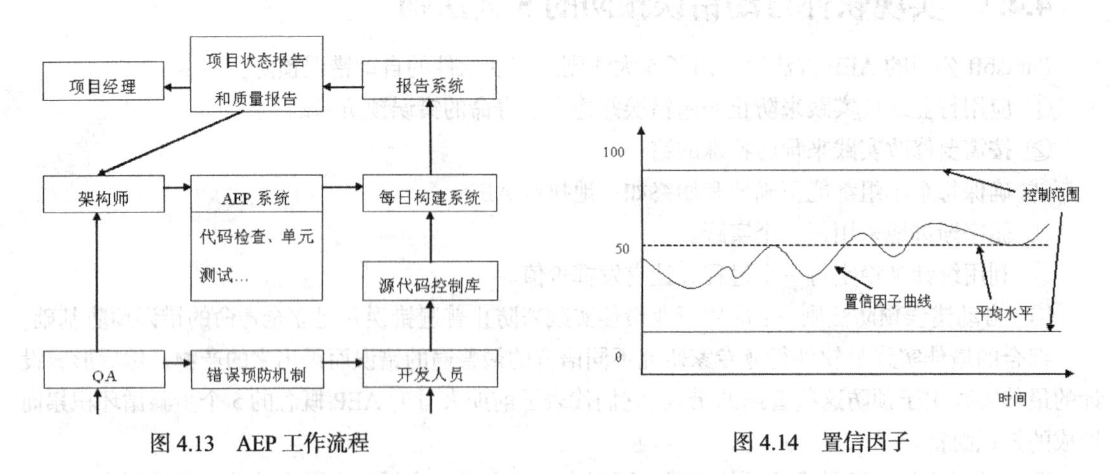

图 4.13　AEP 工作流程

图 4.14　置信因子

从时间推移的波动可以看出，这个过程是稳定的，但是平均置信因子的水平不够高，因此过程的能力还不够强。

4.5 小　　结

软件测试是一门讲究方法的学科，软件测试的方法也层出不穷，测试人员每时每刻都在使用着某些测试的方法在进行测试。

学习和理解各种软件的测试方法有利于借他人之长，为己所用。著名的软件企业都有着自己的一套软件测试方法和管理流程，借鉴和熟悉这些方法可以让读者结合到自己的测试流程中，为提高和改善自己的测试工作服务。

软件测试是一门需要不断学习补充新知识的学科，要想成为一名优秀的测试员就必须像成为一名武林高手一样不断研习武艺，博采众家之长，消化吸收后为己所用，这样才能最终称霸武林，并且立于不败之地。

测试人员在面对各种各样的测试理论的时候，应该采取辩证的态度。

测试理论对于一个测试员来讲是必不可少的，是基础。

但是有些人对测试理论不屑一顾，认为测试理论不过是那些学院的教授挤尽脑汁想出来唬人的东西。有些人认为测试理论都是大公司、大规模的测试团队才能应用得上。

对于实用主义的测试员来说，会辩证地看待这些问题，实用主义测试者会分几步来看待这些理论。

（1）首先看这些理论是否有它的道理，它的应用条件是什么。

（2）然后看是否能马上应用到自己的测试过程中。

（3）如果不能照搬使用，再看是否能通过修改、调整来达到自己适用的目的。

但是，实用主义测试者不会迷恋于测试理论，不会像收集各家武功秘籍一样疯狂地寻找各种新奇的概念。

真正优秀的实用主义测试者会在上述步骤之前加上一个初始步骤：分析自己测试过程中存在的问题，然后有选择性地寻找相应的测试理论来支持和充实自己的测试策略。

对于测试理论，测试人员应该抱着学以致用的目的来学习和研究。

使用的地方主要有两个。第一个是用于改善测试过程、测试方法、测试策略，从而保证产品质量。这个是主要目的，也是最直接的目的。例如，学习用户交互设计理论，是为了把理论知识用到用户界面测试、可用性测试、用户体验检查上，提出这些方面的缺陷，促使开发设计人员进行界面交互上的修改，从而提高这些方面的质量。

第二个是武装自己，在与项目组成员发生冲突时，能很好地使用学习到的东西武装自己，坚守质量的阵营。“书到用时方恨少”，这句话同样适用于测试理论的积累。如果平时没有注意积累，在关键时候是没办法“捍卫”自己的，武林高手总是在陷入困境时能应用奇招脱险。

例如，界面测试发现的问题，往往修改率不高，原因当然有很多了，有考虑设计更改工作量的原因，有项目进度压力的原因。但是主要原因还是开发人员对待这些问题的态度。界面问题往往在某些公司认为是小问题，不值一提的问题，有些公司甚至禁止测试员录入这种类型的 Bug。有时开发人员也会对界面设计有自己的理解，虽然未必恰当，但是至少对这些问题进行了考虑，这是好事。但是问题是作为测试员是否能说服开发人员按“界面规范”修改呢？

这些问题的解决都需要测试员拥有深厚的“内功”，知道某些界面规范制定出来背后的支撑依据是什么。例如：为什么要尽量使用非模式的方式反馈信息，而不是弹出消息框？为什么要按一定的逻辑顺序排列界面元素？为什么要了解用户技能水平并对用户进行分类？这些都需要在平时就去多想想，多找相关的理论知识充实自己，这样在跟开发人员“切磋”时才不至于哑口无言，适当时还能抛抛书袋，嘴角冒出一两个术语，将自己置于不败之地。

对于实用主义测试者而言，测试理论可以按以下方法进行分类。

按理论化的程度划分以下类别。

① 可直接使用类。

② 可借鉴概念类。

③ 研究类。

可直接使用的理论知识是测试过程与使用条件相符合的情况，拿来即用。例如，冒烟测试的理论可直接应用在所有项目的测试中。

可借鉴概念类的理论知识不具备使用的条件，但是理论提出的概念很好，可以借鉴或加以改造，从而为我所用。例如，AEP（Automated Error Prevention）自动错误预防的概念可以部分地应用在测试过程，把每日构建、自动化冒烟测试整合在一起构成初步的 AEP 框架。

研究类是理论化程度很深的东西，或者对于软件测试来讲还不是很成熟很实用的理论。对于这些理论只作了解，不深入研究，更不会去应用它。

对于测试理论，要把握学习的度，不要迷失在理论中不能自拔。例如，对于正交表测试用例设计理论，只需要了解正交表的基本原理、使用方法、应用范围即可，把正交表试验法应用到测试用例的设计中来，而不需要深入探讨正交表的数学原理。

如果按测试理论涉及的领域，则可分为以下类别。

① 测试方法类。

② 项目管理类。

③ 开发心理类。

测试方法类是最需要掌握，也是最常接触的。包括如何进行各种类型的测试，例如安装包测试、用户手册测试、性能测试、GUI 自动化测试等。这些是测试人员需要修炼的“硬气功”。

项目管理类包括测试过程方法、质量管理、配置管理等关系到开发人员和测试人员一起工作的管理流程方面的理论，多看看 CMMI、MSF、RUP 等软件过程管理的理论知识，可以让测试过程更好地进行，为测试争取更好的工作氛围。掌握多点这些知识可能在适当的时候让项目组的其他成员对自己刮目相看。这是测试人员需要修炼的“正气心法”。

开发心理类，包括软件过程心理、开发人员心理、测试人员心理、用户心理等。平时多想想，尤其是换位想想，则会令自己的测试工作如虎添翼。这是测试人员需要修炼的“静心法”。

4.6 习 题

一、选择题

1. 软件测试的流派有________（多选）。

   A. 标准学派　　B. 质量学派

   C. 计量学派　　D. 上下文驱动学派

2. 标准学派的软件测试方法一般应用在________软件应用行业。

   A. 民用软件　　B. 免费版安全软件

C. 企业级的 IT 和政府软件　　D. 论坛网站

3. 用例驱动的特点________。

A. 变执行变设计

B. 用例在软件开发完成后，进行设计

C. 用例贯穿于整个软件开发的生命周期

D. 只需要执行简单测试用例

4. 哪种不是 RUP 的测试分类中的类型________。

A. 结构性测试　　B. 安全测试

C. 强度测试　　D. 复杂性测试

二、填空题

1. 应用 AEP 的核心 5 大步骤：________________________________。

2. 可靠性的测试又可细分为完整性测试和________________。

3. ________________（测试类型）用于在测试的系统保持不变的情况下，核实和评估系统在不同负载下操作极限的可接受性。

第5章 软件测试的过程管理

软件测试的过程分成若干个阶段，每个阶段各有特点，有些阶段虽然不是体现测试的主要工作的地方，但是却是一个成功的测试不可或缺的重要组成部分，测试的各个阶段应该组成一个PDCA循环的整体，通过这个循环来达到提高测试质量的目的。

本章将详细介绍测试人员在软件的需求阶段、测试的计划和设计阶段、测试的执行阶段、测试的报告阶段各应该做哪些工作，应该注意哪些内容，怎样才能做好一次成功的测试。

5.1 软件测试的各个阶段

按照尽早进行测试的原则，测试人员应该在需求阶段就介入，并贯穿软件开发的全过程。就测试过程本身而言，应该包含以下7个阶段。

（1）测试需求的分析和确定。

（2）测试计划。

（3）测试设计。

（4）测试执行。

（5）测试记录和缺陷跟踪。

（6）回归测试。

（7）测试总结和报告。

而这几个阶段其实就是一个PDCA循环。PDCA循环也叫戴明循环，是一种质量改进的模型。P（Plan）代表计划，D（Do）代表执行，C（Check）代表检查，A（Action）代表处理。

首先在分析清楚需求的前提下对测试活动进行计划和设计，然后按既定的策划执行测试和记录测试，对测试的结果进行检查分析，形成测试报告，这些测试结果和分析报告又能指导下一步的测试设计。因此形成了一个质量改进的闭环，如图5.1所示。

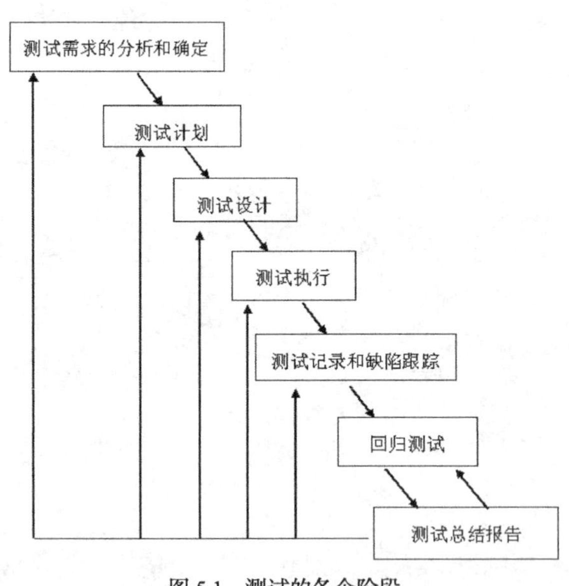

图5.1 测试的各个阶段

5.2 测试需求

数据表明，超过 50%的缺陷来源于错误的需求，如图 5.2 所示。

研究报告指出，多年来，大部分的软件项目不能按计划完成，不能有效控制成本。大部分项目失败的首要原因是软件质量差，导致大量的返工、重新设计和编码。其中软件质量差的两大原因是软件需求规格说明书的错误、有问题的系统测试覆盖。

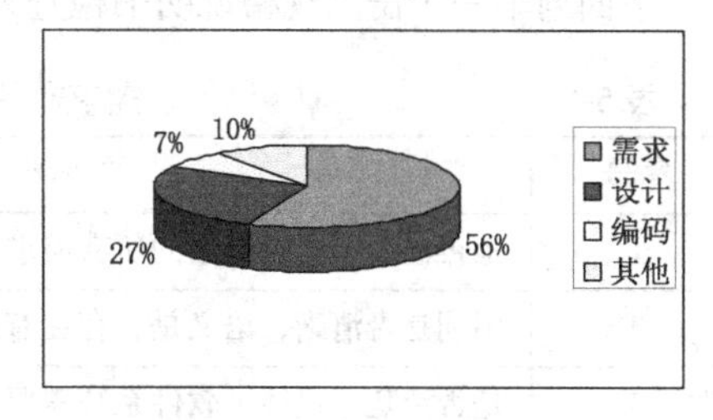

图 5.2　来源于错误的需求导致的缺陷占的比例

经常听到用户抱怨、甚至不用已经交付的软件，而这些软件还通过了严格的测试和质量保证人员的确认。对于这点也不必感到惊讶，因为需求从一开始就是错误的。

一项调查表明 56%的缺陷其实是在软件需求阶段被引入的。而这其中的 50%是由于需求文档编写有问题、不明确、不清晰、不正确导致的。剩下的 50%是由于需求的遗漏导致的。

对于需求文档，应该遵循尽早测试的原则，对需求进行测试。

5.2.1 需求规格说明书的检查要点

测试人员经常抱怨测试缺乏需求文档，或者是需求文档不能够指导测试，测试缺乏依据。但是当面前出现一份厚厚的需求规格说明书时，测试人员是否只是盲目地接受它，照搬过来进行测试呢？

一般地，通过检查需求规格说明书的以下方面来衡量需求规格说明书的质量。

① 正确性：对照原始需求检查需求规格说明书。

② 必要性：不能回溯到出处的需求项可能是多余的。

③ 优先级：恰当划分并标识。

④ 明确性：不使用含糊的词汇。

⑤ 可测性：每项需求都必须是可验证的。

⑥ 完整性：不能遗漏必要和必需的信息。

⑦ 一致性：与原始需求一致、内部前后一致。

⑧ 可修改性：良好的组织结构使需求易于修改。

关于怎样才能做好软件的需求分析工作，以及度量软件需求，请读者参考温伯格的《探索需求——设计前的质量》一书（英文名称为 *Exploring Requirements: Quality Before Design*）。

5.2.2 需求文档的检查步骤

需求文档的一般检查步骤如图 5.3 所示，包括以下步骤的内容。

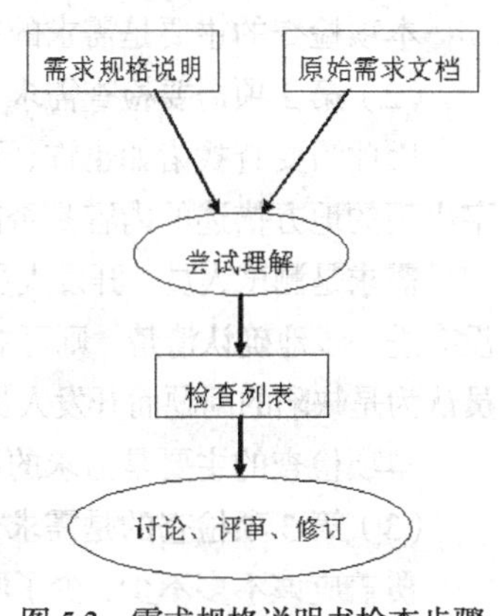

图 5.3　需求规格说明书检查步骤

（1）获取最新版本的软件需求规格说明书，同时尽量取得用户原始需求文档。

（2）阅读和尝试理解需求规格说明书中描述的所有需求项。

（3）对照需求规格说明书检查列表进行检查并记录。

（4）针对检查结果进行讨论、修订需求规格说明书后回到第一步，直到检查列表中的所有项通过。

下面列举一个需求规格说明书检查列表的例子，如表 5-1 所示。

表 5-1　需求规格说明书检查列表的一个例子

序号	检查项	检查结果	说明
1	是否覆盖了用户提出的所有需求项	是[ ] 否[ ] NA[ ]	
2	用词是否清晰，语义是否存在有歧义的地方	是[ ] 否[ ] NA[ ]	
3	是否清楚地描述了软件系统需要做什么及不做什么	是[ ] 否[ ] NA[ ]	
4	是否描述了软件使用的目标环境，包括软硬件环境	是[ ] 否[ ] NA[ ]	
5	是否对需求项进行了合理的编号	是[ ] 否[ ] NA[ ]	
6	需求项是否前后一致、彼此不冲突	是[ ] 否[ ] NA[ ]	
7	是否清楚说明了系统的每个输入、输出的格式，以及输入输出之间的对应关系	是[ ] 否[ ] NA[ ]	
8	是否清晰描述了软件系统的性能要求	是[ ] 否[ ] NA[ ]	
9	需求的优先级是否合理分配	是[ ] 否[ ] NA[ ]	
10	是否描述了各种约束条件	是[ ] 否[ ] NA[ ]	

对照需求规格说明书以及表 5-1 中的每一项内容，逐条检查和判断，如果认为满足要求，则选择是；如果不满足要求，则选择否；如果某项在本次的检查或评审中不适用，则选择 NA。

在实际使用表 5-1 进行某个项目的需求文档审查时，需要根据本项目的实际需要进行删减、修改或补充，并在说明一栏填写评估检查项是否通过的依据和说明检查项的审查目的等内容。

下面对表 5-1 中的每一个检查项做出解释。

（1）第 1 项需要检查需求规格说明书是否满足了用户提出的每一项需求。

因此，需要找到用户的原始需求素材来进行对照检查，包括用户需求文档、用户提供的相关材料、调研记录、与用户的沟通记录等。

本项检查的主要是需求的完整性。

（2）第 2 项需要检查需求文档的用词用语问题。

因此需要查找诸如也许、可能、大概、大约等关键字，如果出现这些关键字，则需要看关键字出现的地方描述的内容是否能进一步地确定和明确。

需求是测试人员、开发人员、用户之间沟通的基础，如果需求规格说明书存在不明确的地方而没有进一步地确认清楚，则可能导致后期开发和测试之间缺乏对需求的统一理解，从而导致测试人员认为是缺陷的问题而开发人员认为不是，缺陷跟踪库上出现大量的 Rejected 状态类型的 Bug。

本项检查的主要是需求的明确性。

（3）第 3 项检查的是需求规格说明书对需求覆盖是否准确。

覆盖应该不多不少，少了则是需求覆盖不充分（第一项要检查的）；多了则可能是不必要的强加给用户的功能，检查是否存在多余的需求项是本项检查的重点。

多余的需求项不仅不会被用户使用到，而且可能造成用户的困扰。并且多余的需求项增加了开发和测试的工作量，还可能增加软件系统的复杂度，从而增加了软件实现的风险，还有测试时间的浪费。

本项检查的是需求的必要性。

（4）第 4 项检查的是软件使用环境的描述是否清晰。

软件使用环境是开发调试和测试的基础，测试人员需要根据这些使用环境进行测试环境的搭建，以便尽量真实地模拟软件将来在用户工作中的使用环境。

使用环境的描述应该包括软硬件环境和网络环境等。这些信息应该通过与目标用户充分沟通来获取。

本项检查的是需求的完整性。

（5）第 5 项检查的是需求规格说明书中的需求编号是否正确。

缺乏需求编号可能导致需求文档的可修改性和可追溯性不强，导致其他文档在需要引用某项需求时的麻烦。

错误的需求编号则会导致需求维护和管理的难度，通常出现的错误是编号重复（例如，两个需求项使用了同一个编号）、编号规则不统一、编号缺乏顺序性。建议使用某些需求管理软件进行需求管理和跟踪，这样编号问题也能通过工具自动解决。

本项检查的主要是需求的可修改性。

（6）第 6 项主要检查需求是否是自相矛盾的。包括需求描述的前后不一致和需求规格说明书与用户原始需求的不一致。

例如，有些需求规格说明书在描述软件使用环境时没有提到需要在 Linux 平台下使用，而在描述安装包的开发时则要求需要支持 Linux。需求的自相矛盾会让人产生疑惑，并且浪费很多时间在解析疑惑或弄清楚正确的需求；更糟糕的是，大家会渐渐对这份需求规格说明书产生不信任感，从而放弃从文档获取正确的信息，放弃对文档进行更新和维护，如图 5.4 所示。

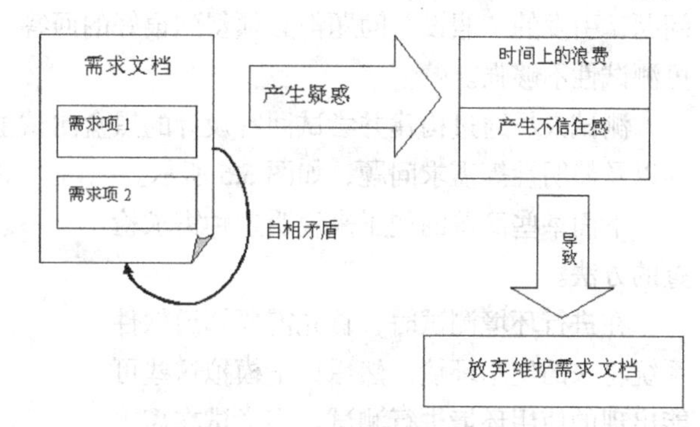

图 5.4　需求不一致可能导致的后果

本项主要检查的是需求的一致性。

（7）第 7 项主要检查软件系统允许的输入与预期的输出。

是否清晰地定义了所有允许的输入及输入的格式，例如单位、范围、顺序等。是否清晰地定义了某个输入对应的可能输出是什么，以及输出的格式。

测试人员应该检查每类输入是否存在固定的输出，如果没有则不能指导下一步的测试活动，因为缺乏判断和验证系统正确性的依据。

本项主要检查的是需求的可测性。

（8）第 8 项检查的是软件系统的性能需求有没有得到清晰的表述。

实际上不仅是性能需求，还可能包括更多的其他需求，例如，如果对产品的安全性有很高的要求，则需要包括安全性的需求。

一般大部分的设计和开发主要关注功能的实现，因此容易遗漏其他需求的描述，测试人员在检查需求规格说明书时，应该关注这些需求是否经过调研可以省略不考虑，如果不是，则应该补充进来，并且测试的计划中应该包括这些方面的测试。

本项主要检查的是需求的完整性。

(9)第9项检查的是需求的关注重点和实现的先后顺序是否清晰地被描述出来。

一般软件的关键特性和重要特性应该尽早实现，用户关心的功能应该重点实现，用户迫切想要的功能应该及早提供。

需求的优先级别划分对于项目开发计划的制定、测试计划的制定都有影响，对测试人员的回归测试策略的定义也有非常重要的指导意义。

本项主要检查的是需求的优先级。

(10)第10项检查的是对软件系统的约束条件是否完整描述。

包括约束条件是否完整、约束条件是否合理，是否与用户的业务场景要求一致，等等。

此项检查比较考验测试人员对业务需求的理解能力和逻辑判断能力。约束条件也是测试人员在测试时需要重点关注的部分，因此，如果约束条件描述不完整，可能造成漏测问题。

本项主要检查的是需求的可测性。

在实际的检查过程中，并不一定要严格按照顺序执行检查，而是可以综合在一起检查，例如，在检查第一项的时候就可以结合第四项一起检查，因为这两项在检查过程中都需要查阅用户提出的原始需求和相关文档材料。

5.2.3 通过编写测试用例来检查需求

除了针对需求规格说明书进行直接的审查外，还可以通过间接的方式来检验需求的完整性、正确性、可测性等。开发人员通过尝试设计，可以反过来验证需求规格说明书能否很好地指导设计和开发；而测试人员则可以通过设计测试用例来检查需求。

测试人员通过想象产品已经制造出来，构建一系列的测试用例，并且问一些“假设”的问题，尝试回答这些测试用例并且与设计人员讨论答案，试图认同答案通常会导致其他更多的“假设”问题，引发的“假设”问题都必须得到很好的回答，否则可认为需求还不够清晰、完备，或者是可测试性不够强。

测试人员通过构建并尝试回答设计的黑盒测试主要是为了测试需求的完备性、准确性、明确性以及简明性等需求问题，如图5.5所示。

下面举些简单的例子来说明这种需求检查的方法。

在进行环境测试时，首先需要知道软件系统将来的使用环境，然后尽量模拟这些可能出现的使用环境进行测试。当尝试在需求文档中找到详细的运行环境信息的时候，可能会发现这一部分需求的缺失，在进一步编写环境测试的用例之前，必须解决这部分需求文档的完备性问题。

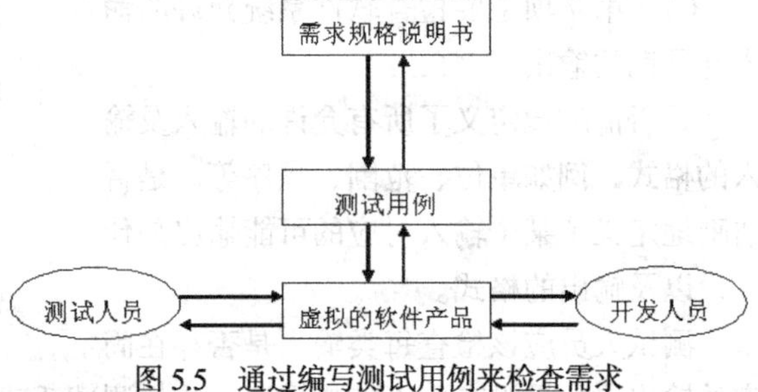

图5.5 通过编写测试用例来检查需求

如果对于下面一个简单的测试用例，想象软件产品已经存在，则测试人员尝试运行测试用例将会引发很多疑问。

测试用例编号：Input_001。

测试优先级：中等。

估计执行时间：2分钟。

测试目的：验证业务单据数据的查询正确性。

标题：业务单据查询。
步骤：
1. 打开查询界面。
2. 输入查询条件。
3. 确定并提交查询。
4. 查看并验证返回的信息。

如果按照这样一个初步设计的测试用例对产品进行“预演”测试，测试人员将会发出很多疑问，例如，可输入的查询条件包括哪些？提交查询之前是否会验证输入数据的正确性？输入数据的单位、范围有无限制？所有条件都不输入是否意味着查询出所有业务单据？

对于这些疑问，如果在需求文档中不能找到令人满意的答案，则可认为需求文档的完整性、明确性、可测试性都存在缺陷。在进一步编写测试用例和测试之前应该解决需求文档的这些问题。

除了上面说的两种检查需求的方法之外，还可以通过用户调查来测试需求，或利用现存的产品对需求进行测试。

5.3　测试的计划

计划是关于如何做某样事情的思考。也可以把测试当成是一场战争，一场对所有软件 Bug 展开的歼灭战。对于这样一场战争，要考虑如何制定一个可行的计划。

5.3.1　为什么要制定测试计划

Ainars Galvans 认为：缺乏计划，授权给大家，依赖个人的技能、承诺、团队协作，这不仅不是银弹，而且有很多缺点。例如，没有历史记录的保持，更难衡量和评估每个人的工作成绩。

项目的成败由四大要素决定，如图 5.6 所示。

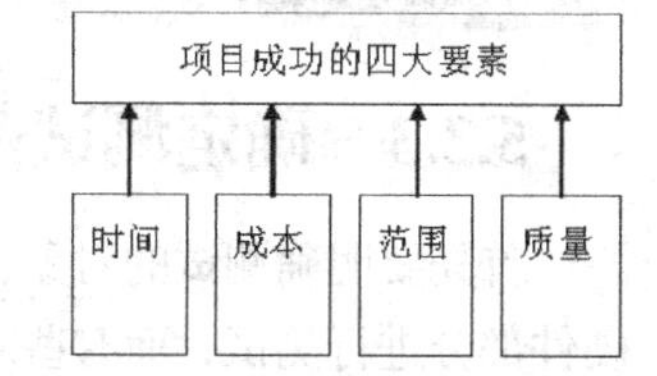

图 5.6　项目成功的四大要素

项目的 4 个因素由不同的文档来覆盖。

① 时间：由项目计划覆盖。

② 成本：由合同覆盖。

③ 范围：由需求文档覆盖。

④ 质量：由 QA 计划或测试计划覆盖。

测试计划通常作为关于质量的重要文档呈现给管理层。测试计划的内部作用和外部作用。内部作用有以下 3 个。

① 作为测试计划的结果，让相关人员和开发人员来评审。

② 存储计划执行的细节，让测试人员来进行同行评审。

③ 存储计划进度表、测试环境等更多的信息。

测试计划的外部作用是给顾客一个信心，向顾客交代关于测试的过程、人员的技能、资源、使用的工具等的信息。

5.3.2　测试计划是对测试过程的整体设计

软件测试计划是对测试过程的一个整体上的设计。通过收集项目和产品相关的信息，对测试范围、测试风险进行分析，对测试用例、工作量、资源和时间等进行估算，对测试采用的策略、方法、环境、资源、进度等做出合理的安排。

因此，测试计划的要点包括以下内容。

① 确定测试范围。

② 制定测试策略。

③ 测试资源安排。

④ 进度安排。

⑤ 风险及对策。

下面是某个项目的集成测试计划文档的纲要。

```
1 概述
1.1 测试模块说明
1.2 测试范围
2 测试目标
3 测试资源
3.1 软件资源
3.2 硬件资源
3.3 测试工具
3.4 人力资源
4 测试种类和测试标准
4.1 功能测试
4.2 性能测试
4.3 安装测试
4.4 易用性测试
5 测试要点
6 测试时间和进度
7 风险及对策
```

5.3.3 确定测试范围

首先要明确测试的对象，有些对象是不需要测试的，例如，大部分软件系统的测试不需要对硬件部分进行测试，而有些对象则必须进行测试。

很容易把用户手册、安装包、数据库等对象当成不需要测试的内容，而实际上这些内容对用户而言也是非常重要的，它们的质量的好坏也决定了一个产品的质量好坏。

有时候，测试的范围是比较难判断的，例如，对于一些整合型的系统，它把若干个已有的系统整合进来，形成一个新的系统，那么就需要考虑测试的范围是包括所有子系统，还是仅仅测试接口部分，需要具体结合整合的方式、系统之间通信的方式等来决定。

5.3.4 制定测试策略

测试的策略包括宏观的测试战略和微观的测试战术，如图 5.7 所示。

1. 测试战略

测试的战略，也就是测试的先后次序、测试的优先级、测试的覆盖方式、回归测试的原则等。

为了设计出好的测试战略，需要了解软件的结构、功能分布、各模块对用户的重要程度等，从而决定测试的重点、优先次序等。

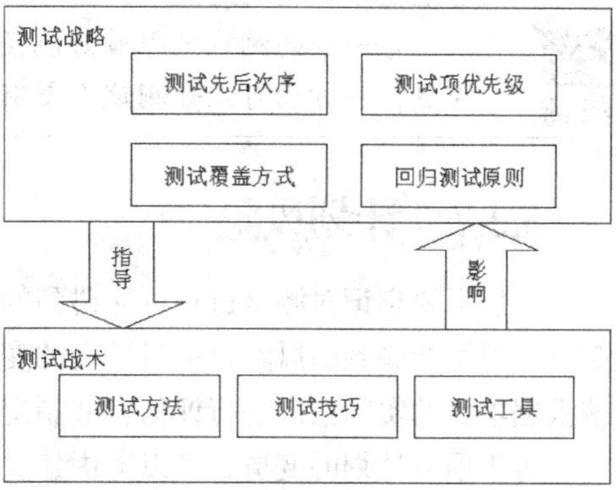

为了达到有效的覆盖，需要考虑测试用例的设计方法，尽可能用最少的测试用例发现最多的缺陷，尽可能用精简的测试用例覆盖最广泛的状态空间，还要考虑哪些测试用例使用自动化的方式实现，哪些使用人工方式验证等。

回归测试也需要充分考虑，根据项目的进度安排、版本的迭代频率等，合理安排回归测试的方式，同时也要结合产品的特点、功能模块的重要程度、出错的风险等来制定回归测试的有效策略。

测试战略
测试先后次序　测试项优先级
测试覆盖方式　回归测试原则
指导　影响
测试战术
测试方法　测试技巧　测试工具

图 5.7　测试策略

2. **测试战术**

测试的战术也就是采用的测试方法、技巧、工具等。

制定测试计划时需要结合软件采用的技术、架构、协议等，来考虑如何综合各种测试方法和手段，是否需要进行白盒测试，采用什么测试的工具进行自动化测试、性能测试等。

5.3.5　安排好测试资源

通过充分估计测试的难度、测试的时间、工作量等因素，决定测试资源的合理利用。需要根据测试对象的复杂度、质量要求，结合经验数据对测试工作量做出评估，从而确定需要的测试资源。

确定测试人员的到位时间、参与测试的方式等。如果需要招聘，还要考虑招聘计划。还要对测试人员的技能要求进行评估，适当制定培训计划。

由于每个人的思维存在局限性，所以每项测试的安排最好不少于两个人参与，以便交叉测试，发现更多的 Bug。

5.3.6　安排好进度

测试的进度安排需要结合项目的开发计划、产品的整体计划进行考虑，还要考虑测试本身的各项活动。把测试用例的设计、测试环境的搭建、测试报告的编写等活动列入进度安排表，如图 5.8 所示。

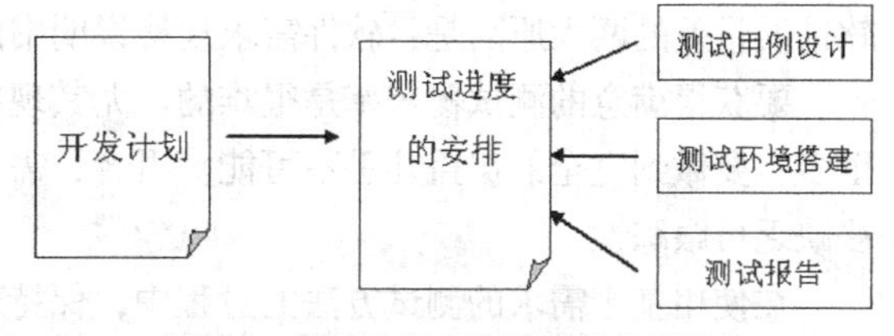

图 5.8　测试进度安排需要考虑的因素

不能完全按照开发计划一一对应过来，因为有些开发阶段得到的东西是不需要测试的，例如有些模块是基础模块、核心模块，只能进行白盒测试，而这些模块的这种类型测试可能是这个项目的测试活动不需要涉及的，或者是因为测试组没有这样的资源来进行这种类型的测试，或者是短时间的白盒测试不能取得明显的效果，倒不如留下资源通过其他方式进行测试。

技巧

每一项的测试之间最好能预留一段缓冲时间，缓冲时间一方面可以用于应对计划的变更，一方面可以让测试人员有时间完善和补充测试用例。

5.3.7 计划风险

最后不要忘记对测试过程可能碰到的风险进行估计，制定出相应的应对策略。

一般可能碰到的风险是项目计划的变更、测试资源不能及时到位等方面，制定测试计划时应该根据项目的实际情况进行评估，并制定出合理、有效的应对策略。

对于项目计划的变更，可以考虑建立更加通畅的沟通渠道，让测试人员能及时了解到变更的情况，以及变更的影响，从而可以做出相应的改变，例如，测试计划的调整等。

技巧

对于测试资源的风险，则可以考虑建立后备机制，尽可能让后备测试人员参与项目例会、评审、培训、交流等活动，让后备测试人员及时了解项目的动态，以及产品的相关信息，以便将来出现资源紧缺情况时能及时调遣使用。

5.4 测试的设计及测试用例

为什么要设计测试用例呢？测试用例的创建可能会有两个用途或目的。

（1）测试用例被认为是要交付给顾客的产品的一部分。测试用例在这里充当了提高可信度的作用。典型的是 UAT（可接受）级别。

（2）测试用例只作为内部使用。典型的是系统级别的测试。在这里测试效率是目的。在代码尚未完成时，基于设计编写测试用例，以便代码准备好后，就可以很快地测试产品。

测试用例的设计是对测试具体执行的一个详细设计，它是测试思维的集中反映。因此，不要过分地去追求测试用例的写作，而要更多地考虑测试用例设计的方法和设计的思路。

5.4.1 基于需求的测试用例设计

RBT（Requirements-based testing）基于需求的测试方法会使测试更加有效，因为它使测试专注于质量问题产生的根源，即需求。研究报告指出，多年来，大部分的软件项目不能按计划完成，不能有效控制成本。其失败的首要原因是软件质量差，导致大量的返工、重新设计和编码。其中软件质量差的两大原因是：软件需求规格说明书的错误、有问题的系统测试覆盖。

要获得满意的测试覆盖率是很难的。尤其现在的系统都比较复杂，功能场景很多，逻辑分支很多，要做到完全的覆盖几乎不可能。再者，需求的变更往往缺乏控制，需求与测试用例之间往往缺乏可跟踪性。

在使用基于需求的测试方法的过程中，保持对需求的可追踪性非常重要。保持需求与测试用例及测试之间的可追踪性有助于监视进度、度量覆盖率，当然也有助于控制需求变更。

基于需求的软件测试方法创始人及 BenderRBT 公司总裁 Richard Bender 说：“基于需求的测试是软件测试的本质。”基于需求的测试是一种最根本的软件测试，重点关注以下两大关键问题。

① 验证需求是否正确、完整、无二义性，并且逻辑一致。

② 要从“黑盒”的角度，设计出充分并且必要的测试集，以保证设计和代码都能完全符合需求。

基于需求的测试设计需要一定的工具支持，例如从需求转换为测试用例、建立需求跟踪等。测试管理工具 QC（Quality Center）可以把需求项转换成测试计划和测试用例，如图 5.9 所示。

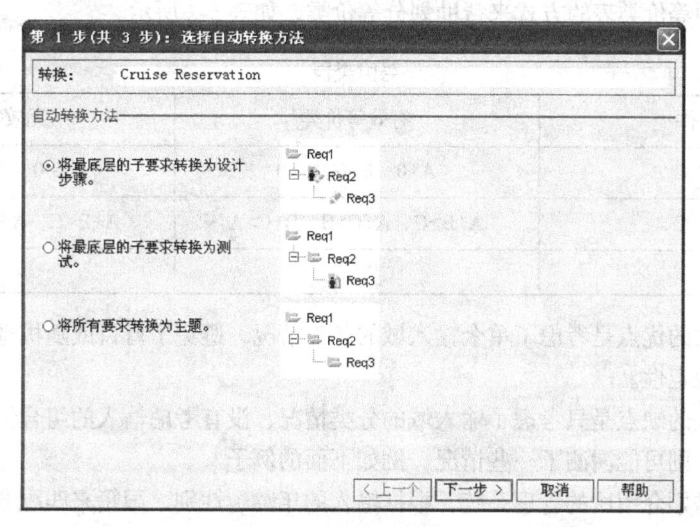

图 5.9　在 QC 中把测试需求转化成测试用例

并且支持需求与测试用例之间的链接，从而可以方便地统计和跟踪需求覆盖情况，如图 5.10 所示。

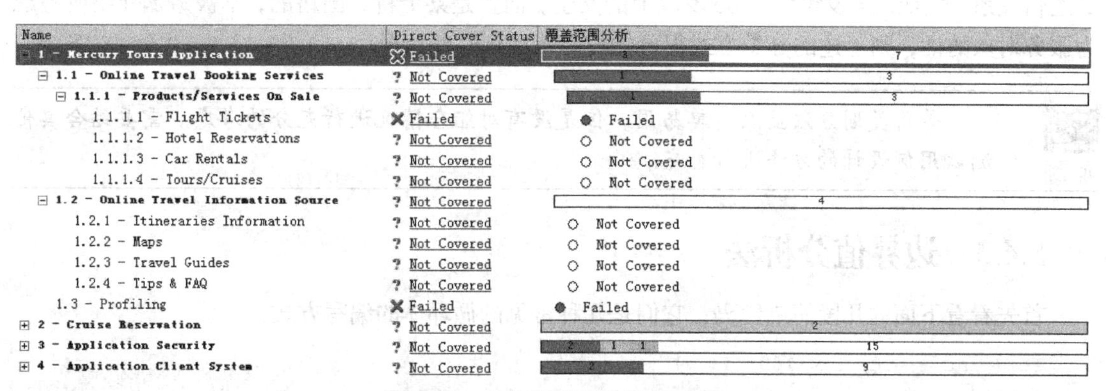

图 5.10　QC 中的测试需求覆盖视图

5.4.2　等价类划分法

等价类是指某个输入域的集合，在这个集合中每个输入条件都是等效的。等价类划分法认为：如果使用等价类中的一个条件作为测试数据进行测试不能发现程序的缺陷的话，那么使用等价类中的其他条件进行测试也不能发现错误。

等价类是典型的黑盒测试方法，不需要考虑程序的内部结构，只需要考虑程序的输入规格即可。例如，一个计算三角形面积的程序，需要输入 3 条边的值，那么就可以考虑下面的等价类划分方法。

首先，从默认的规则出发，可以考虑 A>0、B>0、C>0；然后，从三角形的特性考虑，可以划分成 A+B>C、A+C>B、B+C>A；从其他不同的角度考虑，还可以列出更多的划分方式。

基本上所有的输入都可划分为两大等价类。

① 有效等价类。

② 无效等价类。

因此可利用画等价类表的方式来帮助划分等价类，如表 5-2 所示。

表 5-2　　等价类表

输入条件	有效等价类	无效等价类
A、B、C	A>0、B>0、C>0	A=0、B=0、C=0
A、B、C	A+B>C、A+C>B、B+C>A	A+B<C、A+C<B、B+C<A
…	…	…

等价类划分法的优点是考虑了单个输入域的各类情况，避免了盲目或随机选取输入数据的不完整和覆盖的不稳定性。

等价类划分法的缺点是只考虑了输入域的分类情况，没有考虑输入的组合情况。如果仅仅使用等价类划分法，则可能漏测了一些情况，例如下面的例子。

假设有一个婚姻介绍所的管理系统，根据输入的年龄、性别、国籍来匹配合适的婚姻对象。如果用等价类划分法，则可以考虑按人群特征分类。例如考虑 20～30 年龄段的未婚中国女性，曾经结过婚的年龄在 40 岁以下的美国女性等。

但是读者会发现这样列下去会有很多分类，但是都比较少考虑组合的情况，尤其是一些组合的逻辑关系。例如，假设年龄在 80 岁以上的女士，而且是某个特定国籍的，不被婚姻介绍所考虑为服务对象的话，则上述的分类方式很可能没有考虑到这些情况。

等价类划分法虽然简单易用，但是没有对组合情况进行充分的考虑。需要结合其他测试用例设计的方法进行补充。

5.4.3　边界值分析法

首先看看下面的几段简单代码，它们是几种常见的循环体的编写方式：

```
for( int i = 0; I < 100; i++ )
{
    //循环地做某件事情...
}

for( int i = 1;I < 100; i++ )
{
//循环地做某件事情...
}

for( int i = 0;I <= 100; i++ )
{
    i+1;
    //循环地做某件事情...
}
```

通过简单的分析就可以看出，每一段代码循环的次数都是不一样的，因此循环涉及的边界范围也是不一样的。而从表面看起来，这三段代码很相似，程序员在编写类似的代码的时候是很容易混淆和出错的，而且错误的地方大部分是在循环的边界范围，例如循环到最后一个时才出现“数组越界”之类的错误。

边界值分析法假设大多数的错误发生在各种输入条件的边界上，如果在边界附近的取值不会导致错误，那么其他取值导致出错的可能性也很小。

同样是前面的三角形的例子，如果把 A>0 的条件换成 A>=0 则很可能触发程序的错误。

很多人在使用边界值法设计测试用例的时候还喜欢略为结合一下前面讲的等价类划分法，例如在上边界和下边界中间再取一个标准值。这样的话，对于一个范围为 1～10 的输入条件，可以用边界值分析法得到以下输入数据：0、1、5、10、11。

边界值的取值依据输入的范围区间不同而有所不同。但是都需要把上点值、离点值和内点值取到，只是取点的位置不一样。

如果是闭区间，例如[1，10]，如图 5.11 所示。

闭区间的取值如下。

- 上点：1、10。
- 内点：5。
- 离点：0、11。

如果是开区间，例如（1，10），如图 5.12 所示。

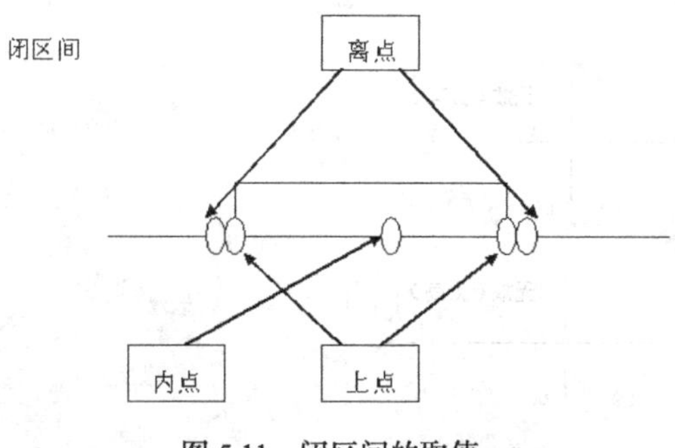

图 5.11 闭区间的取值

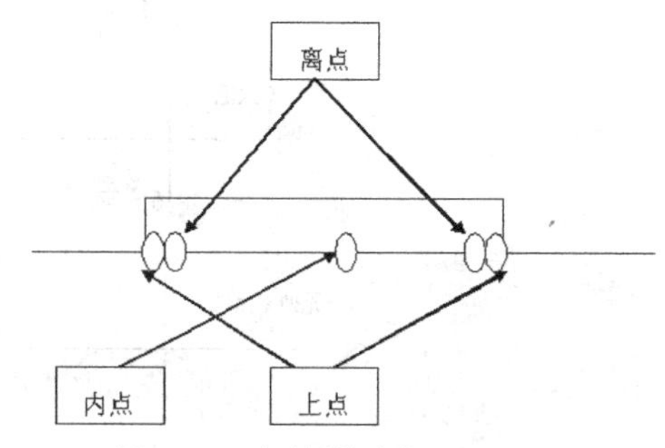

图 5.12 开区间的取值

开区间的取值为如下。

- 上点：1、10。
- 内点：5。
- 离点：2、9。

如果是半开半闭区间，例如（1，10］，如图 5.13 所示。

半开半闭区间的取值如下。

- 上点：1、10。
- 内点：5。
- 离点：2、11。

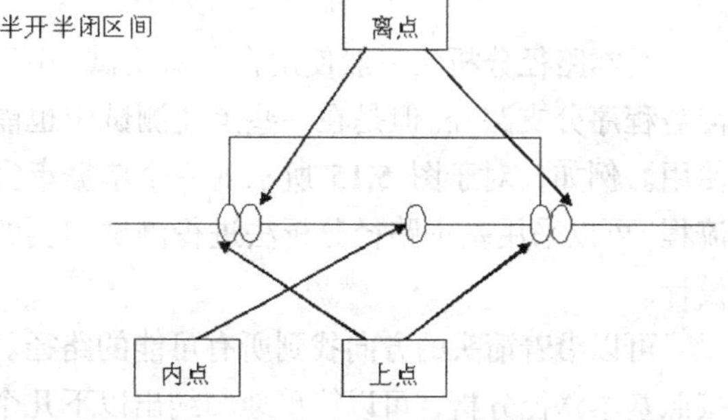

图 5.13 半开半闭区间的取值

如果是对于婚姻介绍所管理系统的例子采用边界值方法，在输入年龄时需要考虑输入范围，假设要求年龄范围在 20～80 岁，则可以考虑输入以下数据：19、20、40、80、81。

边界值分析法的优点是简单易用，只需要考虑单个输入的边界附近的值，并且这种方法在很多时候是非常有效的揭露错误的方法。但是它跟等价类划分的方法一样没有考虑输入之间的组合情况。因此需要进一步结合其他测试用例设计方法。

另外，边界值在关注边界范围的同时，可能忽略了一些输入的类型，例如在婚姻介绍所管理系统的例子中，如果输入的年龄数据为20.5这样的小数时，可能导致系统的错误。

5.4.4 等价类+边界值

通常结合等价类划分和边界值分析法，对软件的相关输入域进行分析，常见的分析域包括整数、实数、字符和字符串、日期、时间、货币等。

假设需要测试一个订票系统，需要输入航班的出发时间。这里就涉及时间作为分析域。综合应用等价类和边界值对时、分、秒的输入范围进行分析，如图5.14所示。

这里涉及时间格式的问题，如果采用的是12小时制，那么13:00:00就是一个无效值。如果采用的是24小时制，那么25:00:00就是一个无效值。

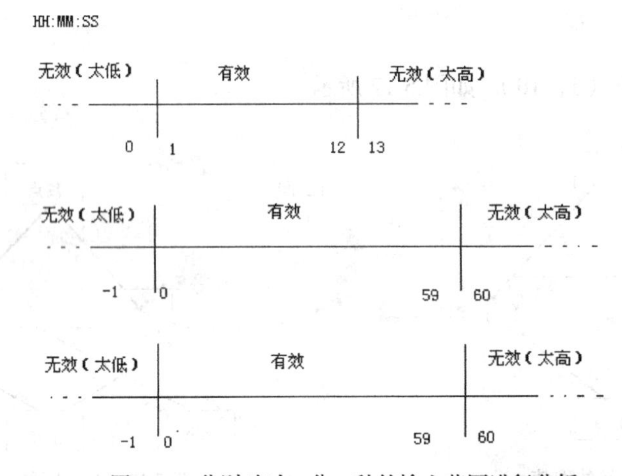

图5.14 分别对时、分、秒的输入范围进行分析

5.4.5 基本路径分析法

基本路径分析法一般使用在白盒测试，用于覆盖程序分支路径。但是在一些黑盒测试中也能使用。例如，对于图5.15所示的一个单据审批流程，可以采用基本路径分析法进行测试用例的设计。

可以沿着箭头的方向找到所有可能的路径。按照基本路径分析，可以简单地归纳出以下几个需要覆盖的流程。

① 编辑申请单→确认→审批通过→生成申请报告。

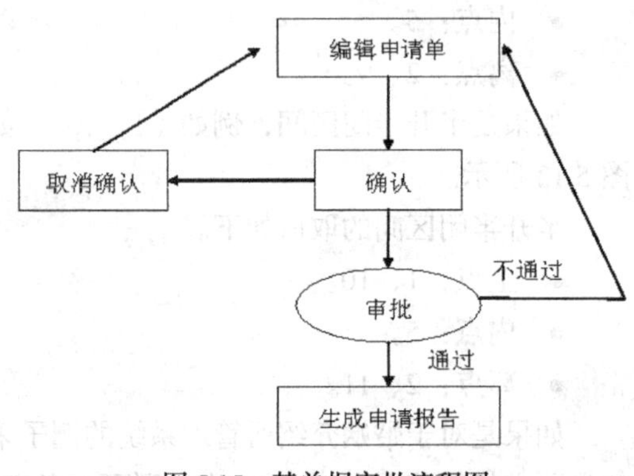

图5.15 某单据审批流程图

② 编辑申请单→确认→取消确认→重新编辑。

③ 编辑申请单→确认→审批不通过→重新编辑。

基本路径分析法的重点在于覆盖流程，确保让程序体现所有可能的逻辑。但是这种方法也存在一定的缺点，就是基本路径分析法只覆盖一次流程，对于一些存在循环的流程没有考虑。

例如，在图 5.15 的例子中，如果确认申请单后，取消确认，回到编辑申请单，重新编辑后再次确认，然后再次取消确认时才出错；或者在审批退回后，虽然可以再次编辑和确认，但是再次审批时由于单据号没有更新，程序没有很好地判断单据号重复的情况，也可能出错。

这些错误都是比较容易出现的，但是基本路径覆盖未必能找出来。因此，还需要结合其他的测试用例设计方法进行考虑，例如错误猜测法、场景分析法等。

5.4.6　因果图法

因果图是一种简化了的逻辑图，能直观地表明程序输入条件（原因）和输出动作（结果）之间的相互关系。因果图法是借助图形来设计测试用例的一种系统方法，特别适用于被测试程序具有多种输入条件，程序的输出又依赖于输入条件的各种情况。

因果图法设计测试用例的步骤如下。

（1）分析所有可能的输入和可能的输出。

（2）找出输入与输出之间的对应关系。

（3）画出因果图。

（4）把因果图转换成判定表。

（5）把判定表对应到每一个测试用例。

现在举某个项目中的一个业务单据处理规则为例子，看如何通过因果图法设计测试用例。假设业务单据的处理规则为："对于处于提交审批状态的单据，数据完整率达到 80%或已经过业务员确认，则进行处理"。

对于这条业务规则，首先通过分析所有可能的输入和可能的输出，可以得到如下结果：

- 输入：处于提交状态、数据完整率达到 80%、已经过业务员确认。
- 输出：处理、不处理。

然后，需要进行第二步，找出输入与输出之间的对应关系。通过分析，可以看出有以下的对应关系：

① 单据处于提交审批状态且数据完整率达 80%，则处理。

② 如果单据不处于审批状态，则不处理；如果单据处于提交审批状态，且已经过业务员确认，则处理。

③ 如果单据处于提交审批状态，数据完整率未达到 80%，但经过了业务员的确认，则处理。

为了方便画出因果图和判定表，需要对所有输入和输出编号，现在编号如下。

对所有输入项编号如下。

- 1：处于提交状态。
- 2：数据完整率达到 80%。
- 3：已经过业务员确认。

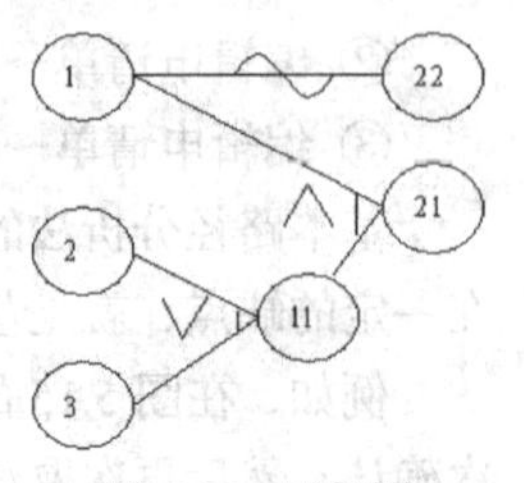

图 5.16 因果图

所有输出项编号如下。

- 21：处理。
- 22：不处理。

对于输入和输出的对应关系，需要结合实际业务的逻辑要求进行分析，并画出如图 5.16 所示的因果图。

把因果图转换成如表 5-3 所示的判定表。

表 5-3 判定表

		1	2	3	4	5	6	7	8
条件	1	Y	Y	Y	Y	N	N	N	N
	2	Y	Y	N	N	Y	Y	N	N
	3	Y	N	Y	N	Y	N	Y	N
中间结果	11	Y	Y	Y	N	Y	Y	Y	N
动作	21	Y	Y	Y	N	N	N	N	N
	22	N	N	N	Y	Y	Y	Y	Y

最后一个步骤就是把判定表中的 8 列转换成一个个测试用例。当然也可以先把判定表简化、合并后再转换成测试用例。

因果图法设计测试用例的好处是让测试人员通过画因果图，能更加清楚输入条件之间的逻辑关系，以及输入与输出之间的关系。缺点是需要画图和转换成判定表，对于比较复杂的输入和输出会需要花费大量的时间。

5.4.7 场景设计法

场景设计法是由 Rational 的 RUP 开发模式所提倡的测试用例设计思想。

现在的软件大部分是由事件触发来控制流程的，事件触发时的情景就是所谓的场景。在测试用例设计过程中，通过描述事件触发时的情景，可以有效激发测试人员的设计思维，同时对测试用例的理解和执行也有很大的帮助。

如果需求规格说明书是采用 UML 的用例设计方式进行的话，测试人员可以比较轻松地通过把系统用例影射成测试用例的方法来设计测试用例。需要覆盖系统用例中的主成功场景和扩展场景，并且需要适当补充各种正反面的测试用例和考虑出现异常的情形。

场景设计法需要测试人员充分发挥对用户实际业务场景的想象。例如，图 5.17 所示为单据审批流程。

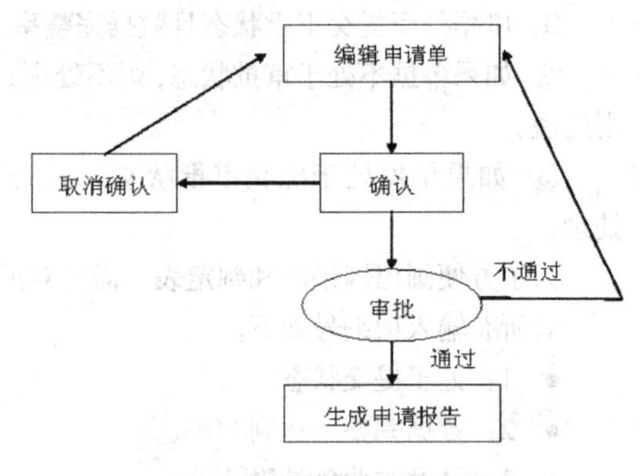

图 5.17 某单据审批流程图

可以想象用户在实际工作中会发生的审批过程，至少能考虑到下面 3 个需要进行测试的要点。

（1）用户编辑申请单，然后必须先确认申请单的有效性，确认动作是编辑者本人，确认的目的是让系统帮助编辑者校验申请数据的正确性、是否满足逻辑约束，避免生成一份无效的申请单。

对于这个场景，测试人员需要考虑验证一份

正确输入数据的申请单，系统可以正确地通过确认。还需要考虑验证一份错误输入数据的申请单，系统会检查出相应的错误，并提示用户。因此可以设计出正反两个场景的测试用例。

（2）对于一份通过确认的申请单，如果用户此时发现误录了一些数据，应该可以取消确认。因为此时单据尚未提交审批，应该给用户纠正错误的余地。因此，测试人员需要设计一个测试用例，执行确认动作后，再立即执行取消确认动作。看系统是否允许重新编辑申请单。

（3）申请单审批通过则系统自动生成申请报告，否则退回给申请人重新编辑。对于这样一个过程，测试人员首先需要设计一个测试用例来验证审批通过后，系统是否正确地生成了相应的申请报告。其次，确认审批不通过，申请单的状态是否会变成退回状态，在申请单编辑人的界面是否能看到被退回的申请单据，并且状态表明审批不通过，被退回。

5.4.8 错误猜测法

错误猜测法是测试经验丰富的测试人员喜欢使用的一种测试用例设计方法。

错误猜测法通过基于经验和直觉推测程序中可能发生的各种错误，有针对性地设计测试用例。因为测试本质上并不是一门非常严谨的学科，测试人员的经验和直觉能对这种不严谨性做出很好的补充。

例如，对于一个调用 Excel 的程序，直觉告诉测试人员，它可能发生的错误是在调用的前后过程，比如，用户的计算机没有安装 Excel，则调用可能失败，甚至抛出异常，因此要做一下环境测试；又比如调用了 Excel 后忘记释放对 Excel 的引用，从而导致 Excel 的进程驻留，因此需要检查一下进程的列表看 Excel 进程是否在程序关闭后仍然存在。

除了上面说的几种测试用例设计方法外，还可以使用判定表法、因果图法等基本的测试用例设计方法。在设计测试用例的过程中往往需要综合使用几种测试用例设计方法。

最重要的是要思考和分析测试对象的各个方面，多参考以前发现的 Bug 的相关数据、总结的经验，个人多考虑异常的情况、反面的情况、特殊的输入，以一个攻击者的态度对待程序，那么就能够设计出比较完善的测试用例来。

5.4.9 正交表与 TCG 的使用

正交表法是一种有效减少测试用例个数的设计方法。为了说明正交法设计测试用例的过程，先来看一下某个应用程序这样的输入条件组合：

```
姓名：填、不填。
性别：男、女。
状态：激活、未激活。
```

对于这样的输入条件，三个条件分别有两个输入参数，如果要全部覆盖它们的输入组合，需要下面 8 个测试用例：

```
1：填写姓名、选择男性、状态设置为激活。
2：填写姓名、选择女性、状态设置为激活。
3：填写姓名、选择男性、状态设置为未激活。
4：填写姓名、选择女性、状态设置为未激活。
5：不填写姓名、选择男性、状态设置为激活。
6：不填写姓名、选择女性、状态设置为激活。
```

```
7：不填写姓名、选择男性、状态设置为未激活。
8：不填写姓名、选择女性、状态设置为未激活。
```

这只是一个小测试的范围覆盖，如果要考虑更多的条件和输入参数，则有可能需要成千上万个测试用例，例如，对于需要输入 5 个条件，每个条件的参数个数为 5 个的界面，如果考虑全面覆盖，则需要 5×5×5×5×5=3125 个测试用例，这对于测试人员来说是一个很大的执行工作量。

如何简化测试用例，用最少的测试用例获得尽可能全面的覆盖率呢？通过正交表可以有效减少用例个数。利用正交表设计测试用例的步骤如下。

（1）确定有哪些因素。因素是指输入的条件，例如上面的姓名、性别、状态，共有 3 个因素。

（2）每个因素有哪几个水平。水平是指输入条件的参数，例如上面姓名因素的水平有两个，即填写和不填写。

（3）选择一个合适的正交表。确定了因素和水平后，就可以查找合适的正交表。在一些数学书的后面或者网站上可以找到大量的正交表。

对于上面的简单例子，可以找到正好适用的正交表 L4（2^3），4 表示采用这个正交表需要执行 4 个测试用例，2 表示水平数（即输入条件的参数个数），3 表示因素数（即输入条件个数），这个正交表如下：

```
000
011
101
110
```

（4）把变量的值映射到表中。需要把这里的 0 和 1 影射成条件和参数，例如第一列代表姓名，第一列的 0 代表填，1 代表不填；第二列代表性别，0 代表男，1 代表女；第三列代表状态，0 代表激活，1 代表未激活，则得出如下结果：

姓名	性别	状态
填	男	激活
填	女	未激活
不填	男	未激活
不填	女	激活

（5）把每一行的各因素水平的组合作为一个测试用例。这样就把前面的 8 个测试用例简化到 4 个测试用例。分别如下：

```
1：填写姓名、性别为男，状态设置为激活。
2：填写姓名、性别为女，状态设置为未激活。
3：不填写姓名、性别为男，状态设置为未激活。
4：不填写姓名、性别为女，状态设置为激活。
```

并不是每一个输入条件和参数的组合都能找到现成合适的正交表，有些时候需要进一步地通过拟水平法、拟因素法等来变换正交表以便适应实际的情况。

正交表法的依据是 Galois 理论，从大量的实验数据中挑选适量的、有代表性的点，从而合理地安排实验的一种科学实验设计方法。在测试用例的设计中，可以从大量的测试用例数据中挑选适量的、有代表性的测试数据，从而合理地安排测试。

应用正交表进行测试的难点是查找合适的正交表，读者可到以下地址查找正交表：

http://www.york.ac.uk/depts/maths/tables/orthogonal.htm

http://support.sas.com/techsup/technote/ts723_Designs.txt

另外，人工查找正交表并映射成测试用例的过程比较烦琐，可借助一些正交表设计工具，例如图 5.18 所示的 TCG 是笔者编写的一个小工具，用于实现自动查找正交表并映射测试用例。

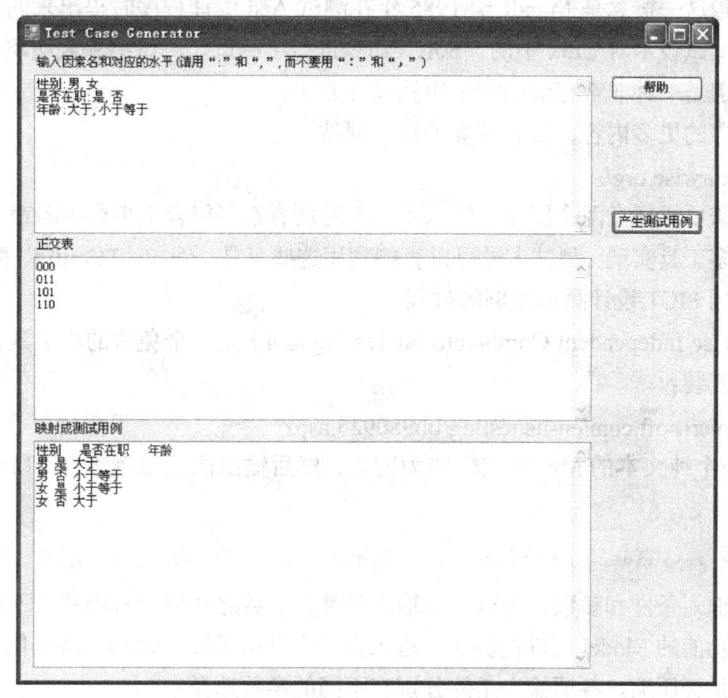

图 5.18　TCG 的使用

读者可到以下地址下载这个工具的源代码：

http://download.csdn.net/source/517662

5.4.10　利用均匀试验法设计测试用例

均匀试验法是与正交表法类似的一种测试用例设计方法。正交表的特点是整齐可比性和均衡分散性。

在同一张正交表中，每个因素的每个水平出现的次数是完全相同的。由于在试验中每个因素的每个水平与其他因素的每个水平参与试验的几率是完全相同的，这就保证在各个水平中最大程度地排除了其他因素水平的干扰。因而，能最有效地进行比较和做出展望，容易找到好的试验条件。

并且在同一张正交表中，任意两列（两个因素）的水平搭配（横向形成的数字对）是完全相同的。这样就保证了试验条件均衡地分散在因素水平的完全组合之中，因而具有很强的代表性，容易得到好的试验条件。而均匀表则是放弃了整齐可比性，仅考虑均匀分散性的一种试验方法。它的好处是进一步减少了试验的次数。

利用均匀试验法设计测试用例与利用正交表法类似。同样需要经过分析输入条件和参数、选择合适的均匀表、影射因素和水平、转换成测试用例等几个步骤。

5.4.11 组合覆盖与 PICT 的使用

组合覆盖法是另外一种有效减少测试用例个数的测试用例设计方法。根据覆盖程度的不同，可以分为单因素覆盖、成对组合覆盖、三三组合覆盖等。其中又以成对组合覆盖最常用。

成对组合覆盖这一概念是 Mandl 于 1985 年在测试 Aad 编译程序时提出来的。Cohen 等人应用成对组合覆盖测试技术对 Unix 中的“Sort”命令进行了测试。测试结果表明覆盖率高达 90%。可见成对组合覆盖是一种非常有效的测试用例设计方法。

关于组合覆盖的更多内容，读者可参考这个网站：

http://www.pairwise.org/

成对组合覆盖要求任意两个因素（输入条件）的所有水平组合至少要被覆盖 1 次。组合覆盖的算法已经被很多工具实现，测试人员可以直接利用这些工具，例如，TConfig、微软的 PICT 等。下面介绍一下使用 PICT 设计测试用例的过程。

PICT（Pairwise Independent Combinatorial Testing tool）是一个免费的小工具，读者可以到微软的网站下载并安装：

http://msdn.microsoft.com/en-us/testing/bb980925.aspx

PICT 接收一个纯文本的 Model 文件作为输入，然后输出测试用例集合。Model 文件的格式如下：

```
<ParamName> : <Value1>, <Value2>, <Value3>, ...
```

用冒号隔开输入条件和参数，每行一个输入条件，参数之间用逗号隔开。下面是设计一个测试磁盘分区创建功能的 Model 文件的例子。输入条件有分区类型、大小、格式化方式、文件系统类型、簇大小、是否压缩。各项输入条件分别有不同的参数选择：

```
Type: Primary, Logical, Single, Span, Stripe, Mirror, RAID-5
Size: 10, 100, 500, 1000, 5000, 10000, 40000
Format method: quick, slow
File system: FAT, FAT32, NTFS
Cluster size: 512, 1024, 2048, 4096, 8192, 16384, 32768, 65536
Compression: on, off
```

把上面的内容存为 Model.txt 文件。存储在某个目录，例如 C:\Program Files\PICT\，然后在命令行中输入以下命令：

```
C:\Program Files\PICT>PICT "C:\Program Files\PICT\Model.txt"
```

则可产生下面的测试用例：

```
TypeSizeFormat methodFile system  Cluster size Compression
Mirror   10       quick    FAT      32768    off
RAID-5   10       slow     FAT32    512      on
Stripe   500      quick    NTFS     512      off
Span     1000     slow     NTFS     1024     on
Primary  100      quick    FAT32    16384    off
Single   1000     slow     FAT      8192     off
Primary  5000     slow     FAT      2048     on
RAID-5   40000    quick    NTFS     8192     on
Logical  10       slow     NTFS     65536    on
Span     100      quick    FAT      65536    off
Mirror   10000    slow     FAT32    65536    on
```

```
Logical  1000   quick  FAT32  512    off
Logical  40000  slow   FAT    4096   off
Single   1000   quick  NTFS   4096   on
Stripe   500    slow   FAT32  32768  on
Mirror   100    quick  NTFS   2048   off
Span     10     slow   FAT32  4096   off
Single   40000  quick  FAT32  65536  off
RAID-5   5000   quick  FAT    65536  off
Stripe   1000   slow   FAT32  2048   on
Primary  10000  quick  NTFS   8192   off
Span     10000  slow   FAT    16384  on
Primary  1000   slow   FAT32  65536  on
Single   5000   quick  FAT32  1024   off
RAID-5   100    slow   FAT    1024   on
Single   500    slow   NTFS   2048   off
Mirror   500    quick  FAT    1024   on
Stripe   100    quick  FAT    4096   on
Primary  40000  quick  FAT32  1024   off
Single   10     quick  NTFS   16384  on
Logical  5000   slow   NTFS   32768  off
Stripe   10     slow   FAT    1024   off
Primary  500    slow   NTFS   4096   off
Mirror   1000   quick  FAT    16384  on
Stripe   40000  quick  FAT    16384  off
Mirror   10     slow   FAT32  8192   on
Span     40000  quick  NTFS   32768  off
Logical  10000  slow   NTFS   1024   off
Span     5000   quick  FAT    512    on
Logical  100    slow   FAT32  8192   on
RAID-5   500    quick  NTFS   16384  on
Stripe   5000   slow   NTFS   8192   off
Mirror   5000   slow   NTFS   4096   off
Span     500    quick  FAT    65536  off
Span     10000  slow   NTFS   2048   on
Stripe   10000  quick  FAT32  65536  off
Primary  10     quick  FAT    2048   off
RAID-5   10000  slow   NTFS   4096   on
Primary  10000  quick  NTFS   32768  on
RAID-5   1000   quick  FAT32  32768  on
Primary  10000  quick  FAT    512    off
Mirror   40000  slow   FAT32  512    on
Single   100    slow   NTFS   512    off
Logical  500    quick  FAT32  16384  off
Single   100    slow   NTFS   32768  on
Mirror   5000   quick  FAT32  16384  off
Span     500    slow   FAT    8192   on
RAID-5   40000  slow   FAT    2048   off
Logical  10     quick  FAT    2048   off
Single   10000  slow   FAT32  65536  on
```

如果想把产生的测试用例存储到某个文件，则可输入以下命令：

```
C:\Program Files\PICT>PICT "C:\Program Files\PICT\Model.txt" > "C:\Program
Files\PICT\OutPut.txt"
```

这样，处理 Model.txt 文件中的输入所产生的测试用例就会存储到“C:\Program Files\PICT\”

目录下一个名为 OutPut.txt 文件。更多关于 PICT 的使用方法请读者参考 PICT 的帮助文档。

除了 PICT 外，还有很多类似的工具，读者可参考：

http://www.pairwise.org/tools.asp

5.4.12 分类树与 TESTONA 的使用

分类树方法是由 Grochtmann 和 Grimm 在 1993 年提出的，是在软件功能测试方面一种有效的测试方法，通过分类树把测试对象的整个输入域分割成独立的类。

按照分类树方法，测试对象的输入域被认为是由各种不同的方面组成并且都与测试相关。对于每个方面，分离和组成各种类别，而分类结果的各类又可能再进一步地被分类。这种通过对输入域进行层梯式的分类表现为树状结构。随后，通过组合各种不同分类的结果来形成测试用例。

使用分类树方法，对于测试人员来说最重要的信息来源是测试对象的功能规格说明书。使用分类树方法的一个重要的好处是，它把测试用例设计转变成一个组合若干结构化和系统化的测试对象组件的过程——使其容易把握，易于理解，当然也易于文档化。

分类树方法的基本原理是：首先把测试对象的可能输入按照不同的分类方式进行分类，每一种分类要考虑的是测试对象的不同的方面。然后把各种分开的输入组合在一起产生不冗余的测试用例，同时又能覆盖测试对象的整个输入域。

因此，可以把使用分类树方法设计测试用例的过程分为 3 大步骤。

（1）识别出测试对象并分析输入空间。

（2）对测试对象的输入空间进行分类。

（3）画出分类树，组合成测试用例。

下面举一个例子来说明如何通过三个步骤，应用分类树方法进行测试用例的设计。假设需要测试的是一个图像识别系统，该图像识别软件系统提供了辨别各种形状、各种颜色和各种大小的平面图形的功能。

在第一个步骤中，测试人员需要确定与测试相关的方面。每个方面应该有精确的限制，从而可以清晰地区别测试对象的可能输入。例如，软件系统需要识别图 5.19 所示的不同尺寸、不同颜色和不同形状共同组成的测试对象的可能输入的方面。

在接下来的步骤，依据测试对象的每个方面对可能的输入进行划分，这个划分就是数学上说的“分类”，分类的结果就形成了各种“类”。因此一个“分类”的结果代表了测试对象的某个方面的输入。例如，尺寸方面的可能输入是大或者小；颜色方面的可能输入是红色、绿色、蓝色等；形状方面的可能输入是圆形、矩形、多边形等。这样就可以画出图 5.20 所示的分类树。

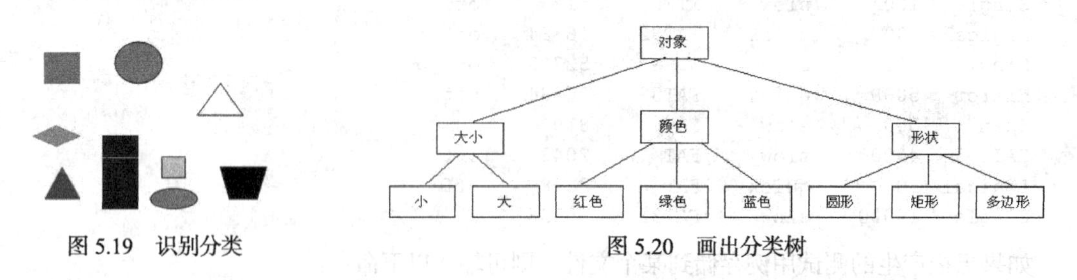

图 5.19　识别分类　　　图 5.20　画出分类树

最后一个步骤是形成测试用例。测试用例是由不同分类的类组合形成，在组合类的时候需要注意逻辑兼容性，也就是说交集不能为空。测试人员组合类形成需要的测试用例，以便覆盖测试对象的所有方面并充分考虑它们的组合。

图 5.21 标识出测试用例的组合。测试用例 1 考虑了小尺寸、红颜色、圆形的输入组合。测试用例 2 考虑了大尺寸、绿颜色、矩形、多边形的输入组合。测试用例 3 考虑了大尺寸、蓝颜色、多边形的输入组合。这里只是列出了 3 种组合，还可以组合出更多的测试用例，实际应用中应该组合出更多的测试用例。

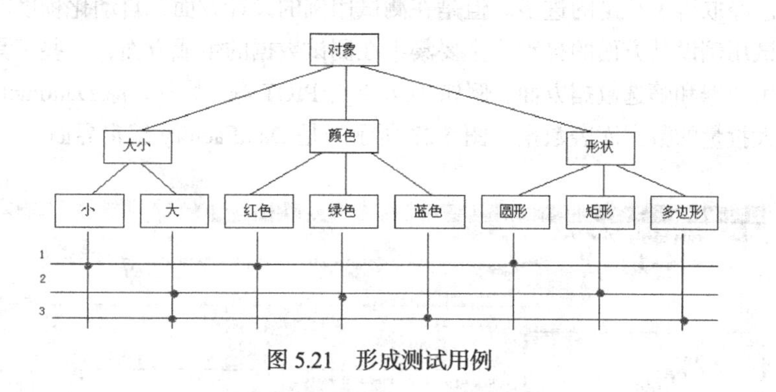

图 5.21　形成测试用例

注意

在这里可以结合正交表法，或者是均匀试验法，或者是组合覆盖法来作为生成测试用例的策略考虑。

分类树方法最大的好处是，它让测试人员通过画分类树的过程，更加深入地分析测试的输入域；它让测试人员通过分析和归纳测试对象的类别，思考测试对象的输入类型和范围的组合选择。因此，与其说分类树方法是一种设计测试用例的方法，倒不如说它是一种测试对象的分析方法，以及测试思维的激发工具。

更多关于分类树方法的内容，请读者参考：

http://www.berner-mattner.com/en/products/testona/index.html

分类树设计测试用例的核心思想是分类树的构建。而 TESTONA 就是这样一个可以有效辅助测试人员设计分类树的工具，如图 5.22 所示。

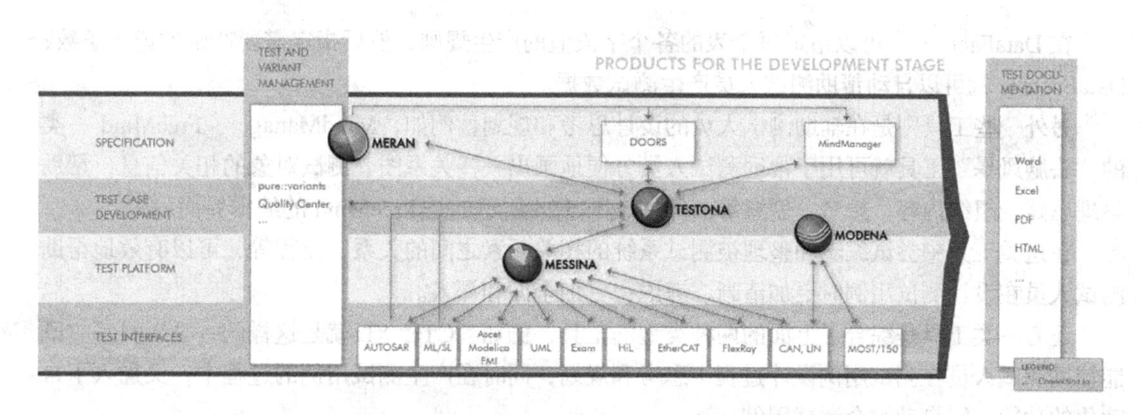

图 5.22　TESTONA 的使用

TESTONA 当前最新版本是 4.1.1，可通过下面的地址进行下载：

http://www.testona.net/cms/upload/3_Raw/testonaLightSetup_4.1.1.exe

5.4.13 测试用例设计的自动化

测试用例对于测试而言是非常重要的一项工作，目前，测试用例设计大部分需要手工进行，这也是由于设计的复杂性和灵活性决定的。在自动化测试领域，测试的执行是首先被自动化的一个方面，目前已经取得了长足的进步。但是在测试用例的设计方面，自动化程度非常低。

目前在测试用例设计方面的自动化主要集中在测试数据的生成方面，一些工具也是集中在帮助测试人员产生数据和筛选数据方面，例如 TConfig、PICT 等。另外，像 DataFactory 这样的工具则专注于产生大批量的数据库表数据，图 5.23 所示的是 DataFactory 编辑界面。

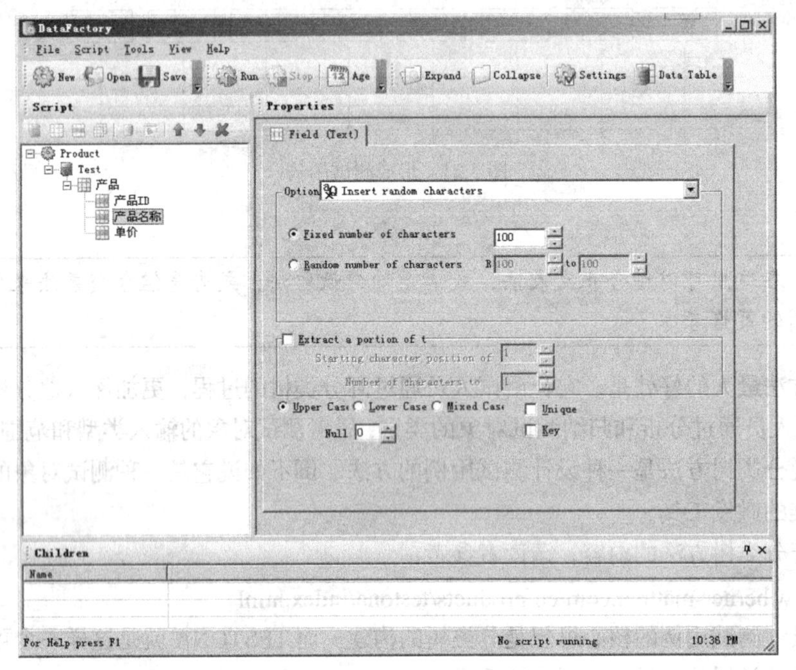

图 5.23 DataFactory 的编辑界面

在 DataFactory 中可以指定每个表的各个字段值的产生规则，然后指定需要产生的记录条数，DataFactory 就可以自动帮助测试人员产生测试数据。

另外一些工具则是在辅助测试人员的设计思考和规划，例如，MindManager、FreeMind 一类的“头脑风暴”工具就可用于帮助测试人员方便地画出一些关系图、测试对象的相关信息，帮助整理思路，组织内容、想法、创意等。例如，图 5.24 所示的是 FreeMind 的编辑界面。

在这类工具中尝试编辑和整理被测试系统的相关元素之间的关系、流程等，可以有效地帮助测试人员在设计测试用例时更加清晰、考虑得更加全面和深入。

还有一类工具是综合了上面的两种类型的工具，例如，CTE XL 就是这样的一类工具，它既能辅助测试人员在测试用例设计过程中思考和规划，同时在产生测试用例的过程中，又加入了自动化的功能，能自动组合测试用例。

将来的发展方向有可能是根据 UML 图或者模型驱动设计的方式，直接就能得到一些基本的测试用例组合。测试人员再加入自己的创造性思维，进一步地优化测试用例的设计，如图 5.25 所示。

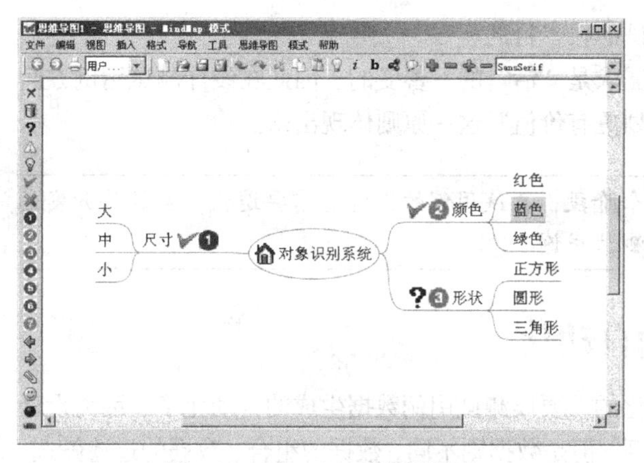

图 5.24　FreeMind 的编辑界面

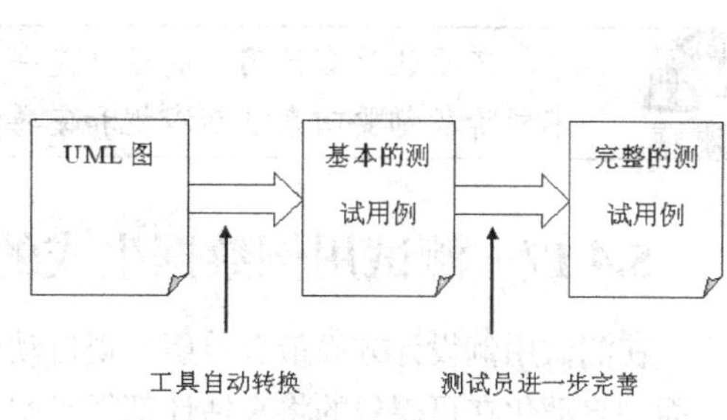

图 5.25　测试用例设计可能的发展方向

5.4.14　敏捷测试用例设计

并非每个企业都能严格按敏捷的相关开发方法进行项目管理，例如，测试驱动、XP、SCRUM 等。也并非都需要按这些方式管理才能实现敏捷。只要理解了敏捷的原则和精髓，很多地方都可以应用敏捷的思想，实现敏捷的管理。测试用例的设计是其中一项。

5.4.15　测试用例的粒度

测试用例可以写得很简单，也可以写得很复杂。最简单的测试用例是测试的纲要，仅仅指出要测试的内容，如探索性测试（Exploratory Testing）中的测试设计，仅会指出需要测试产品的哪些要素、需要达到的质量目标、需要使用的测试方法等。而最复杂的测试用例就像飞机维修人员使用的工作指令卡一样，会指定输入的每项数据、期待的结果及检验的方法，具体到界面元素的操作步骤、指定测试的方法和工具等。

（1）测试用例写得过于复杂或详细，会带来两个问题：一个是效率问题，另一个是维护成本问题。另外，测试用例设计得过于详细，留给测试执行人员的思考空间就比较少，容易限制测试人员的思维。

（2）测试用例写得过于简单，则可能失去了测试用例的意义。过于简单的测试用例设计其实并没有进行“设计”，只是把需要测试的功能模块记录下来而已，它的作用仅仅是在测试过程中作为一个简单的测试计划，提醒测试人员测试的主要功能包括哪些而已。测试用例设计的本质应该是在设计的过程中理解需求、检验需求，并把对软件系统的测试方法的思路记录下来，以便指导将来的测试。

说明

大多数测试团队编写的测试用例的粒度介于两者之间。而如何把握好粒度是测试用例设计的关键，也将影响测试用例设计的效率和效果。应该根据项目的实际情况、测试资源情况来决定设计出怎样粒度的测试用例。

软件是开发人员需要去努力实现敏捷化的对象，而测试用例则是测试人员需要去努力实现敏捷化的对象。要想在测试用例的设计方面应用“能工作的软件比全面的文档更有价值”这一敏捷原则，则关键是考虑怎样使设计出来的测试用例是能有效工作的。

5.4.16　基于需求的测试用例设计

基于需求的用例场景来设计测试用例是最直接有效的方法，因为它直接覆盖了需求，而需求是软件的根本，验证对需求的覆盖是软件测试的根本目的。

要把测试用例当成“活”的文档，因为需求是“活”的、善变的。因此在设计测试用例方面应该把敏捷方法的“及时响应变更比遵循计划更有价值”这一原则体现出来。

不要认为测试用例的设计是一个阶段，测试用例的设计也需要迭代，在软件开发的不同阶段都要回来重新审视和完善测试用例。

5.4.17 测试用例数据生成的自动化

在测试用例设计方面最有希望实现自动化的，要属测试用例数据生成的自动化了。因为设计方面的自动化在可想象的将来估计都很难实现，但是数据则不同，数据的组合、数据的过滤筛选、大批量数据的生成等都是计算机擅长的工作。

很多时候，测试用例的输入参数有不同的类型、有不同的取值范围，需要得到测试用例的输入参数的不同组合，以便全面地覆盖各种可能的取值情况。但是全覆盖的值域可能会很广泛，又需要科学地筛选出一些有代表性的数据，以便减轻测试的工作量。在这方面可利用正交表设计数据或成对组合法设计数据。还可利用一些工具，例如 TConfig、PICT 等来产生这些数据。

在性能测试、容量测试方面，除了设计好测试用例考虑如何测试外，还要准备好大量的数据。大量数据的准备可以使用多种方式。

（1）编程生成。

（2）SQL 语句生成（基于数据库的数据）。

（3）利用工具生成。

工具未必能生成所有满足要求的数据，但是却是最快速的，编程能生成所有需要的数据，但是可能是最复杂、最慢的方式。所以应该尽量考虑使用一些简单实用的工具，例如 DataFactory 等。

5.5 测试的执行

需求的分析和检查、测试的计划、测试用例的准备，都是为了执行测试准备的。测试执行阶段是测试人员的主要活动阶段，是测试人员工作量的主要集中阶段，同时也是测试人员智慧体现的阶段，是测试人员找到工作乐趣的一个重要过程。

5.5.1 测试用例的合理选择

测试用例的选择是一个战术问题，是一个考验测试人员智慧的过程，如图 5.26 所示。

测试用例的选择需要考虑本次测试的上下文，是第一次测试，还是回归测试？测试持续的时间有多长？自动化脚本的准备情况怎么样了？界面和用户体验的测试什么时候进行？性能是用户关心的吗？如果等到最后才做性能测试，是否会加大修改的难度？

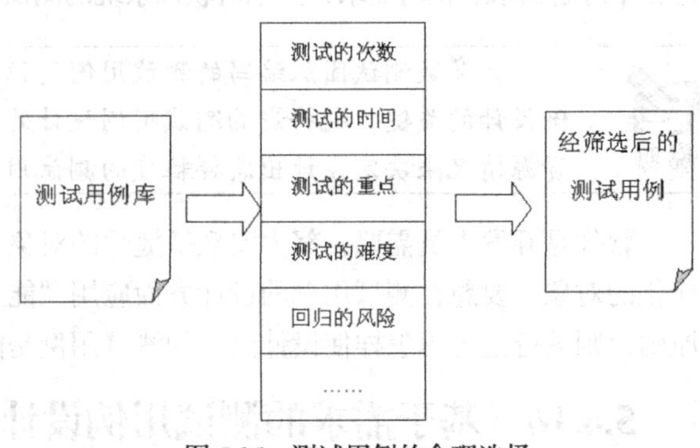

图 5.26 测试用例的合理选择

（1）对于第一次执行的测试，一个基本的测试用例选择策略是：先执行基本的测试用例，再执行复杂的测试用例；先执行优先级高的测试用例，再执行优先级低的测试用例。

（2）对于回归测试的测试用例选择则复杂一点，因为大部分测试人员不想花费太多的时间和精力在一些已经执行过的测试用例上，但是又担心程序员修改的地方会引发已经稳定的模块问题。

回归测试的测试用例选择必须综合考虑测试资源和风险。采用基于风险的回归测试方法。

5.5.2　测试的分工与资源利用

测试的分工能避免测试人员的思维局限性，即使是同样一个用例，由不同的人来执行，可能会发现不同的问题。因为测试用例只是一个测试的指导，即使写得非常详细，仍然有很多空间留给测试人员在真正执行测试的时候去思考。不同的测试人员的思维方式和经验也不一样。

合理分工、交叉测试能避免"漏网之鱼"。

（1）如果测试组由新人和有经验的测试工程师搭配，则分工可以帮助新人更快地成长。例如，可以让新人从简单模块的功能测试开始，执行简单的测试用例，让其先获得一个直观的认识和自信，然后再让其执行复杂的测试用例。也可以让新手先进行每一项测试，然后再由有经验的测试人员再重复执行一次，对照发现新手遗漏的地方，这也是让新手快速学习和进步的一种好方法。

（2）除了利用测试组本身的测试资源之外，还要合理寻找和请求其他的测试资源。例如，实施人员和用户培训人员在项目的早期一般比较空闲，这时候可让其协助做一些简单的测试，减轻测试人员的工作量，同时也可以增加测试的覆盖面，做更全面的测试。

（3）如果公司有多个项目，则可能出现不同的项目进度不一样、所处的阶段不一样，因此也可以请其他比较空闲的项目组的测试人员协助测试。尤其是可以协助进行界面交互测试、用户体验相关的测试、易用性测试、界面美观程度评价等方面的测试，避免"同化效应"导致的"Bug免疫"。

5.5.3　测试环境的搭建

测试环境的搭建在某些项目的测试过程中是一个非常重要的工作，同时也可能是一项很耗时的工作。有些软件的测试环境要求比较复杂，需要在测试执行之前做好充分的准备。

根据具体产品特点和需要进行的测试，测试环境的搭建可能包括图 5.27 所示的内容。

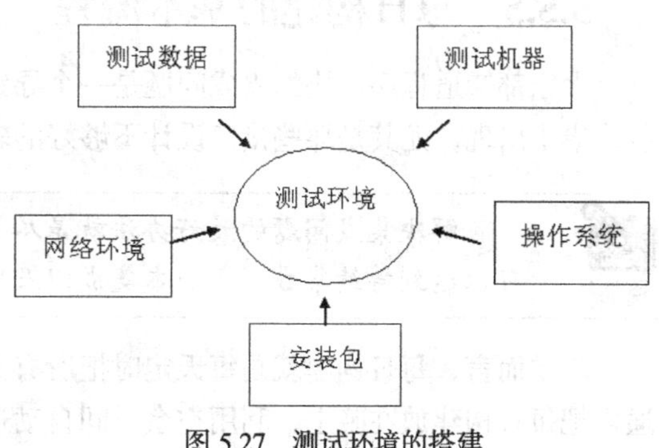

图 5.27　测试环境的搭建

（1）有些测试需要使用大批量的数据，例如容量测试、压力测试等。根据产品的具体测试要求，可能需要在数据库表插入大量的数据、准备大量的文件、生成大量的 Socket 包等。

（2）有些测试需要使用专门的外部硬件设备、例如打印机、条码识别器、读卡机、指纹仪等。如果是手机的应用测试，则可能要把所有支持的型号的手机都要准备好。这些设备有些可以使用模拟器来模拟，有些则不能。

注意

要尽量准备好这些真正的设备，至少在这些设备上执行一次测试以验证真正的效果。

经常碰到在手机模拟器上可以执行的程序，在真正的手机上运行则会出问题。或者在 PC 上查看的报表格式正确，真正打印出来则会移位、走样。

（3）有些产品需要支持多种操作系统，那么在做兼容性测试之前就需要准备好包含各种操作系统的计算机，或者考虑使用虚拟操作系统工具来安装多个操作系统，例如 VM Ware、Virtual PC 等。

（4）有些测试需要部署到多台机器，并且需要设置各种参数，那么就需要在测试之前准备好各种安装包。

（5）有些测试需要用到网络，设置需要考虑网络的路由设置、拓扑结构等，那么在测试之前就要准备好这样的网路设备和网络环境配置。

5.5.4 BVT 测试与冒烟测试

BVT 测试，也叫编译检查测试，主要检查源代码是否能正确编译成一个新的、完整可用的版本。如果 BVT 测试不通过，则测试人员不能拿到新的版本进行测试。

说明

冒烟测试的概念来源于硬件生产领域，硬件工程师一般通过给制造出来的电路板加电，看电路板是否通电，如果设计不合理，则可能在通电的同时马上冒出烟，电路板不可用。因此也没有必要进行下一步的检测。

软件行业借用了这个概念，在一个编译版本出来后，先运行它的最基本的功能，例如启动、登录、退出等。如果连这些简单的功能运行都错误的话，则测试人员没有必要进行下一步的深入测试，可直接把编译版本退回给开发人员修改。

需要注意的是，冒烟测试的测试用例应该是随着开发的深入而不断演进的。开始可能只需要验证程序是否能正常启动和退出，后来则加入验证某些界面的打开和关闭功能，再后来，则需要进一步验证某个功能流程是否能走通。

BVT 测试和冒烟测试的目的是检查程序是否完整，是否实现了最基本的可测试性要求，能有效减少测试人员的不必要的工作量。BVT 测试和冒烟测试是所有正式测试执行之前的第一个步骤。

5.5.5 每日构建的基本流程

大家都知道程序模块的集成问题是一个导致开发进度受阻的常见原因。缺陷也往往在集成阶段才集中出现，尤其是那些接口设计不够好的软件。

说明

解决集成问题的最好办法就是尽早集成、持续地集成、小版本集成。通过每日构建可以达到持续集成，小版本集成以及版本集成验证的目的。

简单而言，每日构建就是每天定时把所有文件编译、连接、组成一个可执行的程序的过程。通常把每日构建放在晚上，利用空余时间自动进行，因此也叫每晚自动构建。一个简单的每日构建流程图如图 5.28 所示。

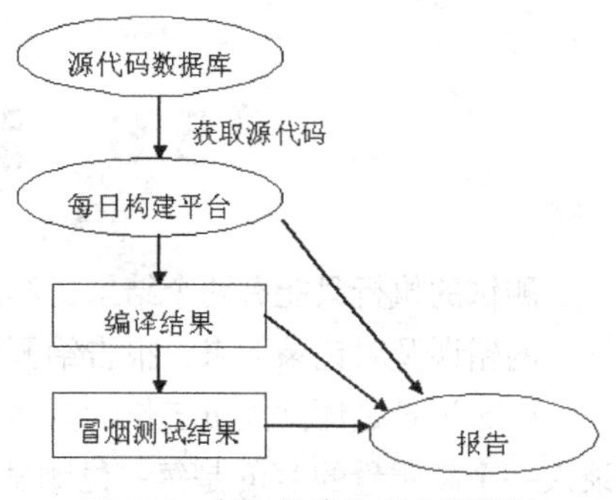

图 5.28　每日构建的基本流程图

据说，微软在开发 Windows NT 3.0 的项目中，独立的版本构建组就有 4 名全职的项目组成员。到了产品快要发布的时候，Windows NT 3.0 包含 4 万多个文件，共 560 万行代码。一个完整的构建过程会花费多台机器设备 19 小时不间断的运行时间，但是 NT 的开发团队仍然能坚持设法进行每日构建。

开发人员和项目经理对构建失败的原因进行分析，追究引起失败的代码负责人，给予 5 美元一次的罚款。在发布前的最后阶段，甚至给每位开发人员配上报警器，一旦构建失败，则通知开发人员立即进行修改。

而笔者所在的项目，则是规定引起构建失败超过 3 次的程序员要请全项目组人员喝汽水。这项规定得到了有效的执行，大家都能严格遵守，互相督促，从而大大减少了因为版本编译产生的问题。

5.5.6　通过每日构建来规范源代码管理

每日构建除了可以解决部分版本集成的问题外，还可以对程序员的源代码签入签出行为做出规范性约束。

大家都知道，如果程序员没有遵循一定的规范签入、签出源代码的话，则很可能导致其他程序员的代码模块失效或者混乱。一个正确而谨慎的做法应该是每次签入自己修改的代码之前，先获取所有新版本并把所有代码编译通过，确保不会影响别人的代码时才签入，否则必须先把问题解决掉，如图 5.29 所示。

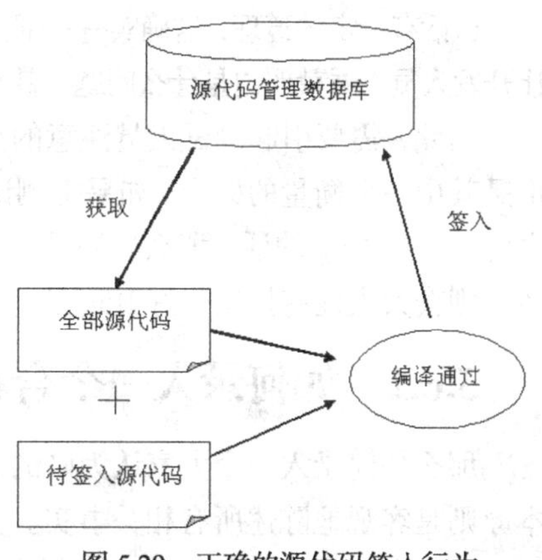

图 5.29　正确的源代码签入行为

所以，如果程序员没有按源代码控制规范修改代码的话，每日构建很可能发现编译问题。

5.5.7　通过每日构建来控制版本风险

每日构建除了自动编译程序外，还可以结合自动化的冒烟测试，在编译通过后，自动运行冒烟测试用例的自动化脚本，从而使编译版本的初步质量得到评估和报告。还可以结合自动化的单元测试、代码规范检查等，可以说，每日构建是一个无人值守的自动化的基础平台。

① 每日构建能降低出现“次品”的风险，防止程序质量失控，使系统保持在一个可知的良好状态。并且能使故障的诊断变得容易，一旦每日构建不通过，则几乎可以马上判定问题是昨天的某个修改导致的。

② 每日构建可以有效地帮助测试人员自动执行某些类型的测试，达到持续测试的效果。同时还能节省测试人员的时间，测试人员在拿到一个新版本后，马上能投入正式的测试，不会因为一些无谓的错误导致测试无法执行下去。

③ 每日构建同时还是一个提高士气的机制，每天项目组的所有人都能看到构建出来的新版本增加了哪些新特性，看到能工作的产品，并且每天都比前一天多一些、增强一些，就像看到自己的孩子在茁壮地成长着，给所有人一种信心和鼓舞。

5.6 测试的记录和跟踪

测试的执行只能有两个结果：测试通过和测试不通过。测试不通过的话，测试人员就应该把发现的错误及时记录下来，报告给开发人员做出相应的修改。

Bug 记录是测试人员工作的具体表现形式，是测试人员与开发人员沟通的基础。因此，如何录入一个高质量的 Bug 是每一位测试人员都要考虑的问题。

缺陷也是有生命的，它从开发人员的手中诞生，到被测试人员发现，就像一个魔鬼被逮住了，又交回给开发人员亲手把它毁灭。当然也有魔鬼复活的时候，所以缺陷的跟踪对于缺陷的彻底清除来说是非常重要的。

5.6.1 Bug 的质量衡量

某些测试人员认为录入的 Bug 描述不清晰不要紧，如果导致开发人员误解的话，开发人员应该主动来找测试人员问个明白。

这话有一定的道理，这确实有一部分沟通上的问题。但是测试人员如果尽量清晰地描述缺陷，尽量让开发人员一看就明白是什么问题、甚至是什么原因引起的错误，这样就会节省更多沟通上的时间。

因此，需要引起测试人员注意的是，Bug 的质量除了缺陷本身外，描述这个 Bug 的形式载体也是其中一个衡量的标准。如果把测试人员发现的一个目前为止尚未出现的高严重级别的 Bug 称之为一个好 Bug 的话，那么如果录入的 Bug 描述不清晰、令人误解、难以按照描述的步骤重现的话，则会大大地有损这个好 Bug 的"光辉形象"。

5.6.2 如何录入一个合格的 Bug

那么如何录入一个大家认为好的，尤其是开发人员认为好的 Bug 呢？撰写缺陷报告的一个基本原则是客观地陈述所有相关事实。

一个合格的 Bug 报告应该包括完整的内容，至少包括图 5.30 所示的方面。

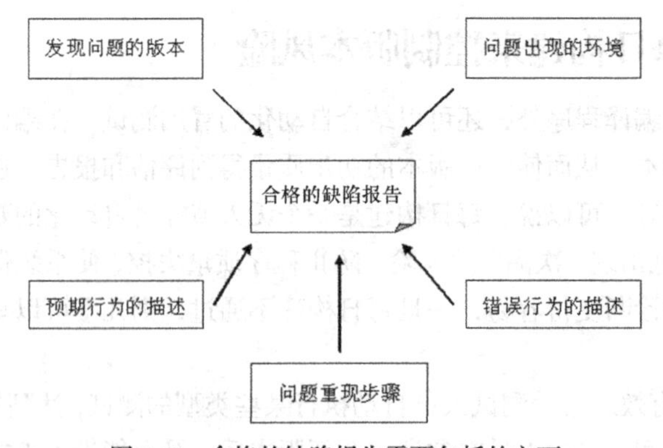

图 5.30 合格的缺陷报告需要包括的方面

5.6.3 Bug 报告应该注意的几个问题

Bug 的报告是测试人员辛勤劳动的结晶，也是测试人员价值的体现，同时也是与开发人员交流的基础。Bug 报告是否正确、清晰、完整，直接影响了开发人员修改 Bug 的效率和质量。因此，在报告 Bug 时，需要注意以下 4 个问题。

1. 不要出现错别字

测试人员经常找出开发人员关于界面上的错别字、用词不当、提示信息不明确等的问题。而可笑的是，测试人员在录入 Bug 的时候却同样是一大堆的错别字，描述不完整、不清晰，测试人员应该停止这样的无聊游戏了，所谓“己所不欲，勿施于人”。

2. 不要把几个 Bug 录入到同一个 ID

即使这些 Bug 的表面现象类似，或者是在同一个区域出现，或者是同一类问题，也应该一个缺陷对应录入一个 Bug。因为这样才能清晰地跟踪所有 Bug 的状态，并且有利于缺陷的统计和质量的衡量。

3. 附加必要的截图和文件

所谓“一图胜千言”，把错误的界面屏幕截取下来，附加到 Bug 报告中，可以让开发人员清楚地看到 Bug 出现时的情形。同时最好能在截图中用画笔圈出需要注意的地方。

说明

必要的异常信息文件、日志文件、输入的数据文件也可作为附件加到 Bug 报告中，方便开发人员定位和重现错误。

4. 录入完一个 Bug 后自己读一遍

就像要求程序员在写完代码要自己先编译并做初步的测试一样，应该要求测试人员在录入完一个 Bug 后自己读一遍，看语意是否通顺，表达是否清晰。

5.6.4 基于 QC 的缺陷管理

QC（Quality Center）是一个综合的测试管理工具，其中包含了缺陷管理和跟踪功能。

基于 QC 可以定制很多缺陷管理的功能，包括自定义缺陷状态名、缺陷状态变更权限和流程、自定义缺陷分类等。

另外 QC 还提供了多种方式的缺陷报告，例如，缺陷分类图、缺陷趋势图等，方便测试人员生成测试报告。

QC 还支持通过邮件发送缺陷，测试人员和开发人员可利用 QC 作为一个 Bug 的沟通平台。QC 的 R&D Comments 界面让开发人员和测试人员之间可以针对每一个 Bug 进行讨论。开发人员还可以把缺陷的修改过程和修改方法、错误出现的原因记录下来，作为开发知识库来使用。

在后面的章节将会详细介绍如何利用 QC 来进行缺陷管理。

5.7 回归测试

回归测试是测试人员最头疼的事情，因为回归测试意味着测试人员需要重复地执行相同的测试很多遍，很容易引起疲劳和失去测试的兴趣。频繁的回归测试也会使测试人员精力疲惫，渐渐失去了测试的创新。

5.7.1 为什么会回归

经常听到开发人员大叫起来：“它仅仅是一个很小很小的改动！我们怎么会预先想到它会造成

这么大的问题？”但是，确实会出现这样的情况，而且经常出现。

这就是软件的回归问题。所谓回归，也叫衰退，是指产品的质量从一个较高的水平回落到一个较低的水平。

① 回归（向后追溯）是软件系统的现实情况。即使之前是很好地工作的，但是不能确保它会在最近的“很小”的改变后也能工作。模块设计和充分的系统架构可以减少这种问题的出现，但是不能完全消除。

② 回归的问题根源是软件系统的内在复杂性。随着系统复杂性的增加，更改产生难以预见的影响的可能性也增加了。即使开发人员使用最新的技术也不可避免。

③ 随着系统构建的时间越长，回归的问题也会越多。在几年后，可能已经被更改了很多次，通常是由那些原本不在开发组中的人来修改的。即使这些人努力理解底层的设计和结构，也是很难做到与原本设计主题思想非常匹配的更改。这样的更改越多，系统变得越复杂，直到变得非常脆弱。

脆弱的软件就像脆弱的金属，被弯曲和扭转了这么多次以致对它做的任何事都可能导致它的破裂。当一个软件系统变得脆弱，人们实际上会很害怕改变它，因为知道对它做的任何事情都可能导致更多的问题。

易脆（不可维护）是旧的软件系统被替换的主要原因之一。

5.7.2 回归测试的难度

因为任何系统都需要回归，所以回归测试非常重要。但是谁有时间对每一个小的更改都完全地重新测试系统呢？对一个只是1周多点的开发，肯定不能承受1个月的完全重新测试整个系统。有一个星期的时间测试就很幸运了；更通常的情况是，只允许几天的时间。

时间紧迫是回归测试的最大困难，这是客观难度。但是更难的是要克服测试人员的疲劳思维这一主观上的难度。对于重复操作的相同功能，很难让人提起兴趣，就像每天吃鱼翅海鲜，要不了多久也会感到腻了。

对于一直能正常工作的功能模块，测试人员很容易潜意识上相信它是稳定的，不会出错的。

5.7.3 基于风险的回归测试

回归测试是永远都需要的。但是在非常有限的时间里测试一个“很小”的改动，怎么进行充分的回归测试呢？怎么知道查找哪些方面？怎么减少出现问题的风险呢？

现实中，即使当测试一个新的系统时，也总是有测试压力。总是没有足够的时间去完成所有应该完成的测试，因此必须充分利用可用的时间，用最好的方法去测试。在这种情况下必须使用“基于风险的测试方法”。

基于风险测试的本质是评估系统不同部分蕴含的风险，并专注于测试那些最高风险的地方。这个方法可能让系统的某些部分缺乏充分的测试，甚至完全不测试，但是它保证了这样做的风险是最低的。

“风险”对于测试与风险对于其他任何情况是一样的。为了评估风险，必须认识到它有两个截然不同的方面，即可能性和影响，如图 5.31 所示。

① “可能性”是指可能出错的机会。不考虑影响程度，仅仅考虑出现问题的机会有多大。

② “影响”是确实出错后会造成的影响程度。不考虑可能性，仅仅考虑出现问题的情况会有多么的糟糕。

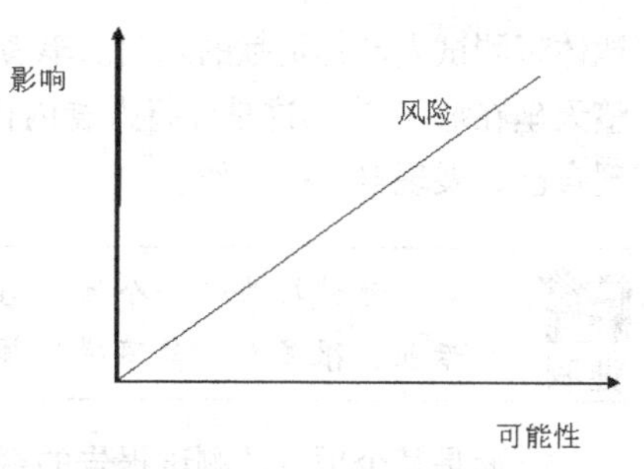

图 5.31　风险的高低由两方面决定

假设一个会计系统，更改了分期付款的利息。程序更改会用 3 天的时间，测试人员会用 2 天的时间来测试。因为不能在两天时间内完全充分测试这个会计系统，需要评估所作的更改给系统其他部分带来的风险。

- 分期付款模块的功能很可能会出错，因为这些是更改的部分。同时它们对系统来说影响相对重大，因为它们影响收入。既是高可能性的，又是高影响程度的，意味着系统的这部分必须投入充分的测试。
- 应收款模块拥有中等程度的错误可能性，因为改变的功能是这个模块的一个紧密组成部分。因为应收款模块影响收入，因此出错的影响程度是高的。所以应收款模块也需要投入足够的测试关注，因为它拥有中-高程度的风险。
- 总账模块拥有低程度的错误可能性。但是如果出现错误则会对公司有重大的影响。因此总账模块拥有低-高程度的风险。
- 最后，应付款出错的可能性很低，因为更改功能与它没有什么关系。而且这个模块错误后的影响最多也是中等程度的。因此拥有低-中程度风险，不需要投入太多的测试。

通过分析和利用这些风险信息，可能选择这样分配测试资源。

- 50%的测试专注于新改的分期付款模块。
- 30%的测试放在应收款模块。
- 15%的测试放在总账模块。
- 5%的测试时间放在应付款模块。

使用基于风险的测试策略不能保证完全没有回归，但是会显著地减少对一个大系统进行的小更改引起的风险。

虽然使用基于风险的测试策略也能部分地解决测试人员的思维疲劳问题，因为它通过一些策略性的删减，使测试重复量减少了，但是它不能完全消除这种疲劳思维。因此还需要在测试的适当阶段引入新的测试人员来补充测试，让新加入的测试人员带入新的“空气”。

5.8　测试总结和报告

测试人员的工作通常不能像开发人员那样能直接体现出来，被大家直观地看到。开发人员做的是建设性的工作，开发了哪些功能，写了几行代码，设计了几个类，都能直观地看到，最重要的是软件能很鲜活地演示开发人员的工作。

但是测试人员的工作相对隐蔽一点，测试人员做的是破坏性的工作，并且没有很多可以直观地体现测试人员的贡献的东西。笔者曾经听到公司的人事部的一位同事说："你们做测试的真好，整天坐在那。"当然这是外行人看内行说的话。但是给笔者的一个启示是：测试人员需要更多地表现自己，展现自己的工作。

测试报告是一个展示自己工作的机会。缺陷列表太细了太多了，测试用例有点过于专业，很多人对其不感兴趣。但是测试报告是很多人会看的一份文档。

下面是某个项目的测试报告的纲要。

1 简介
1.1 编写目的
1.2 项目背景
1.3 术语和缩略词
1.4 参考资料
2 目标及范围
2.1 测试目的及标准
2.2 测试范围
3 测试过程
3.1 测试内容
3.2 测试时间
3.3 测试环境
3.4 测试方法及测试用例设计
4 测试情况分析
4.1 测试概要情况
4.2 测试用例执行情况
4.3 缺陷情况
4.4 测试覆盖率分析
4.5 产品质量情况分析
5 测试总结
5.1 测试资源消耗情况
5.2 测试经验总结
6 附件
附件 1 测试用例清单
附件 2 缺陷清单

5.8.1 缺陷分类报告

缺陷分类报告是测试报告的重要组成部分。可以再细分为缺陷类型分布报告、缺陷区域分布报告、缺陷状态分布报告等。

5.8.2 缺陷趋势报告

缺陷趋势报告主要描述一段时间内的缺陷情况，如果项目管理比较规范，缺陷管理和测试流程比较正常的话，从缺陷趋势报告还可以估算出软件可发布的日期。

图 5.32 的缺陷趋势图表示在 2001 年 9 月 3 日到 2001 年 9 月 24 日之间的 Bug 状态变化。

从图 5.32 可以看出，Open 状态的 Bug 在不断地增加，Fixed 状态的 Bug 在 2001 年 9 月 16 日后开始骤然下降，有可能是这段时间开发人员在集中开发新的功能，忽略了 Bug 的修改工作。

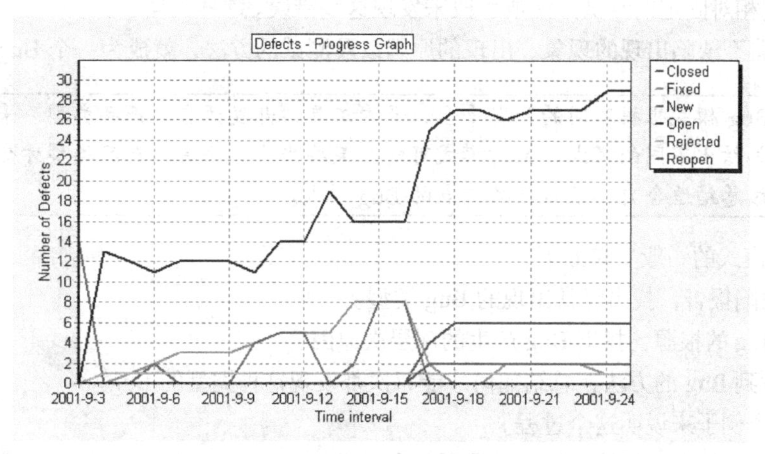

图 5.32　缺陷趋势图

发现并录入 Bug，与修改并关闭 Bug 是一对互相对冲的两个变量，软件产品就是在这样的此消彼涨的过程中不断完善和改进质量的。有经验的项目经理和测试人员会非常关注这样的发展曲线，从而判断项目产品的质量状态和发展趋势。笔者曾经在某个项目中与一位项目经理在项目的待发布阶段每天都在观察缺陷趋势图，这位项目经理甚至把它笑称为软件产品的“股市”技术图。

但是确实能从这些图中看出一个产品的质量趋势，如果项目管理得比较规范的话，甚至可以从这些图的某些关键点推算出可发布版本的日期。在微软的项目管理中，把这种关键点称为零 Bug 反弹点。例如，图 5.33 中就有几个零 Bug 反弹点（用圆圈圈住的地方）。

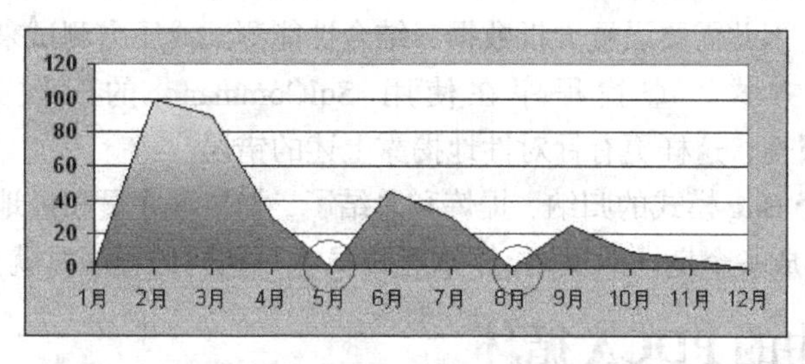

图 5.33　零 Bug 反弹

项目在第一次达到零缺陷，即所有 Bug（或者大部分 Bug）都基本处理掉了，没有发现新的 Bug 时，还不能马上就发布版本。因为 Bug 会反弹，由于缺陷的“隐蔽特性”和“免疫特性”，第一个零缺陷点是一个质量安全的假象，测试人员很快就会在新版本中发现更多的 Bug，有些项目甚至要到了第三个或第四个零 Bug 点才能安全地发布。这取决于项目的实际控制方式。

5.8.3　典型缺陷与 Bug 模式

软件开发有设计模式，测试其实也有模式存在，需要测试人员进行总结和归纳。从经常重复出现的 Bug 中学习，总结出 Bug 模式，用于指导测试，如果开发人员能关注这些 Bug 模式，还能起到预防错误的效果。

要成为典型缺陷，必须满足以下条件。

① 重复出现、经常出现。

② 能代表某种类型的错误。

③ 能通过相对固定的测试方法或手段来发现这些错误。

总结这些典型缺陷出现的现象、出现的原因以及测试的方法，就成为一个Bug模式。

说明

Bug模式根据不同的开发平台、开发工具、开发语言、产品类型、采用的架构等，可以总结出不同的模式，某种模式可能在某些平台、语言、产品类型才会出现。测试人员应该总结适合自己项目产品特点的Bug模式。

提炼Bug模式的一般步骤如下。

① 分析缺陷报告，找出经常出现的Bug类型。

② 分析Bug的根源，找出Bug产生的深层次原因。

③ 分析找到Bug的方法，总结如何才能每次都发现这种类型的Bug。

下面举一个例子来说明这个过程。

首先，测试人员在分析缺陷报告时发现，有一类Bug经常出现，并且错误现象一致：执行某功能时提示Time Out。

测试人员跟程序员一起分析原因，发现这些错误都是发生在操作数据库时，发送的SQL语句被数据库长时间执行未返回，因此提示Time Out。再进一步的分析表明，.NET的SqlCommand的CommandTimeOut属性是用于获取或设置在终止执行命令的尝试并生成错误之前的等待时间。等待命令执行的时间（以秒为单位）默认为30秒，而数据库操作在较大数据量的情况下一般都需要超过这个时间，因此会提示超时的错误信息。

这样就可以把这类型的Bug归纳为数据库操作超时Bug模式。

那么如何才能找出这样的Bug呢？一般情况下，这类Bug基本上不会出现，只有数据量达到一定的程度才会出现，因此需要设置大批数据，结合性能测试或压力测试来发现此类问题。当然也可以通过白盒的方式，查找程序在使用SqlCommand的时候是否合理地设置了CommandTimeOut的属性，这样更有针对性地揭露上述的错误。

这样就完成了一个Bug模式的归纳、提炼和总结了，如果程序员积极地参与到这个总结和分析的过程中来，则可形成一个良性的反馈，下次程序员在写相同的程序时就会避免类似的错误了。

5.8.4 测试中的PDCA循环

PDCA循环是一个放之四海皆准的原则。在软件测试的过程中，也充斥着各种PDCA循环。PDCA循环是一个自我完善和改进的全闭环模型，如图5.34所示。对于质量的不断提高和改进非常有效。

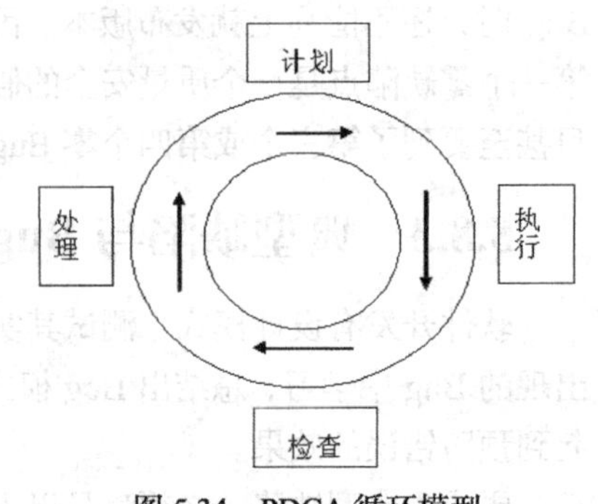

图5.34 PDCA循环模型

在软件测试中应用PDCA循环的目的是为了提高测试质量和产品质量。大到整个测试的过程，小到一个测试执行或者录入一个Bug，都可以体现PDCA的精神。

① 制定好测试计划，执行测试计划，通过测试执行和结果来检查测试计划制定的合理性，然后分析计划偏离的原因，把总结出来的经验用于指导下一次测试的计划，这样就形成了一个PDCA循环过程。

② 编写一份测试报告或者一个Bug也可以应用

PDCA 循环，先策划好报告的主题和内容，打好腹稿，再写下来，写完要检查，看是否准确，是否有错别字，然后提交审核，对提出的意见进行分析，总结写得不好的地方，把总结的经验用于指导下一次报告的编写，这样的过程同样是一个 PDCA。

③ 编写测试用例也是一个 PDCA，计划测试用例的编写方式，先搭建起测试用例的大纲和框架，然后设计和编写测试用例，自己检查或与同行一起交叉检查，最后通过评审来发现更多的问题，看自己还有哪些没有考虑周全的、设计得不完善的地方，或者通过执行测试用例发现 Bug，再根据执行的情况和 Bug 的情况来分析测试用例的有效性，把这些总结出来的经验用于指导下一次的测试用例设计。

④ 测试的执行过程则是一个可间接用于改进产品质量和程序员能力的 PDCA 循环。首先开发人员写出代码，策划出拥有一定质量水平的产品，测试人员对产品执行测试，发现 Bug，通过分析 Bug 出现的原因，对开发人员的开发方式做出新的指导，从而避免下一次错误的出现。通过这种方式改进质量，同时也提高了程序员编写高质量代码的能力，把错误遏制在产生的源头地带。

5.8.5　客观全面的测试报告

测试需要以一个完美的方式结束，编写一份出色的测试总结报告可为一个完美的测试过程画上一个完美的句号。

一份测试报告应该包括测试的资源使用情况：投入了多少测试人员、多长时间。还应该包括执行了多少测试用例、覆盖了多少功能模块等。

当然少不了对测试对象的缺陷分析，包括共发现了多少缺陷，缺陷的类型主要是哪些，缺陷集中在哪些功能模块，缺陷主要发生在哪几个开发人员的身上。这些信息都是大家关心的，需要及时报告出来，项目经理或 QA 需要根据这些信息做出决策。

报告应该尽可能客观、尽可能全面地反应测试的情况和缺陷的情况。

5.8.6　实用测试经验的总结

测试总结报告应该包括测试过程的成功和失败的经验。大到测试的过程管理经验，小到具体某个 Bug 的分析总结，或者是与开发人员合作交流的经验，都可以总结出来。

① 测试总结报告应该分析测试的整个过程，是否合理安排了测试资源，测试进度是否按计划进行，如果没有是什么原因，如何避免下次出现类似的问题。风险是如何控制的？出现了什么意外情况？下次能否预计到这些问题？等等。

② 测试报告还可以包括某些专门类型的测试的经验总结，例如性能测试采用了什么好的方法？碰到的问题是如何解决的？自动化测试脚本如何编写？应该选取哪些功能模块进行自动化测试？

③ 测试总结报告应该包括对测试用例的分析、测试用例的设计经验总结、哪些用例设计得好，能非常有效地发现 Bug，这些总结的内容不仅是对本项目组的测试人员有很好的借鉴作用，对于其他项目组的测试人员也会有很多启发作用。

④ 如果能分析总结出 Bug 模式，那么总结报告还应该包括 Bug 模式的总结。

5.9 小 结

软件测试过程应该是一个完整的 PDCA 循环。测试不应该在执行完最后一个测试用例后就戛然而止了，应该用一份出色的测试总结报告给这次测试画上一个句号。并且使用这次测试总结出来的经验和教训指导下一次测试的设计和执行。

测试就像进行一场战争，敌人不是开发人员，而是可恶的、狡猾的、隐蔽的 Bug。测试人员应该与开发人员成为亲密的战友，共同对万恶的 Bug 展开一场轰轰烈烈的歼灭战，并且最好能把它们消灭在产生的源头。

5.10 习 题

一、选择题

1. 软件测试的各个阶段不包括________。

A. 测试需求的分析和确定　　B. 测试设计

C. 测试记录和缺陷跟踪　　D. 测试讨论

2. 通过检查需求规格说明书的以下哪些方面来衡量需求规格说明书的质量________（多选）。

A. 正确性　　B. 必要性　　C. 完整性　　D. 可测性

3. 项目的 4 个因素由不同的文档来覆盖，成本由________覆盖。

A. 项目计划　　B. 合同　　C. 需求文档　　D. QA 计划或测试计划

4. 闭区间的取值不包括________。

A. 上点　　B. 内点　　C. 外点　　D. 离点

5. 测试环境的搭建不包括________。

A. 测试管理方案　　B. 测试机器

C. 安装包　　D. 网络环境

6. 典型缺陷必须满足的条件不包括________。

A. 重复出现、经常出现

B. 能代表某种类型的错误

C. 能通过相对固定的测试方法或手段来发现这些错误

D. 未修改完全的错误

二、填空题

1. PDCA 循环是指：________________________。

2. 测试用例的设计一般采用如下方法：________________________。

3. ________________是一个 Bug 的整个生命周期。

4. 一般缺陷报告应该包括：________________________。

5. 制定测试计划包括：确定测试范围、________________、________________、进度安排、风险及对策。

第 2 篇 软件测试的技术与工具

- 第 6 章　软件测试技术
- 第 7 章　测试管理工具 QC 的应用
- 第 8 章　功能自动化测试工具 UFT 的应用
- 第 9 章　性能测试工具 LoadRunner 的应用
- 第 10 章　安全漏洞的分析与测试
- 第 11 章　单元测试工具 MSTest 的应用
- 第 12 章　开源测试工具
- 第 13 章　用户界面测试管理
- 第 14 章　自动化测试项目实战

第 6 章 软件测试技术

软件测试是一门需要不断学习和补充新知识的学科，要想成为一名优秀的测试员就必须像练武之人想成为一名武林高手一样不断研习武艺，博采众家之长，消化吸收后据为已有，这样才能最终称霸武林，并且立于不败之地。

本章主要介绍软件测试的各种主要技术，这些技术需要结合到具体的项目和软件中使用，任何抛开具体上下文的软件测试技术都是虚谈。

6.1 常见的软件测试技术

在外行人看来，软件测试其实没什么技术可言，甚至有人认为测试无非是在摆弄一下软件的功能，只要懂得使用鼠标就足够了。按这种观点来看，测试人员只要练好鼠标移动和精确定位技术、练好键盘输入技术、打字速度足够快就可以了，但这些无疑是不够的。

6.1.1 黑盒测试

黑盒测试一种把软件产品当成是一个黑箱，这个黑箱有入口和出口，测试过程中只需要知道往黑箱输入什么东西，知道黑箱会出来什么结果就可以了，不需要了解黑箱里面具体是怎样操作的。这当然很好，因为测试人员不用费神去理解软件里面的具体构成和原理。测试人员只需要像用户一样看待软件产品就行了，如图 6.1 所示。

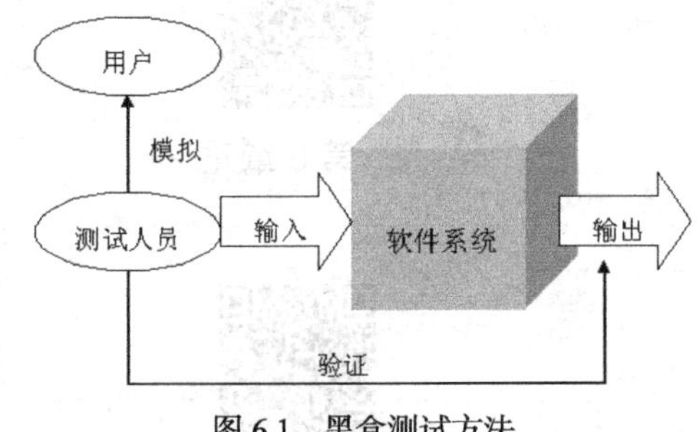

图 6.1 黑盒测试方法

例如，银行转账系统提供给用户转账的功能，则测试人员在使用黑盒测试方法时，不需要知道转账的具体实现代码是怎样工作的，只需要把自己想象成各种类型的用户，模拟尽可能多的转账情况来检查这个软件系统能否按要求正常实现转账功能即可。

但是如果仅仅像用户使用和操作软件一样去测试是否足够呢？黑盒测试可能存在一定的风险。例如某个安全性要求比较高的软件系统，开发人员在设计程序时考虑到记录系统日志的必要性，把软件运行过程中的很多信息，都记录到了客户端的系统日志中，甚至把软件客户端连接服务器端的数据库连接请求字符串，也记录到了系统日志中，像下面的一段字符串：

```
"Data Source=192.168.100.99;Initial Catalog=AccountDB;User ID=sa;PassWord=123456;
```

那么按照黑盒测试的观点，这是程序内部的行为，用户不会直接操作数据库的连接行为，因此检查系统日志这方面的测试是不会做的。而这明显构成了一个 Bug，尤其对于安全性要求高的软件系统，因为它暴露了后台数据库账号信息。

有人把黑盒测试比喻成中医，做黑盒测试的测试人员应该像一位老中医一样，通过“望、闻、问、切”的方法，来判断程序是否“有病”。这比单纯的操作黑箱的方式进了一步，这个比喻给测试人员一个启示，不要简单地看和听，还要积极地去问，积极地去发现、搜索相关的信息。应该综合应用中医看病的各种“技术”和理念来达到找出软件“病症”的目的，具体如下所示。

- “望”：观察软件的行为是否正常。
- “闻”：检查输出的结果是否正确。
- “问”：输入各种信息，结合“望”“闻”来观察软件的响应。
- “切”：像中医一样给软件“把把脉”，敲击一下软件的某些“关节”。

6.1.2 白盒测试

如果把黑盒测试比喻成中医看病，那么白盒测试无疑就是西医看病了。测试人员采用各种仪器设备对软件进行检测，甚至把软件摆上手术台解剖开来看个究竟。白盒测试是一种以理解软件内部结构和程序运行方式为基础的软件测试技术。通常需要跟踪一个输入在程序经过了哪些函数的处理，这些处理方式是否正确，这个过程如图 6.2 所示。

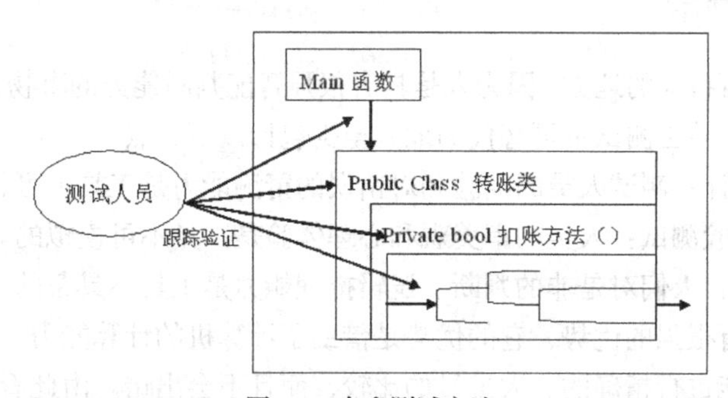

图 6.2 白盒测试方法

在很多测试人员，尤其是初级测试人员看来，白盒测试是一种只有非常了解程序代码的高级测试人员才能做的测试。熟悉代码结构和功能实现的过程当然会对测试有很大的帮助，但是从黑盒测试与白盒测试的最大区别可以看出，有些白盒测试是不需要测试人员懂得每一行程序代码的。

如果把软件看成一个黑箱，那么白盒测试的关键是给测试人员戴上一副 X 光透视眼镜，测试人员通过这副 X 光透视眼镜可以看清楚给软件的输入在这个黑箱中是怎样流转的。

一些测试工具就像医院的检测仪器一样，可以帮助了解程序的内部运转过程。例如，对于一个与 SQL Server 数据库连接的软件系统，可以简单地把程序的作用理解为：把用户输入的数据通过 SQL 命令请求后台数据库，数据库把请求的数据返回给程序的界面层展示给用户。那么 SQL Server 自带的工具事件探查器，则可以说是一个检查 SQL 数据传输的精密仪器。它可以记录软件客户端与服务器数据库之间交互的一举一动，从而让测试人员可以洞悉软件究竟做了哪些动作。

在测试过程中，应该综合应用黑盒测试和白盒测试，按需要采用不同的技术组合。不要用黑盒测试和白盒测试来划分自己属于哪一类测试人员，一个优秀的测试人员应该懂得各种各样的测试技术和找 Bug 的手段。

6.1.3 自动化测试

自动化测试是软件测试发展的一个必然结果。随着软件技术的不断发展，测试工具也得到长足的发展，人们开始利用测试工具来帮助自己做一些重复性的工作。软件测试的一个显著特点是重复性，重复让人产生厌倦的心理，重复使工作量倍增，因此人们想到用工具来解决重复的问题。

很多人一听到自动化测试就联想到基于 GUI 录制回放的自动化功能测试工具，例如 QTP、Robot、WinRunner、Selenium 等。而实际上自动化测试技术包括了广泛的方面，任何帮助流程的自动流转、替换手工的动作、解决重复性问题、大批量产生内容，从而帮助测试人员进行测试相关工作的技术或工具的使用都叫自动化测试技术。

例如，一些测试管理的工具帮助测试人员自动地统计测试结果产生测试报告，编写一些 SQL 语句插入大量数据到某个表，编写脚本让版本编译自动进行，利用多线程技术模拟并发请求，利用工具自动记录和监视程序的行为以及产生的数据，利用工具自动执行界面上的鼠标单击和键盘输入等。

自动化测试的目的是帮助测试，它可能部分地替代手工测试，但是在最近的将来都不可能完全替代手工测试。

6.1.4 手工测试

手工测试有其不可替代的地方，因为人是具有很强智能判断能力的事物，而工具是相对机械、缺乏思维能力的东西。手工测试不可替代的地方至少包括以下 3 点。

① 测试用例的设计：测试人员的经验和对错误的猜测能力是工具不可替代的。

② 界面和用户体验测试：人类的审美观和心理体验是工具不可模拟的。

③ 正确性的检查：人们对是非的判断、逻辑推理能力是工具不具备的。

但是自动化测试有很强的优势，它的优势是借助了计算机的计算能力，可以重复地、不知疲倦地运行，对于数据能进行精确的、大批量的比较，而且不会出错。由此看来，手工测试和自动化测试一个都不能少，应该有机结合，充分利用各自的优势，为测试人员找 Bug 提供各种方法和手段。

自动化测试的应用是一个需要详细考虑的问题，尤其是自动化测试工具的引入问题。

不要为了应用工具而进行自动化测试，工具是为了自动化测试而产生的，有些时候工具可能完全失效，因为工具不可能满足和适应所有软件的具体上下文。这时候，就需要测试人员自己动手编写程序或脚本来实现自动化了。

6.1.5 单元测试

单元测试是针对软件设计中的最小单位——程序模块，进行正确性检验的测试工作。其目的在于发现每个程序模块内部可能存在的差错。由于敏捷开发的兴起，单元测试这个曾经的“昔日黄花”再度被受到追捧。没有采用敏捷开发方式的软件企业也在重新审视单元测试的重要性。

对于单元测试的定义，应该分成广义的和狭义的两种定义。狭义的单元测试是指编写测试代码来验证被测试代码的正确性。广义的单元测试则是指小到一行代码的验证，大到一个功能模块的功能验证，从代码规范性的检查到代码性能和安全性的验证都包括在里面，视单元的范围而定义。

关于单元测试应该由谁来做，存在两种截然不同的对立观点。一部分人认为单元测试既然是测试的一种类型，当然应该由测试人员负责；另一部分人，则认为开发人员应该通过编写单元测试的代码来保证自己写的程序是正常工作的。

（1）支持单元测试应该由开发人员执行的人认为，单元测试是程序员的基本职责，程序员必须对自己所编写的代码保持认真负责的态度。由程序员来对自己的代码进行测试的代价是最小的，却能换来优厚的回报。在编码过程中考虑测试问题，得到的是更优质的代码，因为这个时候程序员对代码应该做什么了解得最清楚。

如果不这样做，而是一直等到某个模块崩溃，到那时候则可能已经忘记代码是怎样工作的，需要花费更多的时间重新弄清楚代码的思路，而且唤回的理解可能不是那么地完整，因此修改的代码往往不会那么彻底。

（2）但是基于程序员不应该测试自己的代码的原则，也有不少人认为单元测试应该由测试人员来做。程序员往往有爱护自己的程序的潜在心理，所以不忍心对程序进行破坏性的测试，另外，程序员往往缺乏像测试人员一样敏锐的测试思维，很难设计出好的测试代码。

说明

广义的单元测试不仅包括编写测试代码进行单元测试，还包括很多其他的方面，例如代码规范性检查，则完全可以由测试人员借助一些测试工具进行。

关于单元测试应该由谁来完成，两边各持己见，争论了很多年。直到极限编程、测试驱动开发模式（TDD）出现，好像把两边的观点作了一个综合。

TDD把单元测试的地位提高到了史无前例的最高点，倡导测试先行、用测试驱动开发。测试是最好的设计，在编写代码之前就要把测试想好，这样在编写代码时才胸有成竹。有人举了两个工匠砌墙的例子来说明TDD。

工匠一的做法：先将一排砖都砌完，再拉上一根水平线，看看哪些砖有问题，再进行调整，如图6.3所示。

工匠二的做法：先拉上一根水平线，砌每一块砖时，都与这根水平线进行比较，使得每一块砖都保持水平，如图6.4所示。

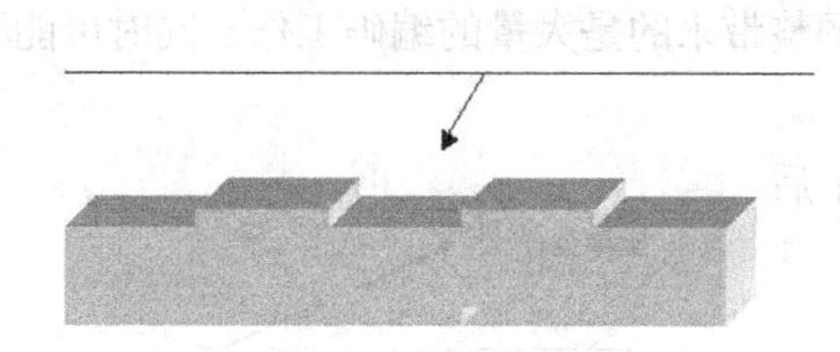

图6.3 工匠一的做法

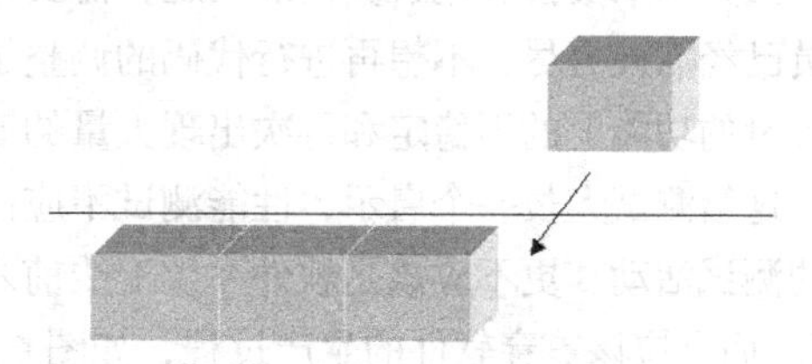

图6.4 工匠二的做法

一般会认为工匠一浪费时间，然而想想平时在编写程序的时候很多人不也是这样做的吗？

TDD认为应该尽早进行测试，甚至在代码还没出来之前就先编写测试代码进行测试。如果是这样的话，很明显应该由开发人员进行单元测试了，程序员责无旁贷地要担负起单元测试的职责。

但是反对这样做的人则认为测试人员应该与开发人员进行结对的单元测试，测试人员的优势是敏锐的测试思维和测试用例设计能力，应该充分利用测试人员的这些优点。一个可行的办法是：

把两种观点结合在一起，让测试人员设计测试用例，开发人员编写测试代码实现测试用例，再由测试人员来执行测试用例。也就是让测试人员和开发人员结对进行单元测试，如图 6.5 所示。

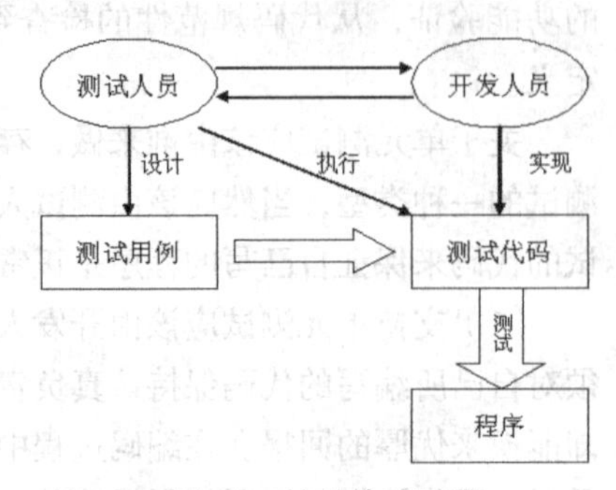

图 6.5 结对单元测试

开发人员与测试人员在单元测试的过程中必须紧密地合作，一起讨论应该进行哪些测试，测试的思路是怎样的，应该添加哪些测试的数据。

① 开发人员提供程序设计的思路、具体实现过程、函数的参数等信息给测试人员。

② 测试人员根据了解到的需求规格、设计规格进行测试用例的设计，指导开发人员按照测试用例进行测试代码的设计。

③ 测试人员运行开发人员编写的测试代码进行单元测试以及结果的收集、分析，或者利用单元测试工具让单元测试代码自动运行。

结对单元测试要求测试人员对需求的把握能力要比较强，而且对设计和编码有基本的认识。开发人员在结对单元测试中能更好地按需求进行代码设计，同时也能从测试人员身上学到更多关于测试的知识，提高代码质量意识，以及养成防出错的代码编写习惯。

6.1.6 性能测试

随着网络的发展，软件也越来越复杂，从独立的单机结构，到 C/S 结构的、B/S 结构的、多层体系架构的、面相服务的（SOA），集成的软件技术也来越多，支持的软件用户使用个数也越来越多。一个凸显在人们面前的问题是性能问题。很多软件系统在开发测试时没有任何问题，但是上线不久就崩溃了，原因就是缺少了性能方面的验证。

但是，是否在上线之前进行性能测试就能解决问题呢？不一定，如果性能测试进行得太晚，会带来修改的风险。很多软件系统在设计的时候没有很好地考虑性能问题和优化方案。等到整个软件系统开发出来后，测试人员忙着集成测试，开发人员也疲于应付发现功能上的 Bug，等到所有功能上的问题都得到解决后，才想到要进行性能测试。

性能测试结果表明系统存在严重的性能问题，响应时间迟缓，内存占用过多，不能支持大量的数据请求，在大量用户并发访问的情况下系统崩溃。但是这时候，再去修改程序已经非常困难了，因为如果要彻底地解决性能问题，需要重新调整系统的架构设计，大量的代码需要重构，程序员已经筋疲力尽，不想再进行代码的调整了，因为调整带来的是大量的编码工作，同时可能引发大量的功能上的不稳定和再次出现大量的 Bug。

这给测试人员一个启示，性能测试不应该只是一个后期的测试活动，更不应该是软件系统上线前才进行的“演练”。而是应该贯穿软件的生产过程，如图 6.6 所示。

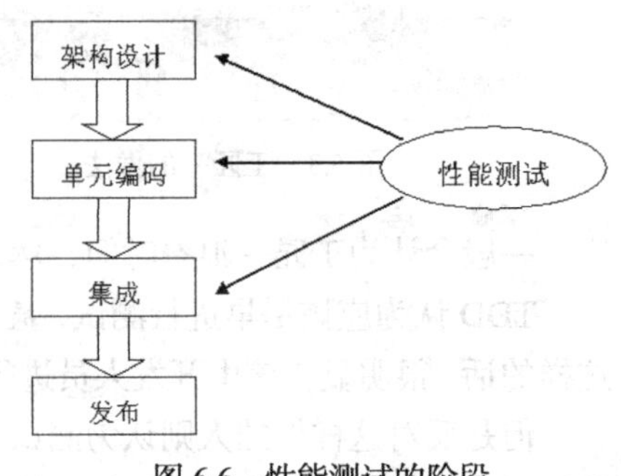

图 6.6 性能测试的阶段

对于性能的考虑应该在前期的架构设计的时候就开始，对于架构原型要进行充分的评审和验证。因为架构设计是一个软件系统的基础平台，如果基础不好，也就是根基不牢，性能问题就会根深蒂固，后患无穷。

性能测试应该在单元测试阶段就开始。从代码的每一行效率，到一个方法的执行效率，再到一个逻辑实现的算法的效率；从代码的效率，到存储过程的效率，都应该进行优化。单元阶段的性能测试可以从以下 3 个方面进行考虑。

① 代码效率评估。

② 应用单元性能测试工具。

③ 数据库优化。

应该注意每一行代码的效率，所谓“积少成多，水滴石穿”，一些看似细小的问题可以经过多次的执行累积成一个大的问题，就是一个量变到质变的过程。例如，在用 C#编写代码的时候，有些程序员喜欢在一个循环体中使用 string 变量来串接字符，类似下面的代码：

```
static void Loop1()
{
        string digits = string.Empty;

        for(int i=0;i<100;i++)
        {
                //累加字符串
              digits+=i.ToString();
        }
        Console.WriteLine(digits);
}
```

这样一段代码其实是低效率的，因为 string 是不可变对象，字符串连接操作并不改变当前字符串，只是创建并返回新的字符串，因此速度慢，尤其是在多次循环中。应该采用 StringBuilder 对象来改善性能，例如下面的代码就会快很多：

```
static void Loop2()
{
       //新建一个 StringBuilder 类
       StringBuilder digits = new StringBuilder();

       for(int i=0;i<100;i++)
       {
           //通过 StringBuilder 类来累加字符串
           Digits.Append(i.ToString());
       }
       Console.WriteLine(digits.ToString());
}
```

类似的问题有很多，它们的特点是单个问题都很小，但是在一个庞大的系统中，经过多次的调用，问题会逐渐地被放大，直到爆发。这些问题都可以通过代码走查来发现。

技巧

如果测试人员不熟悉代码怎么办呢？那么可以借助一些代码标准检查工具，例如 FxCop、.TEST 等，来帮助自动查找类似的问题。

测试人员可以使用一些代码效率测试工具来帮助找出哪些代码或者方法在执行时需要耗费比较长的时间，例如 AQTime 是一款可以计算出每行代码的执行时间的工具。从图 6.7 所示的图中可以看到每一个方法甚至每一行代码的执行时间是多少。这对开发人员在寻找代码层的性能瓶颈时，也会有很大的帮助作用。

除了代码行效率测试工具外，最近还出现了一些开源的单元级别的性能测试框架，可以像使用 XUnit 这一类的单元测试框架一样，但是不是用于测试单元代码的正确性，而是用于测试函数、方法的性能是否满足要求。例如 NTime 就是这样的一个小工具。

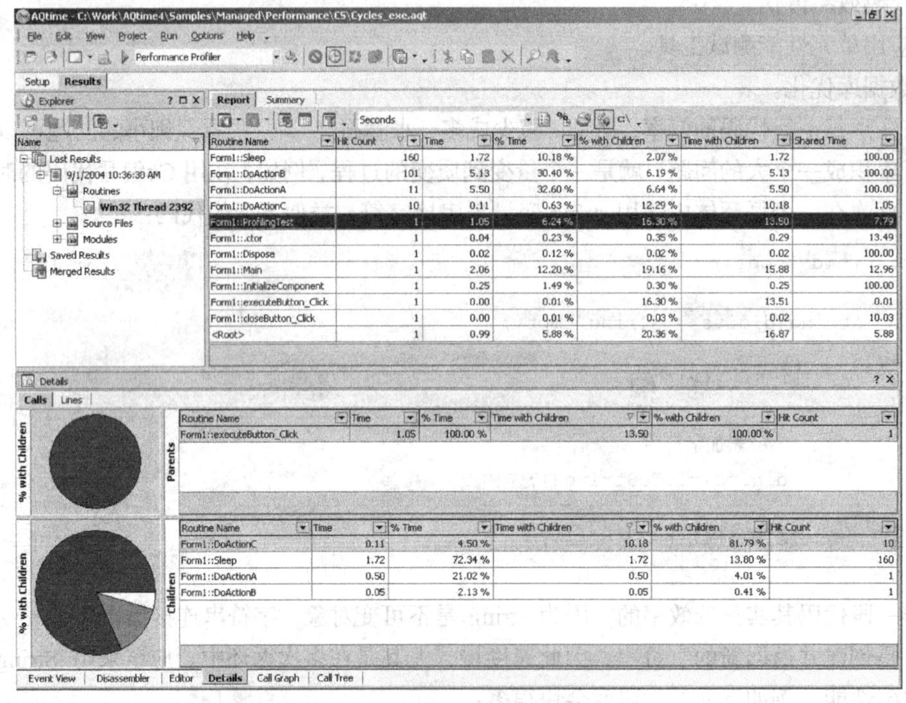

图 6.7 使用 AQTime 寻找低效率的代码行

NTime 可以并发地运行同一个方法多次，看能否达到预期的性能指标。例如，下面代码使用 NTime 框架启动 2 个线程，在 1 秒钟内并发地执行 MyTest 方法多次：

```
[TimerHitCountTest(98,Threads = 2,Unit = TimePeriod.Second)]
Public void MyTest()
{
        //调用被测试的方法
        MethodToBeTest();
}
```

如果测试结果表明能执行超过 98 次，则认为“MethodToBeTest”方法的性能达标，否则将被视为不满足性能的要求。

前面讲的都是代码层的性能测试，而目前很多软件系统都需要应用到数据库，数据库也往往成为性能的瓶颈之一。图 6.8 所示的是一个简单 C/S 结构系统可能出现性能瓶颈的地方。

那么测试人员应该如何发现数据库相关的性能问题呢？

首先要分析什么会引起数据库的性能问题，一般来说有两个主要原因，即数据库的设计和 SQL 语句。

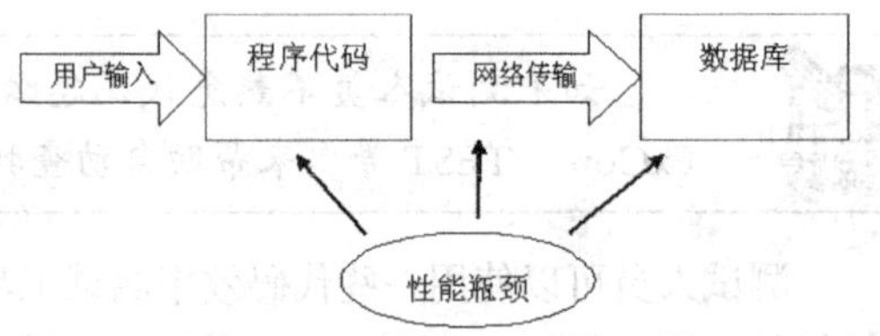

图 6.8 简单 C/S 结构系统可能出现性能瓶颈的地方

① 数据库的设计又分为数据库的参数配置和逻辑结构设计，前一种比较好解决，后一种则是测试人员需要关注的，糟糕的表结构设计会导致很差的性能表现。例如，没有合理地设置主键和

索引则可能导致查询速度大大降低，没有合理地选择数据类型也可能导致排序性能降低。

② 低效率的 SQL 语句是引起数据库性能问题的主要原因之一。其中又包括程序请求的 SQL 语句和存储过程、函数等 SQL 语句。对于这些语句的优化能大幅度地提高数据库性能，因此是测试人员需要重点关注的对象。

可以借助一些工具来帮助找出有性能问题的语句，例如 SQL Best Practices Analyzer、SQL Server 数据库自带的事件探查器和查询分析器、LECCO SQLExpert 等。

6.1.7　压力测试

是否想知道软件系统在某方面的能力可以达到一个怎样的极限呢？软件项目的管理者还有市场人员会尤其关心压力测试的结果，想知道软件系统究竟能达到一个怎样的极限。压力测试（Stress Testing）就是一种验证软件系统极限能力的性能测试。

压力测试（Stress Testing）与负载测试（Load Testing）的区别在于，负载测试需要进行多次的测试和记录，例如随着并发的虚拟用户数的增加，系统的响应时间、内存使用、CPU 使用情况等方面的变化是怎样的。而压力测试的目的很明确，就是要找到系统的极限点，在系统崩溃或与指定的性能指标不符时的点，就是软件系统的极限点，如图 6.9 所示。

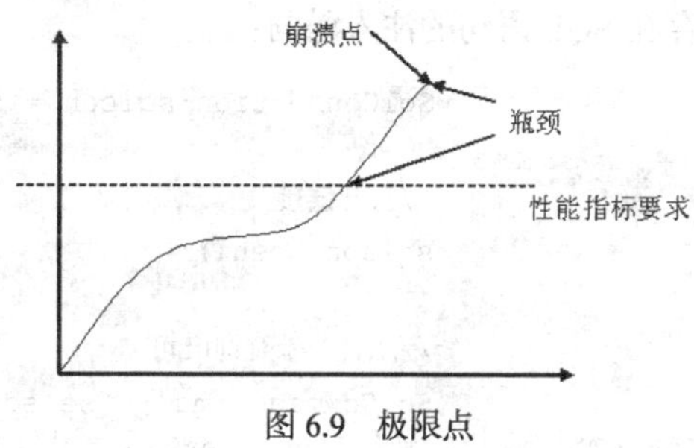

图 6.9　极限点

实际上，在做性能测试的过程中不会严格区分这些概念，它们的界限有些模糊。对于测试人员来说，更关心的是如何满足性能需求，如何进行性能测试。

经常碰到性能需求不明确的时候。用户通常不会明确地提出性能需求，在进行需求分析和设计时也通常把性能考虑在后面。即使提出了性能上的要求，也是很模糊的，例如，“不能感觉到明显的延迟。”

对于不明确的性能需求，通常需要进行的不是极限测试，而是负载测试，需要逐级验证系统在每一个数据量和并发量的情况下的性能响应，然后综合分析系统的性能表现形式。

6.1.8　安全测试

是否还记得个人电脑 286、386 的时代？那时候的部分机器会随机附送一个钥匙，它是用来打开锁住计算机开关的。伴随着网络出现的问题是安全问题，黑客问题，仅仅锁住电脑或者关掉电源就万事大吉的时代一去不复返了。人们在上网的时候经常担心病毒、黑客。B2B、B2C 等网上交易和电子商务行业也因为安全的原因发展速度不快。

安全性测试是一个迫切需要进行的测试，测试人员需要像一个黑客一样攻击软件系统，找到软件系统包含的安全漏洞。

一些设计不当的网站系统可能包含很多可以被利用的安全漏洞，这些安全漏洞如同给远程攻击者开了一个后门，让攻击者可以方便地进行某些恶意的活动。例如，公共漏洞和披露网站 CVE（Common Vulnerabilities and Exposures）公布了 Element InstantShop 中的 Web 网页 add_2_basket.asp 的一个漏洞项，允许远程攻击者通过隐藏的表单变量“price”来修改价格信息。这个表单的形式如下：

```
<INPUT TYPE = HIDDEN NAME = "id" VALUE = "AUTO0034">
<INPUT TYPE = HIDDEN NAME = "product" VALUE = "BMW545">
<INPUT TYPE = HIDDEN NAME = "name" VALUE = "Expensive Car">
<INPUT TYPE = HIDDEN NAME = "price" VALUE = "100">
```

利用这个漏洞，不怀好意者可以任意设定 price 字段的值，然后提交给 InstantShop 网站的后台服务器，从而可能用 100 美元就可以获得一部 BMW545。

技巧

发现类似的安全漏洞的最好方法是进行代码审查。除了代码审查，测试人员还可以利用一些测试工具进行检查，例如，Paessler Site Inspector、Web Developer 等。

SQL 注入是另外一个经常忽略的安全漏洞，但是 SQL 注入同时也是一种非常普遍的代码漏洞，它会导致数据库端的敏感数据泄露，或者服务器受到黑客的控制。例如，下面的一段代码就存在 SQL 语句的注入漏洞：

```
        SqlConnection sqlcon = sqlconnA;

        //打开链接
        sqlcon.Open();

        //组合一条查询语句
        SqlCommand cmd = "select count(*) from User where LogonName = '" + this.
textBox1. Text +"' and Password = '"+this.textBox2.Text;

        SqlDataAdapter adpt = new SqlDataAdapter(cmd, sqlcon);

        DataSet ds = new DataSet();
        adpt.Fill(ds);
        //关闭链接
        sqlcon.Close();

        //如果返回数据不为空，则验证通过
        If(ds.Tables[0].Rows.Count>0)
        {
          retuen true;
        }
        else
        {
          Return false;
        }
```

这段代码从 textBox1 获得用户输入的用户名，从 textBox2 获得用户输入的密码，然后执行数据库查询动作。假设在 textBox1 的输入框输入一个已知的用户名，然后再做一些手脚，则可以不输入密码也能登录系统。这个字符串利用了 SQL Server 对单引号的处理方式，只要简单地组合成类似下面的字符串并输入 textBox1 的输入框中即可：

```
Admin' or '1' = '1
```

这样就可以利用已知的 Admin 账号，不输入密码就能登录系统。因为给预期的 SQL 语句注入了额外的语句，所以实际上提交到 SQL Server 数据库执行的语句变成了如下所示的语句：

```
select count(*) from user where LogonName = 'Admin' or '1'='1' and Password=''
```

由于 1=1 是恒等的，因此返回的结果肯定为真，从而干扰了用户信息的正常验证，导致能绕过密码验证而登录系统。

检查是否存在 SQL 语句注入漏洞的最好办法是代码审查，查看所有涉及 SQL 语句提交的地方，是否正确处理了用户输入的字符串。

不仅仅是连上互联网的软件系统才会有安全问题，个人软件系统或公司内部的软件系统也存在安全问题，这些安全问题不会导致信用卡密码的泄露，但是可能导致工作成果的丢失。如果软件系统是采用 C 语言这类容易产生缓冲区溢出漏洞的语言开发的话，作为测试人员就要注意检查可能造成系统崩溃的安全问题了。

例如，下面的两行 C 语言代码就可能造成缓冲区的溢出问题：

```
char buf[20];
gets(buf);
```

如果使用 gets 函数来从 stdin 读入数据，则可能出现缓冲区溢出的问题。示例代码如下：

```
char buf[20];
char prefix[] = "http://";
strcpy(buf,prefix);
strncat(buf,path,sizeof(buf));
```

这里问题出现在 sizeof 的参数不应该是整个 buf 的大小，而是 buf 的剩余空间大小。

测试人员需要对每一个用户可能输入的地方尝试不同长度的数据输入，以验证程序在各种情况下正确地处理了用户的输入数据，而不会导致异常或溢出问题。或者通过代码审查来发现这些问题。还可以利用一些工具来帮助检查这类问题，例如 AppVerifier 等。

6.1.9　安装测试

现在的软件系统很多都通过安装包的方式发布。用户通过安装包安装软件系统。安装包在安装的过程中就把很多参数和需要配置的东西设置好，用户安装好软件就可以马上使用。

安装测试需要注意以下 6 点。

① 安装过程是否是必要的：有些软件系统根本不需要在安装过程中设置什么参数，不需要收集用户计算机的相关信息，并且软件不存在注册问题，软件系统是为某些用户定制开发的。则这些软件系统的安装过程是不必要的。

② 安装过程：安装过程是否在正确的地方写入了正确的内容？安装之前是否需要什么必备组件，如果缺少了这些组件是否能提示用户先安装哪些组件？能否自动替用户安装？安装过程的提示信息是否清晰，能否指导用户做出正确的选择？安装过程是否能在所有支持的操作系统环境下顺利进行？

③ 卸载：能否进行卸载？卸载是否为用户保存了必要的数据？卸载是否彻底删除了一些不必要的内容？卸载后是否能进行再次安装？

④ 升级安装：如果是升级安装的话，是否考虑到了用户旧系统的兼容性，尤其是旧数据的兼容性。

⑤ 安装后的第一次运行：安装后的第一次运行是否成功？第一次运行是否需要用户设置很多

不必要的东西？

⑥ 利用工具辅助测试：安装测试可以利用一些工具辅助进行，例如，InstallWatch 可用于跟踪安装过程中产生的所有文件和对注册表进行的修改。

DevPartner 的 System Comparison 工具则可以创建系统的某个时间点的快照，还可以将两个快照文件进行对比，找出不同的地方，这在安装测试过程中也非常有用，可以清楚地知道安装前和安装后操作系统的不同之处。下面简要介绍一下 System Comparison 工具的使用过程。

① 首先打开 System Comparison，如图 6.10 所示。

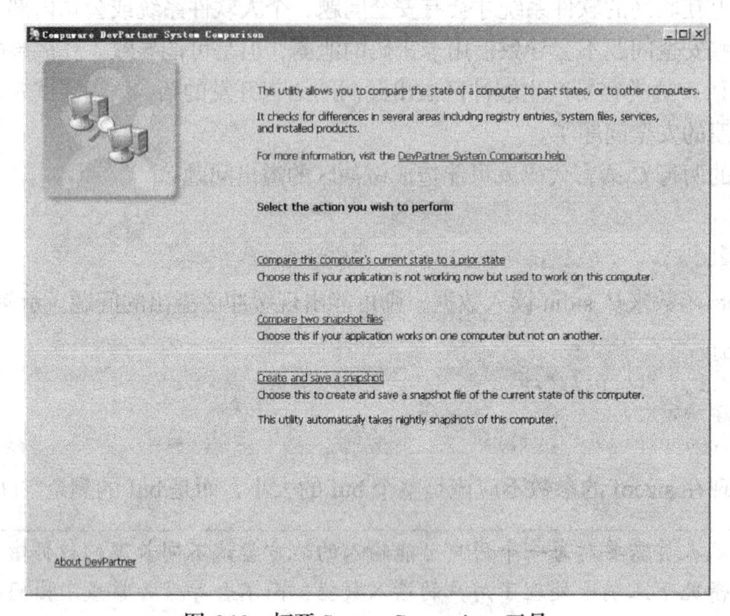

图 6.10 打开 System Comparison 工具

② 选项对当前操作系统拍一个“快照”，把系统的信息保存起来。在这个界面中选择“Create and Save a snapshot”选项，则出现图 6.11 所示的界面。

③ 在这个界面中选择需要保存“快照”文件的目录，然后单击“确定”按钮。System Comparison 就会自动开始收集操作系统的信息，出现图 6.12 所示的界面。收集完操作系统信息后，则会出现图 6.13 所示的界面。

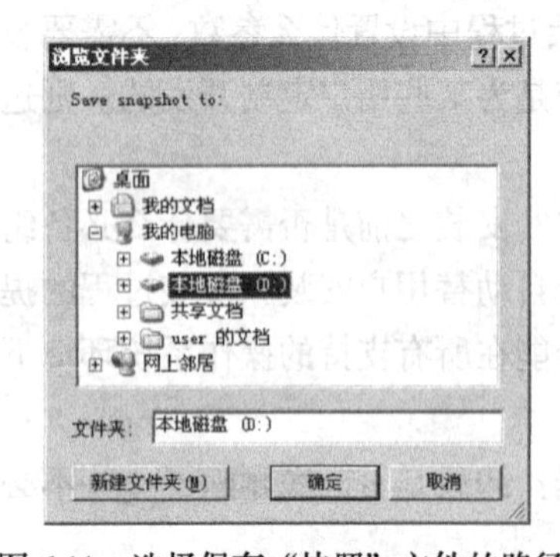

图 6.11 选择保存“快照”文件的路径

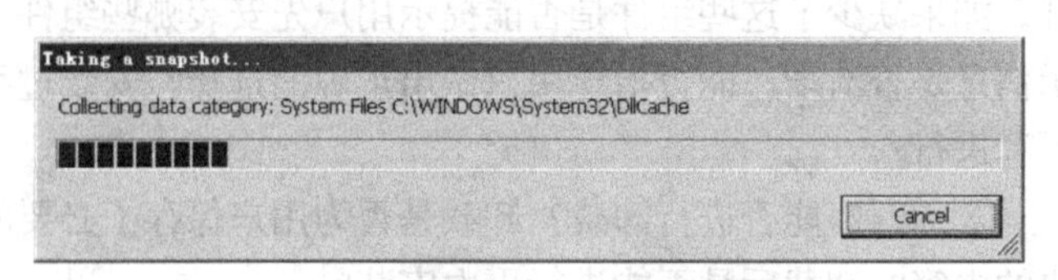

图 6.12 收集操作系统信息

④ 完成后，测试人员就可以进行一些别的操作，例如运行安装包，或卸载程序，运行完后再重复刚才的步骤再次获得一个操作系统的“快照”文件。这样就可以利用两个“快照”文件之间

的差异来判断安装或卸载程序是否正确地修改了操作系统的相关信息。

⑤ 在图 6.13 所示的界面中单击“Compare tow snapshot files”按钮，则出现图 6.14 所示的界面。

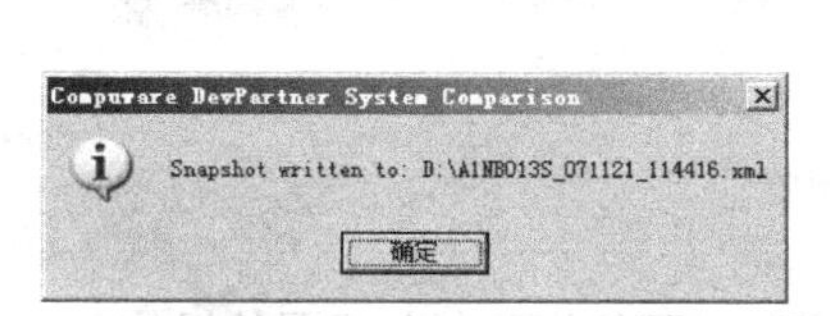

图 6.13　“快照”完成

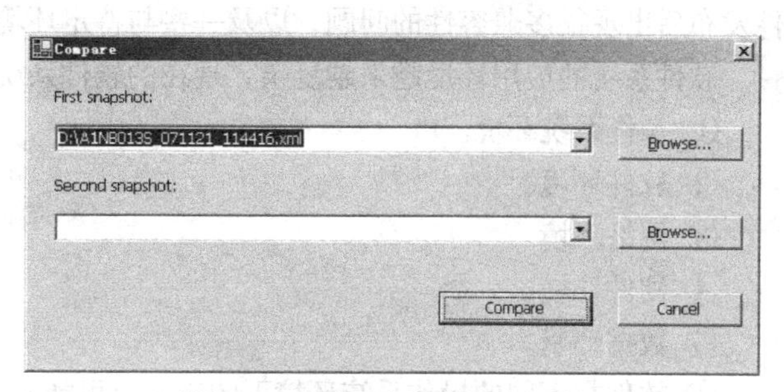

图 6.14　比较两个“快照”文件

⑥ 在这个界面中，选择需要比较的两个“快照”文件，然后单击“Compare”按钮，则会分析两个文件之间的区别，然后得出图 6.15 所示的结果。

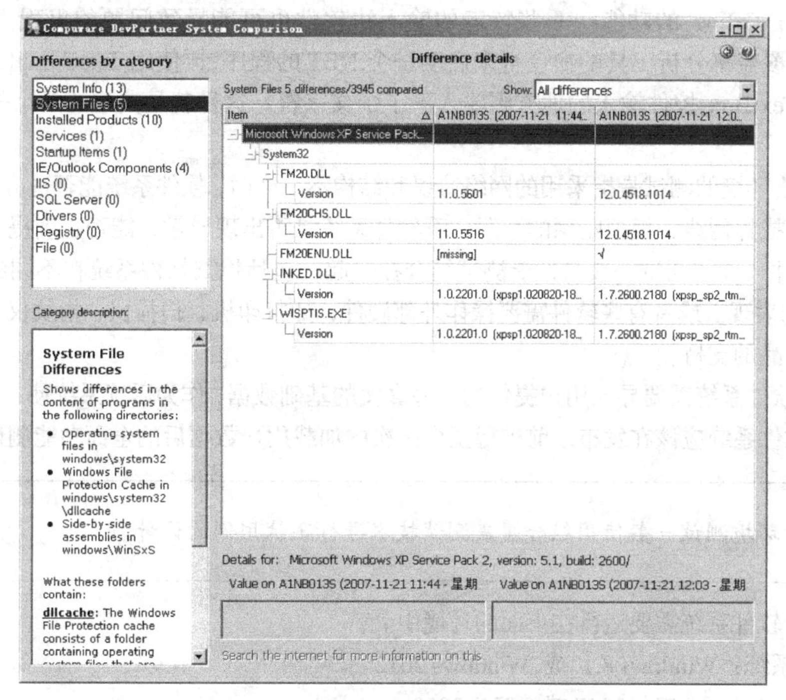

图 6.15　比较的结果

⑦ 从结果中可以看出，在操作系统的 System32 目录下，有几个系统文件的版本改变了。通过这种方式，测试人员可以轻松地检查安装过程修改文件的正确性。

6.1.10　环境测试

有人戏称微软的某些测试工程师为“八爪鱼”，因为这些工程师的工作台上会摆满了很多机器，测试工程师在同时操作着这些机器。其实他们很多时候是在进行环境测试，验证在不同的机器环境下，软件系统是否正常工作。环境测试，也有人叫兼容性测试、配置测试等，是指测试软件系统在不同的环境下是否仍然能正常使用。

软件系统往往在开发和测试环境中运行正常，但是到了用户的使用环境则会出现很多意想不到的问题。因为现在的用户一般不会仅仅使用一个软件系统，可能会同时运行多个软件系统。而且不同的用户有不同的使用习惯和喜好，会安装各种各样的其他软件系统。这些都可能会造成软件发布后出现很多兼容性的问题，以及一些与特定环境设置有关的问题。

软件系统的应用环境越来越复杂，现在的软件系统一般涉及以下 5 个方面的环境。

① 操作系统环境。

② 软件环境。

③ 网络环境。

④ 硬件环境。

⑤ 数据环境。

① 软件在不同的操作系统环境下的表现有可能不一样。安装包可能需要判断不同的操作系统版本来决定安装什么样的组件。测试时还要注意即使是同一个版本的操作系统，SP 的版本不一样也可能会有所区别。

② 软件环境包括被测试软件系统调用的软件，或与其一起出现的常见的软件。例如，有些软件需要调用 Office 的功能。一些特定的输入法软件也可能导致问题的出现。例如，通过 DevPartner 的覆盖率分析工具的命令行来启动一个.NET 的程序，再使用 TestComplete 进行录制，回放时遇到 TextBox 控件输入的地方则输入不了中文字符。这种就是典型的两个软件之间的兼容性问题。

③ 对网络环境的测试是指采用的网络协议和结构不一样时，软件系统能否适应。最简单直接的测试方法是拔掉网线，模拟断网的情况，看软件系统是否出现异常，能否正确提示用户。

④ 对硬件环境的测试一般与性能测试结合在一起，包括检查软件系统在不同的内存空间和 CPU 速度下的表现。或者有些软件需要操作外部硬件，如打印机、扫描仪、指纹仪等，需要测试对一些主流产品的支持。

⑤ 有些软件系统需要导入用户提供的一些真实的基础数据，作为后续系统使用的基础，对于这些类型的软件系统应该在发布之前进行至少一次的加载用户数据后的全面功能测试。

环境测试一般使用组合覆盖测试技术进行测试用例的设计。

例如某个软件系统需要运行在下面的环境中。

- 操作系统：Windows 8.1 或 Windows 2012。
- Office 版本：Office 2007 或 Office 2010。
- 内存配置：1G 或 2G。

如果全覆盖，则需要执行 2×2×2=8 项测试，如果没有足够的时间做这么多次的测试，则可以利用正交表法，或成对组合覆盖等方法减少测试次数。

很多测试人员通常会忽略了身边的小工具，一碰到问题就去找专业的测试工具、大型的测试工具。把这些工具安装一轮、熟悉它们的使用方法之后已经耗费了不少时间。而实际上，测试人员的周围有很多随时可以使用的小工具，如果能把它们充分利用起来，在合适的时候使用，可能会给测试带来更理想的效果。

本章介绍如何充分利用身边的一些现成的小工具来协助完成测试工作。

6.2　巧用 Windows 自带的小工具

Windows 操作系统提供了很多实用的小工具，这些小工具可以用来帮助测试人员更好地完成测试任务。例如 Windows 任务管理器、PerfMon、NetStat 等。使用这些 Windows 自带的小工具，可以让测试人员在测试过程中分析问题、定位问题更加方便、更加准确。

6.2.1　找到 Windows 的任务管理器

任务管理器是一个可以用来了解被测程序的各种信息的小工具，包括进程信息、网络信息、CPU 使用信息等，如图 6.16 所示。

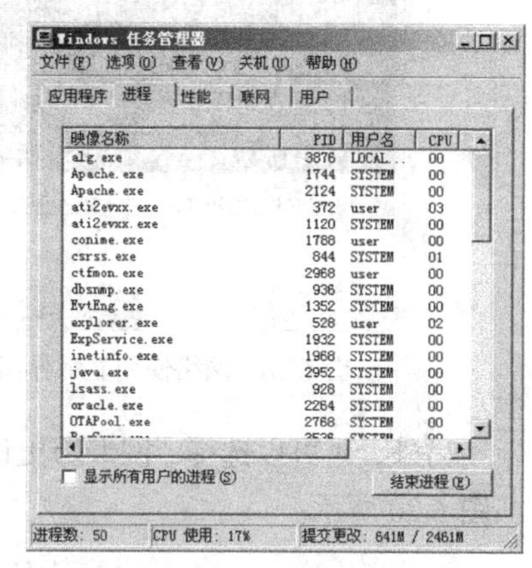

图 6.16　Windows 的任务管理器

6.2.2　检查进程驻留

利用 Windows 任务管理器，可以方便地查看进程数量，从而查看是否存在进程驻留的情况。如果被测试程序用到 COM 对象编程，则测试人员需要密切关注调用的 COM 对象的生命周期，例如，调用 Excel 导出表格数据，如果程序写的有问题，往往导致 Excel.exe 驻留。在测试过程中，随时关注进程的情况，可以快速找出这类问题。

6.2.3　检查内存问题

除了可以查找进程驻留问题，还可以用 Windows 的任务管理器来检查一个程序的内存使用情况，看是否存在内存泄露问题。在进程页，选择菜单“查看”下的“选择列”选项，则出现图 6.17 所示的界面。

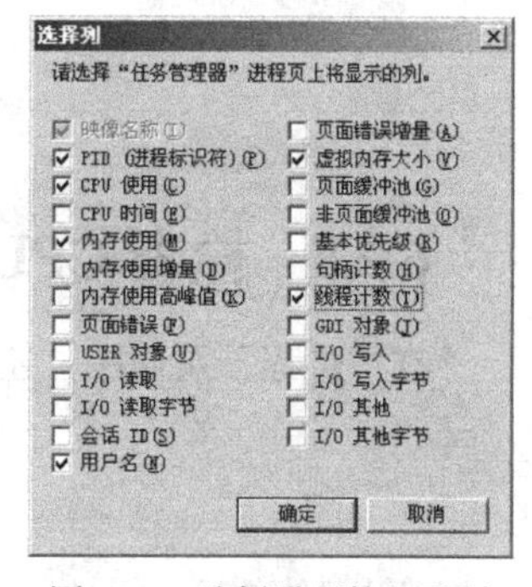

图 6.17　选择进程的显示列

运行程序，然后在任务管理器中查看“内存使用”和“虚拟内存大小”两项，当程序请求它所需要的内存后，如果虚拟内存还是持续增长的话，就说明这个程序有内存泄露的问题。当然，如果内存泄露的数目非常小的话，用这种方法可能要过很长时间才能看得出来。

6.2.4　检查网络使用情况

切换到“联网”页，则可以利用 Windows 任务管理器来查看被测试程序的网络使用情况，如图 6.18 所示。在“联网”页，选择“查看”菜单下的“选择列”选项，则出现图 6.19 所示的界面。

在这个界面中，可以选择相关的列，以便动态地显示数据。字节数/间隔是在每个网络适配器上发送和接收字节的速率，是发送字节数/间隔和接收字节数/间隔的总和。判断网络连接速度是否存在瓶颈，可以用字节数/间隔与目前网络的带宽进行比较。

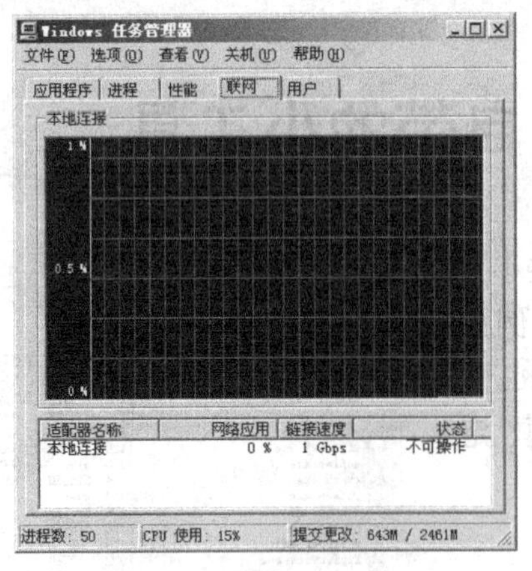

图 6.18 网络使用显示界面

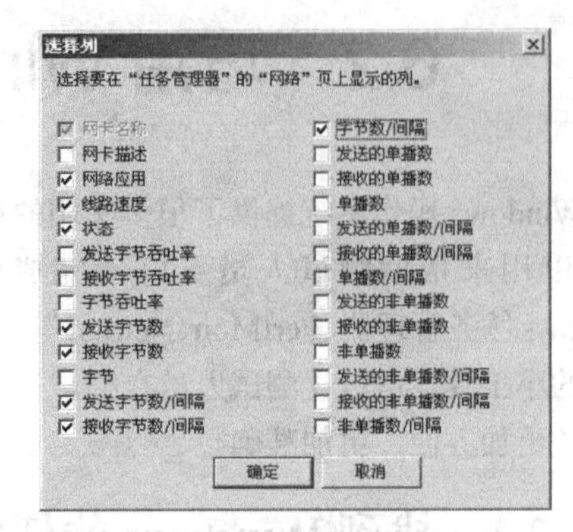

图 6.19 设置网络信息的显示列

另外，还可以选择"网卡历史记录"菜单，选上需要在界面上动态描绘的网络数据变化曲线，如图 6.20 所示。

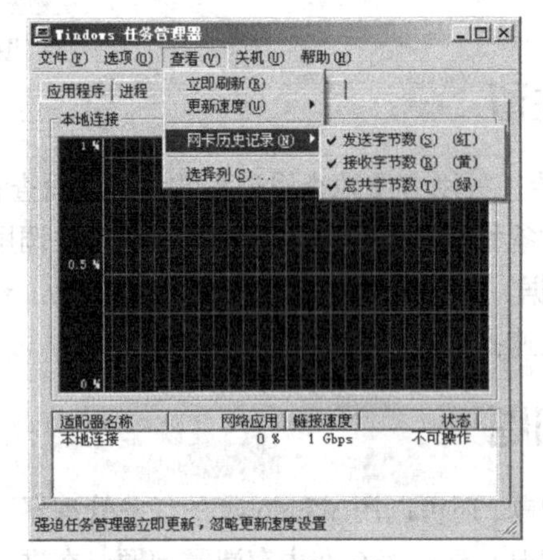

图 6.20 选择网卡历史记录

6.2.5 检查 CPU 使用情况

在"进程"页面中，还可以随时关注被测试程序的 CPU 使用情况，如图 6.21 所示。

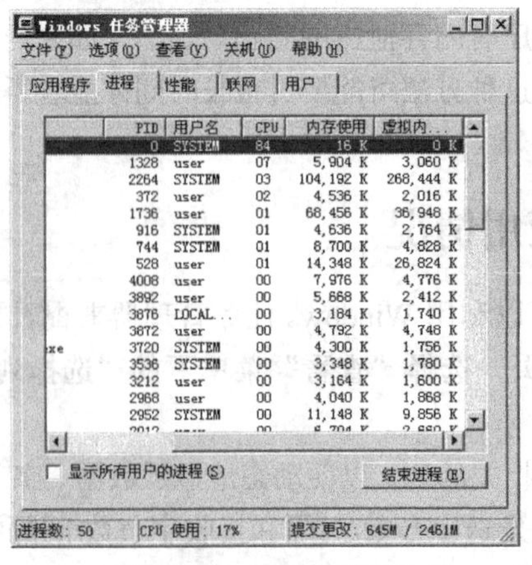

图 6.21 CPU 使用情况

如果处理器时间持续超过 95%，则表明 CPU 处理存在瓶颈。

6.2.6 Perfmon 的性能监控

Perfmon 是 Windows 自带的一个性能监控工具，它在进行性能测试时的性能监控非常有用，并且使用它提供的计数器日志记录功能，可以方便地记录测试过程中某些对象的性能变化情况。

① Perfmon 可以从命令行启动，如图 6.22 所示。在“运行”界面的“打开”中输入“Perfmon”，单击“确定”按钮，则出现图 6.23 所示的界面。

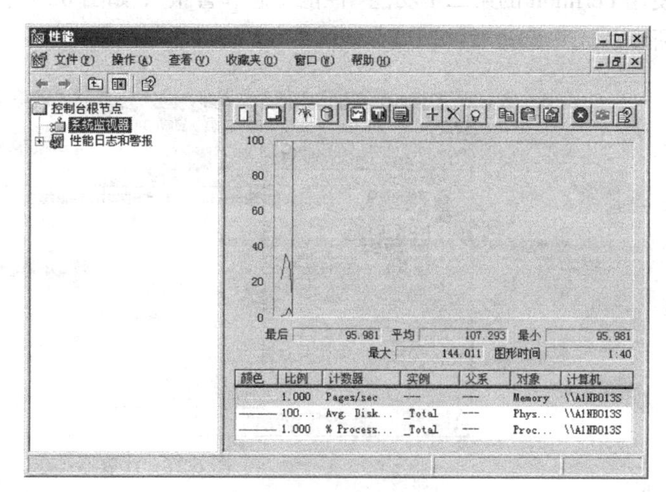

图 6.22 运行 Perfmon　　　图 6.23 Perfmon 的主界面

② 在这个界面中，可以看到 Perfmon 以图表的形式显示目前机器的各种性能参数的变化情况。单击鼠标右键，然后选择“添加计数器”选项，可以添加需要显示的性能对象及其计数器，如图 6.24 所示。

在这个界面中，可以选择不同的性能对象，以及需要显示的计数器，也就是性能参数，选中后单击“添加”按钮即可。单击“说明”按钮，可以显示选中的性能计数器的说明文字，如图 6.25 所示。

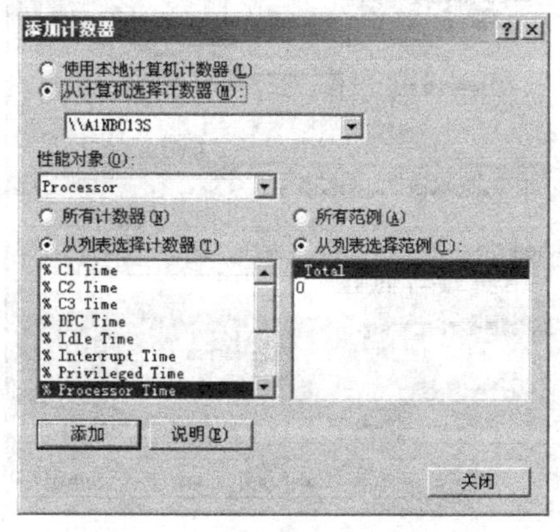

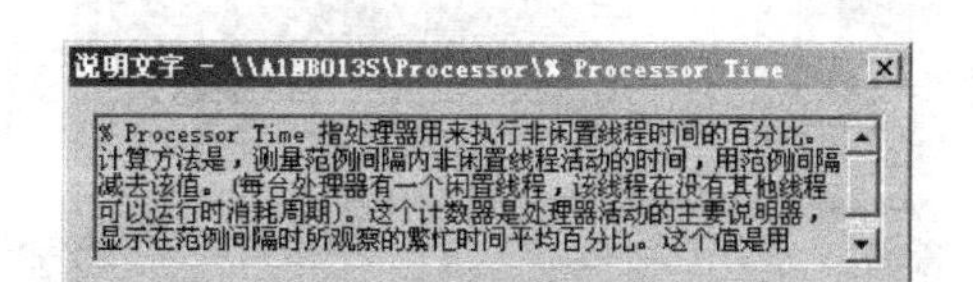

图 6.24 添加计数器　　　图 6.25 计数器的说明文字

③ 性能对象的选择应该根据性能测试的对象来选择，例如，如果需要监控的是数据库对象，则可选择数据库相关的性能对象及其计数器。另外，如果想监控某个进程的性能表现，则可选择“Process”性能对象，如图 6.26 所示。在这里可以选择进程的 CPU 使用、线程、内存使用等计数器。在右边的“从列表选择范例”的列表中可以选择需要监控的进程。

④ 前面讲的是系统监视器的功能，它提供了图表的动态显示功能，让测试人员可以实时地监控某些性能参数的变化情况。如果想让系统自动记录某些性能参数，则可以使用 Perfmon 的第二个功能“性能日志和警报”，如图 6.27 所示。

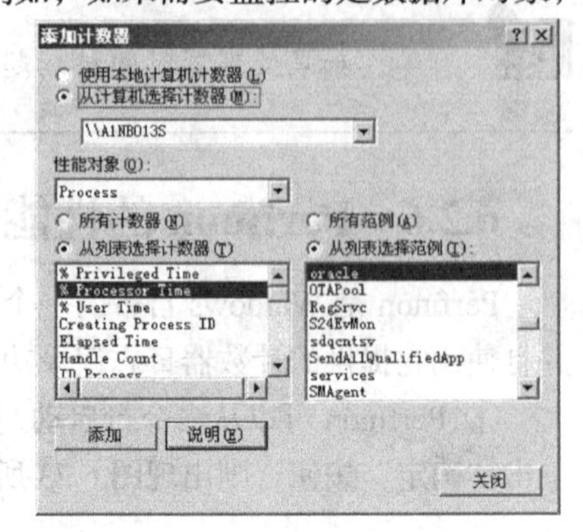

图 6.26　进程的计数器

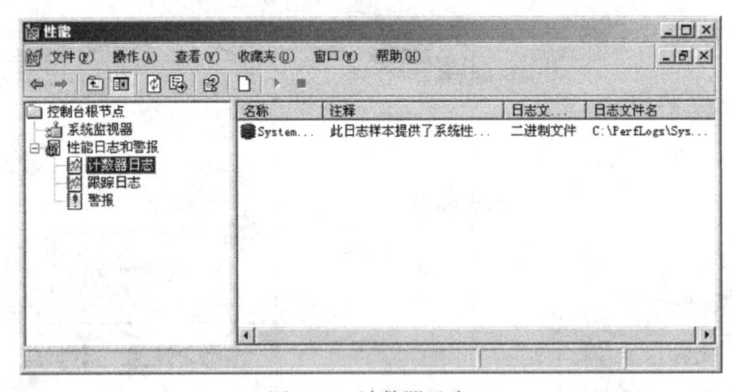

图 6.27　计数器日志

⑤ 在这里可以添加计数器的日志文件，双击计数器日志文件可以打开日志文件的设置界面，如图 6.28 所示。

⑥ 在这个界面中，可以添加需要记录的性能对象和计数器，设置数据的采样间隔等。切换到“日志文件”页，如图 6.29 所示。

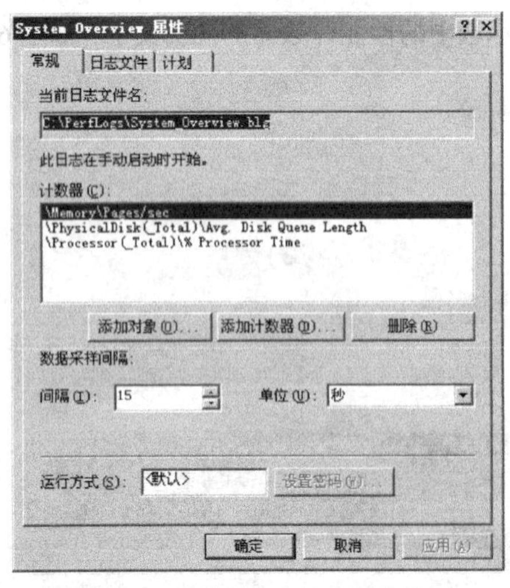

图 6.28　计数器日志的常规设置

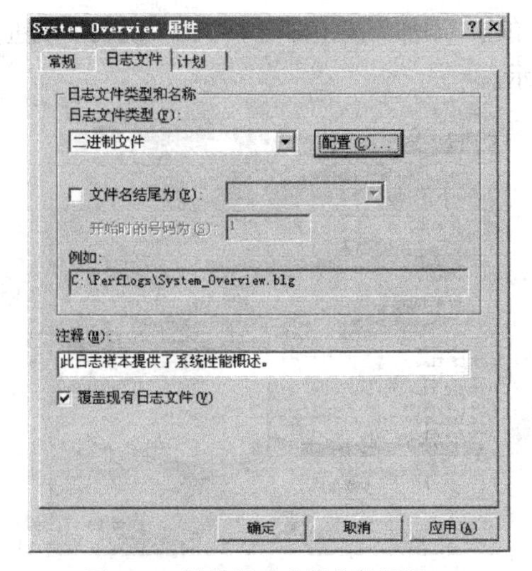

图 6.29　计数器日志的文件设置

⑦ 在这个界面中，可以选择记录日志文件的类型，如二进制文件格式、文本文件、SQL 数据库等。单击“配置”按钮，则出现图 6.30 所示的界面。

⑧ 在这个界面中，可以选择日志文件的存储位置、设置文件名、设置文件大小的限制等。单击“确定”按钮，完成设置。切换到图 6.31 所示的“计划”页面。

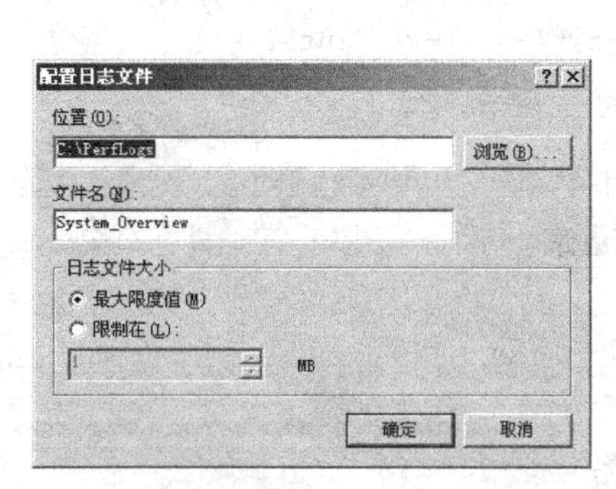

图 6.30 配置日志文件

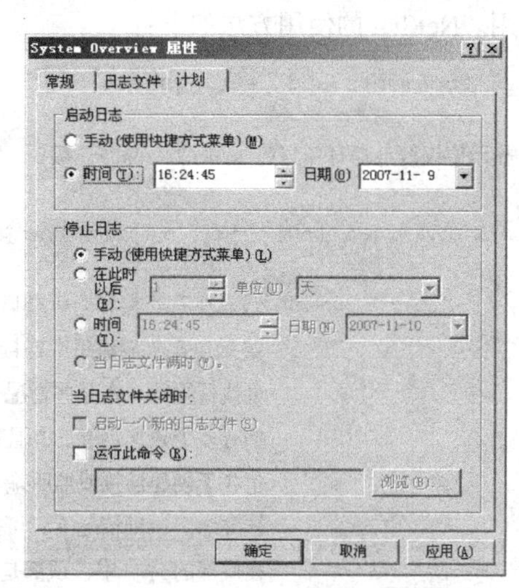

图 6.31 计数器日志的计划

⑨ 在这个界面中，可以设置计数器日志记录的启动时间。把所有都设置好后，单击“确定”按钮，然后启动计数器日志，进行性能测试的执行，执行完后，停止计数器日志。可在系统监视器中导入计数器日志文件来查看日志的历史记录。在“系统监视器”的界面中单击“查看日志数据”的图标，则出现图 6.32 所示的界面。

⑩ 在这个界面中的“来源”页面，选择“数据源”为“日志文件”，单击“添加”按钮，选择刚才记录的计数器日志文件，如图 6.33 所示。

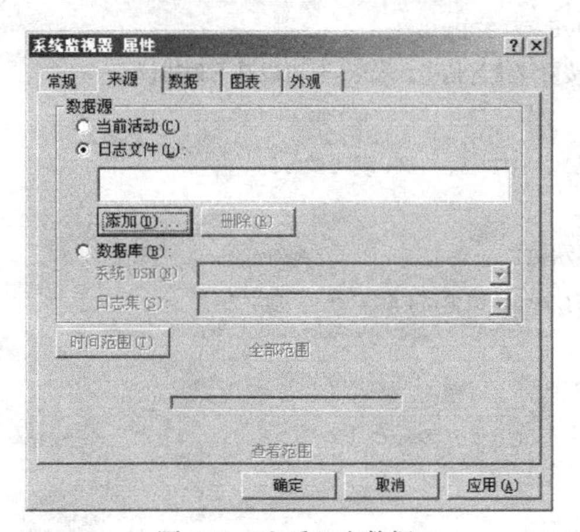

图 6.32 查看日志数据

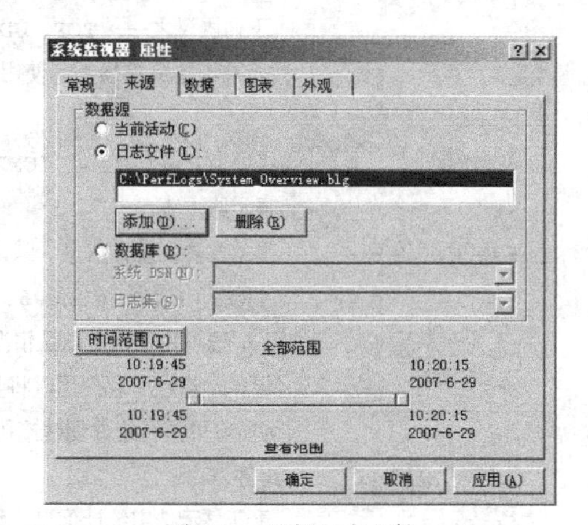

图 6.33 选择日志文件

在“时间范围”中可以拖动横向滚动条，选择需要查看的某段时间范围内的计数器日志。

6.2.7 NetStat 的网络监视

NetStat 是 Windows 自带的一个网络信息查询器，可以显示当前系统的所有 TCP/IP 连接情况，以及协议的统计信息。NetStat 是一个命令行工具，在命令行中输入 NetStat，后面跟着一些参数即可使用。NetStat 的使用方法如下：

```
C:\Documents and Settings\user>netstat -?

显示协议统计信息和当前 TCP/IP 网络连接

NETSTAT [-a] [-b] [-e] [-n] [-o] [-p proto] [-r] [-s] [-v] [interval]

 -a                 显示所有连接和监听端口。
 -b                 显示包含于创建每个连接或监听端口的
                    可执行组件。在某些情况下已知可执行组件
                    拥有多个独立组件，并且在这些情况下
                    包含于创建连接或监听端口的组件序列
                    被显示。这种情况下，可执行组件名
                    在底部的 [] 中，顶部是其调用的组件，
                    等等，直到 TCP/IP 部分。注意此选项
                    可能需要很长时间，如果没有足够权限
                    可能失败。
 -e                 显示以太网统计信息。此选项可以与 -s
                    选项组合使用。
 -n                 以数字形式显示地址和端口号。
 -o                 显示与每个连接相关的所属进程 ID。
 -p proto           显示 proto 指定的协议的连接；proto 可以是
                    下列协议之一：TCP、UDP、TCPv6 或 UDPv6。
                    如果与 -s 选项一起使用以显示按协议统计信息，proto 可以是下列协议
 之一：
                    IP、IPv6、ICMP、ICMPv6、TCP、TCPv6、UDP 或 UDPv6。
 -r                 显示路由表。
 -s                 显示按协议统计信息。默认地，显示 IP、
                    IPv6、ICMP、ICMPv6、TCP、TCPv6、UDP 和 UDPv6 的统计信息；
                    -p 选项用于指定默认情况的子集。
 -v                 与 -b 选项一起使用时将显示包含于
                    为所有可执行组件创建连接或监听端口的
                    组件。
 interval           重新显示选定统计信息，每次显示之间
                    暂停时间间隔(以秒计)。按 CTRL+C 键停止重新
                    显示统计信息。如果省略，netstat 显示当前
                    配置信息(只显示一次)
```

例如，如果想查看所有连接和监听的端口，并且想知道这些连接的程序进程都是哪些，则可以组合-a 参数和-b 参数，命令如下：

```
C:\Documents and Settings\user>netstat -a -b
```

执行该命令，则显示类似如下的信息：

```
Active Connections

  Proto  Local Address          Foreign Address        State           PID
  TCP    a1nb013s:smtp           0.0.0.0:0              LISTENING       1968
  [inetinfo.exe]

  TCP    a1nb013s:http          0.0.0.0:0              LISTENING       2124
  [Apache.exe]

  TCP    a1nb013s:http          0.0.0.0:0              LISTENING       1968
  [inetinfo.exe]

  TCP    a1nb013s:epmap         0.0.0.0:0              LISTENING       1220
```

从这些信息，可以看到哪些进程的程序占用了哪个端口，使用的是什么协议，例如，Apcache使用的是 HTTP 协议连接，正在监听 2124 端口。

6.3　小　　结

实用的软件测试技术对于测试人员来说就像内功，对于行走于测试的险恶江湖中，对付可恶的 Bug 来说练就深厚的内功是非常重要的立身之本。

测试技术是从一般的测试理论提炼出来的测试方法和手段，在不同的测试领域和软件系统上下文中，应该使用不同的测试技术。就像南拳北腿各有所长，以强制强还是以柔克刚，需要测试人员综合自己的理论知识和借鉴前人的经验，根据具体的环境去灵活应用。

当然，如果能达到无招胜有招的境界则是大善之极。

6.4　习　　题

一、选择题

1. 自动化功能测试工具不包括________。

   A. WinRunner　　B. Selenium　　C. QC　　D. Robot

2. 手工测试不可替代的地方不包括________。

   A. 对于数据能进行精确的、大批量的比较

   B. 测试用例的设计

   C. 界面和用户体验测试

   D. 逻辑推理能力

3. 单元测试的目的是________。

   A. 发现需求文档问题

   B. 发现模块间逻辑问题

C. 发现每个程序模块内部可能存在的差错

D. 发现软件架构设计问题

4. ________属于严重的性能问题。

A. 界面不美观　　B. 加载列表有 2 秒时延

C. 按钮太小，不方便操作　　D. 内存占用过多，系统卡顿

5. 现在的软件系统一般涉及的环境，不包括________。

A. 操作系统环境　　B. 湿度、温度环境

C. 网络环境　　D. 硬件环境

6. Windows 的任务管理器，可以用来了解被测程序的如下信息________（多选）。

A. 进程信息　　B. 网络信息

C. CPU 使用情况　　D. 当前操作系统版本

二、填空题

1. 黑盒测试是把软件产品当成是一个黑箱，这个黑箱有入口和出口，测试过程中只需要知道往黑箱输入什么东西，知道黑箱会出来什么结果就可以了，不需要了解黑箱________________。

2. 测试驱动开发模式（TDD）倡导________________________________。

3. 很多软件系统在开发测试时没有任何问题，但是上线不久就崩溃了，原因就是因为缺少了________________的验证。

4. 某个软件系统需要运行在下面的环境中：操作系统 Win8 和 WinXP，内存配置 1G、2G 和 4G，网络环境 WiFi 和网线链接。如果全覆盖，则需要执行________________项测试。

5. ________________是 Windows 自带的一个网络信息查询器，可以显示当前系统的所有 TCP/IP 连接情况，以及协议的统计信息。

第 7 章 测试管理工具 QC 的应用

软件测试过程以及测试人员的工作都需要严谨的管理，从测试需求的分析到测试计划、测试用例、测试的执行、缺陷的登记和跟踪，都需要管理。

本章将结合目前流行的测试管理工具 QC（Quality Center）讲解软件测试的过程管理。

7.1 测试管理平台

测试过程本身而言，应该包含以下 7 个阶段。

（1）测试需求的分析和确定。

（2）测试计划。

（3）测试设计。

（4）测试执行。

（5）测试记录和缺陷跟踪。

（6）回归测试。

（7）测试总结和报告。

一个好的测试管理工具应该能把以上 7 个阶段都管理起来。

测试人员每时每刻都在度量别人的工作成果，而测试人员的工作成果又由谁来度量呢？度量的标准和依据是什么呢？软件测试的度量是测试管理必须仔细思考的问题。缺乏尺度会让测试失去平衡，缺乏标准会让测试工作难以衡量。

一个好的测试管理平台应该能够收集各种度量信息和数据，为软件过程度量、软件质量度量提供实时的数据和报表。

7.1.1 测试过程管理规范化

测试过程管理规范化的首要问题是流程的规范化。

（1）测试进入和退出标准。

（2）协作流程。

（3）缺陷跟踪管理流程。

（4）工具平台的引入。

按照 CMM 等标准在制度上规范了测试的过程之后，可依托统一的测试管理平台来实施。关于目前主流测试管理平台与缺陷跟踪工具可参考图 7.1 和图 7.2 所示的调查。

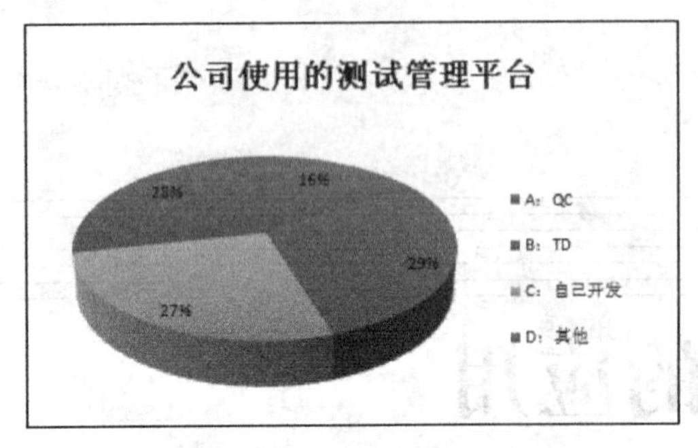

图 7.1　主流的测试管理平台

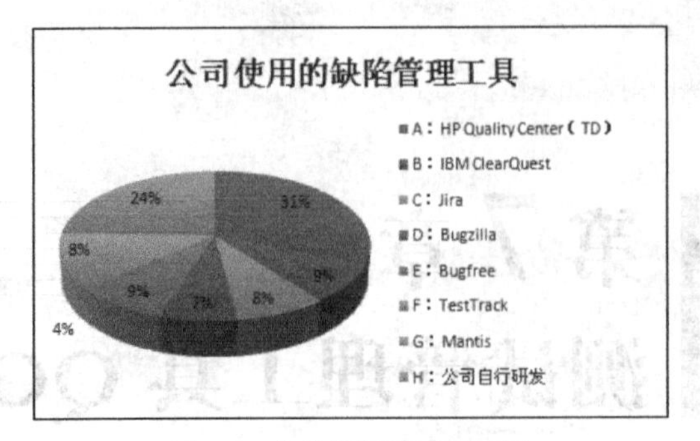

图 7.2　主流的缺陷管理工具

7.1.2　测试管理平台——QC 简介

HP 公司的 QC（Quality Center）是目前主流的测试管理平台之一，其前身是 TD（Test Director）。QC 的标准测试管理流程如图 7.3 所示。

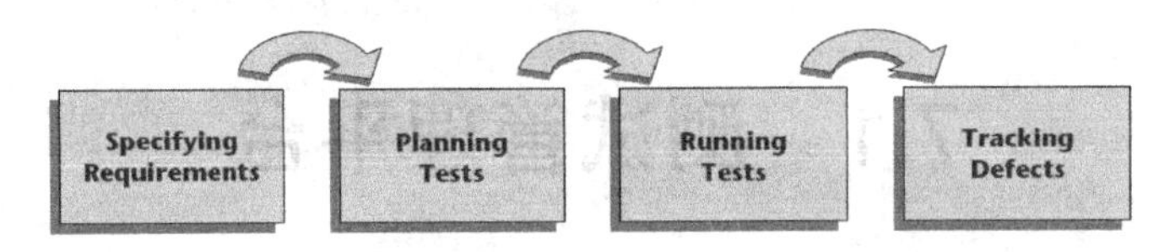

图 7.3　QC 的标准测试管理流程

QC 的标准测试管理流程中涵盖了测试需求、测试计划、测试执行和缺陷跟踪管理 4 个测试过程的主要方面。

- QC 支持的应用服务器包括 Jboss、WebLogic、WebSphere。
- QC 支持的数据库包括 Oracle、SQLServer。
- QC 支持的操作系统包括 Windows、Linux、Solaris。

由于 QC 支持群集（Cluster），所以即使是大型的多项目的团队也可以使用 QC 满足日常测试工作的管理，如图 7.4 所示。

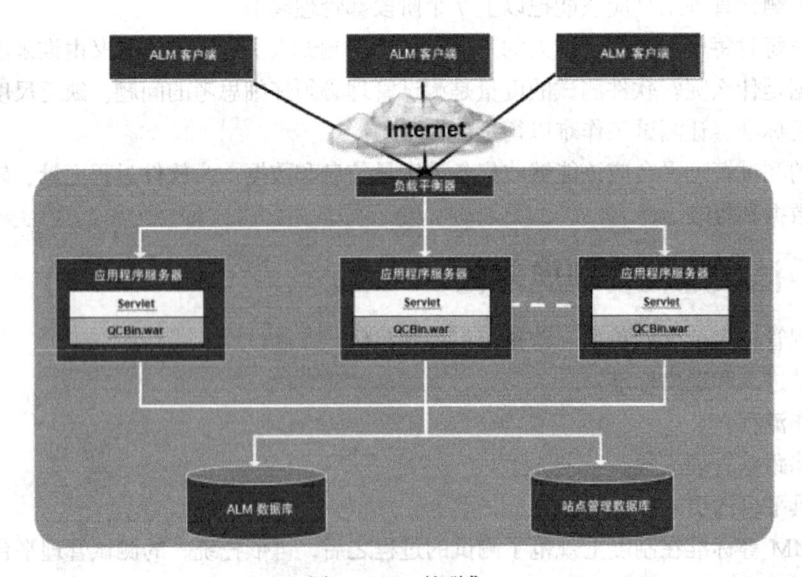

图 7.4　QC 的群集

7.1.3　QC 安装

下面以 QC 11.0 为例，介绍如何在 Windows 2008 服务器上进行安装。读者也可以参考 QC 的安装指南文档《Install》来进行安装。安装 ALM Platform 可在单个节点上安装，也可作为集群安装。在集群上安装 ALM Platform 时，所有节点都必须相同。例如，所有节点都必须使用相同的应用服务器、操作系统、ALM Platform 目录位置和“站点管理”数据库。此外，必须在所有节点上安装相同版本的 ALM Platform。

① 许可证配置（见图 7.5）。选择 ALM Platform 许可证文件的路径。如果没有许可证文件，使用评估密钥以使用 ALM Platform 的 30 天试用版，并选择 ALM 版本。

图 7.5　许可证密钥

② 集群配置（见图 7.6）。选择节点配置选项：

第一个节点/独立。在集群的第一个节点上安装 ALM Platform，或作为独立应用程序安装。

第二个节点。如果有现有节点，在另一个节点上安装 ALM Platform 以创建群集。

③ 安全性配置（见图 7.7）。输入机器数据密码短语，在加密之后，ALM Platform 存储用于访问外部系统（数据库和 LDAP）的密码。

④ 应用程序服务器配置（见图 7.8）。默认选择 JBoss 应用程序服务器，JBoss 服务器的 HTTP 默认端口号是 8080。其他应用服务器也可以选择 WebLogic 或 WebSpere。

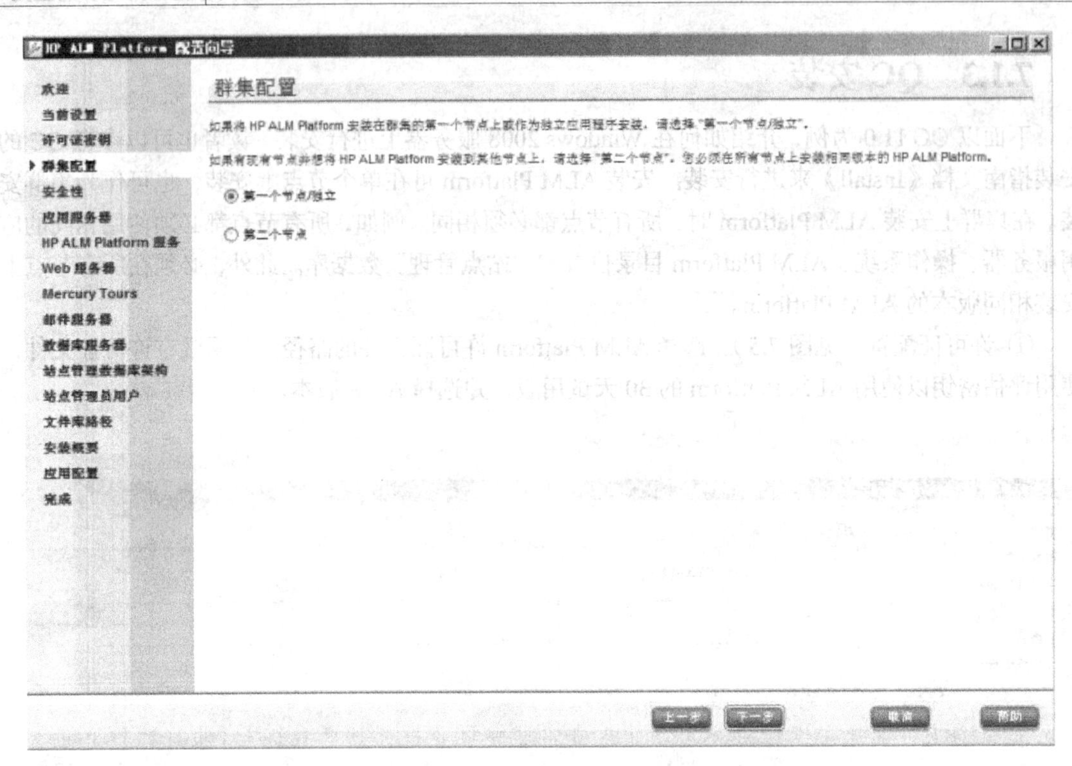

图 7.6　集群配置

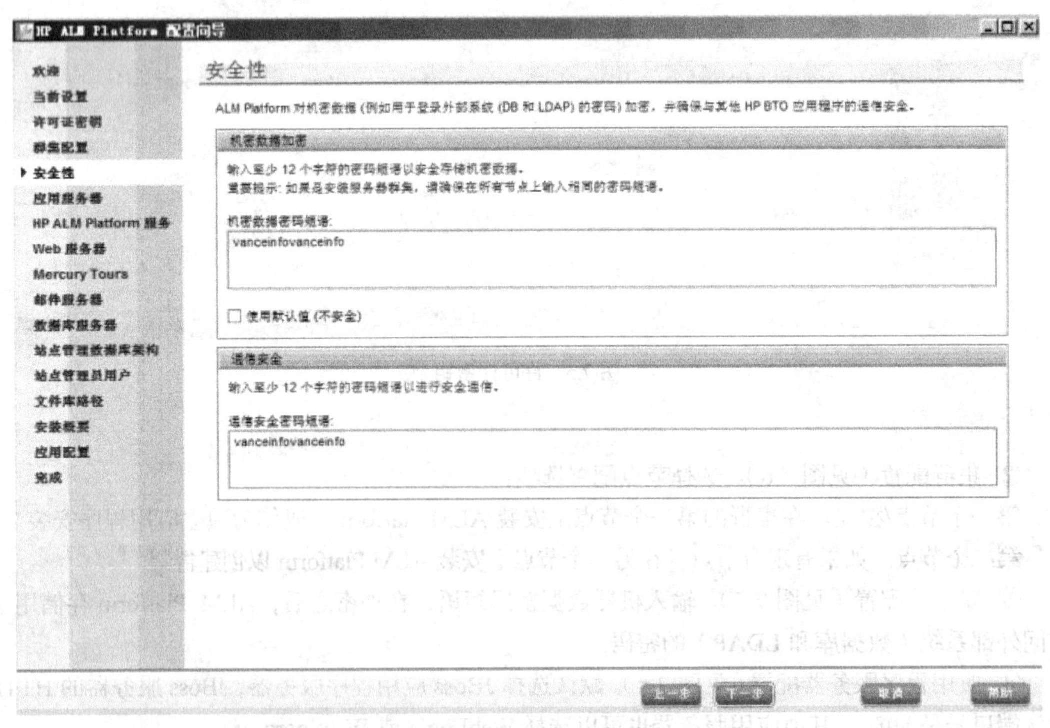

图 7.7　安全性配置

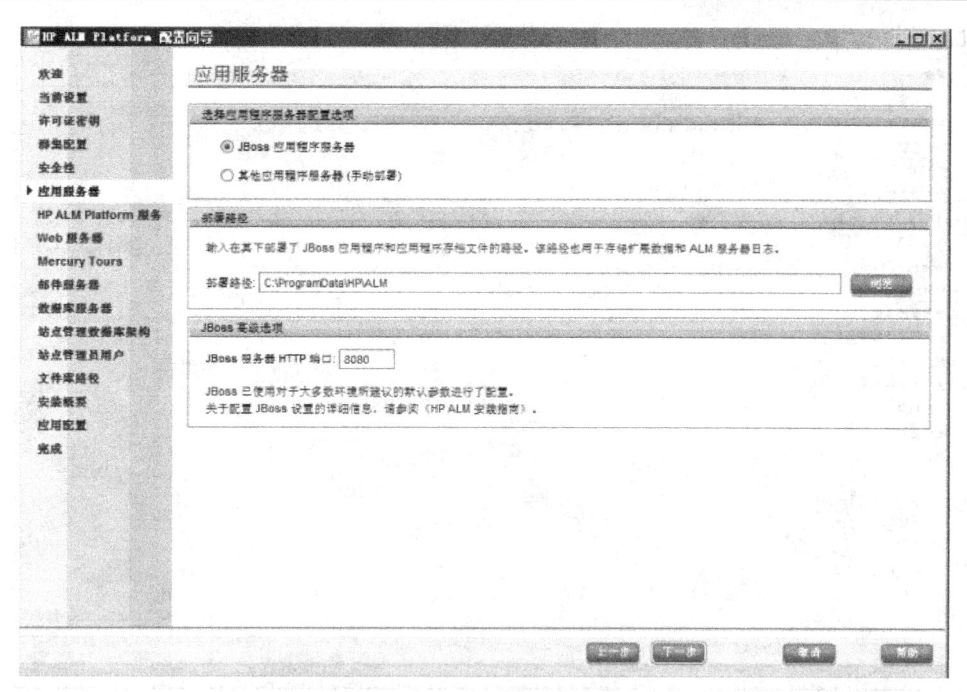

图 7.8　应用程序服务器配置

⑤ HP ALM Platform 配置（见图 7.9）。如果选择了 JBoss 应用服务器，则打开了 HP ALM Platfrom 服务页。输入用于作为服务运行 JBoss 的用户名、密码和域。这样 JBoss 服务就能访问本地网络。

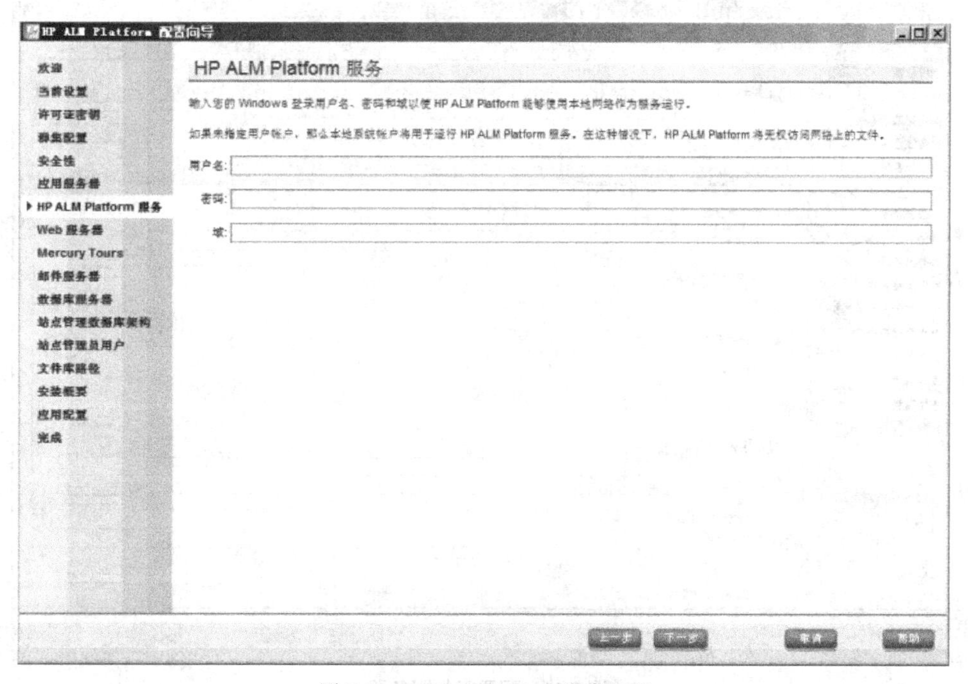

图 7.9　HP ALM Platform 服务配置

⑥ 邮件服务器配置（见图 7.10）。如果需要 ALM Platform 将电子邮件发送给 ALM 项目中的用户，可以选择邮件协议。对于 SMTP 服务器，输入服务器名称即可。

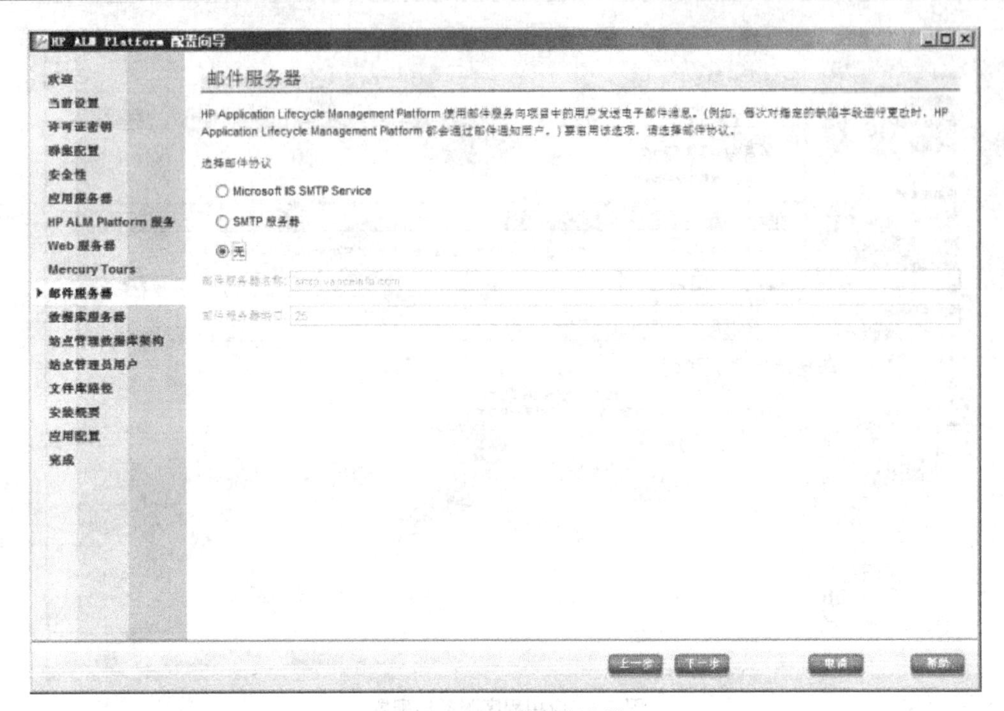

图 7.10　配置邮件服务器

⑦ 配置数据库服务器（见图 7.11）。在“数据库类型下”，为“站点管理”数据库架构选择数据库类型，可选的包括：SQL SERVER、ORACLE。

图 7.11　配置邮件服务器

⑧ 配置站点管理员用户（见图 7.12）。可以使用这里定义的站点管理员名称和密码来第一次登录“站点管理”。

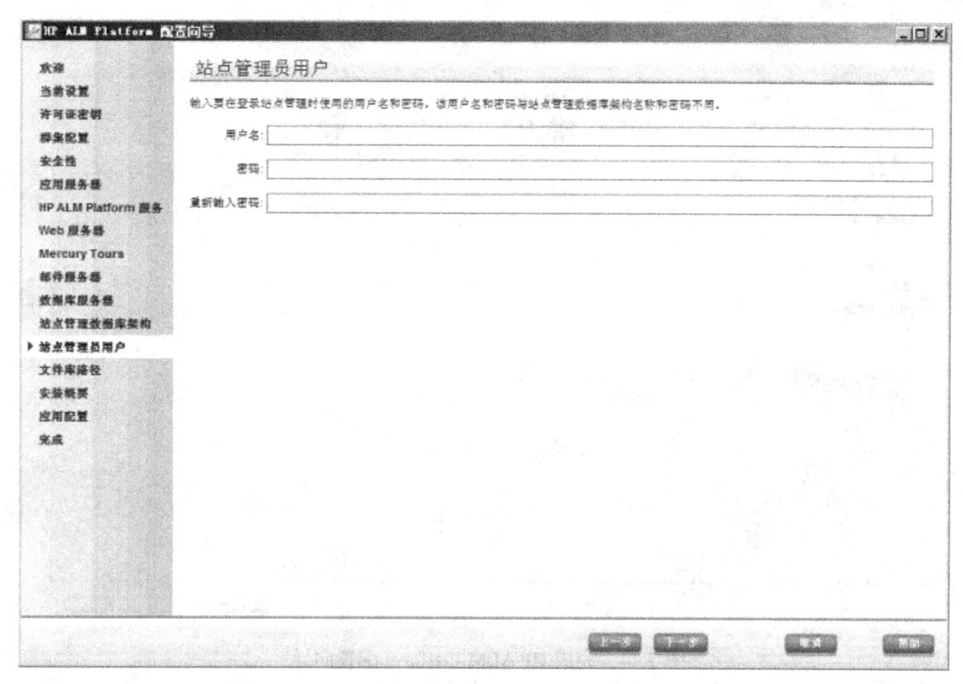

图 7.12　配置站点管理员用户

⑨ 配置文件库路径（见图 7.13）。在文件库路径框中，单击浏览按钮选择库路径或接受默认路径。务必为库文件夹输入唯一名称。具有相同名称而字母大小写不同的现有文件夹将不视为是唯一的（视为不同文件夹）。

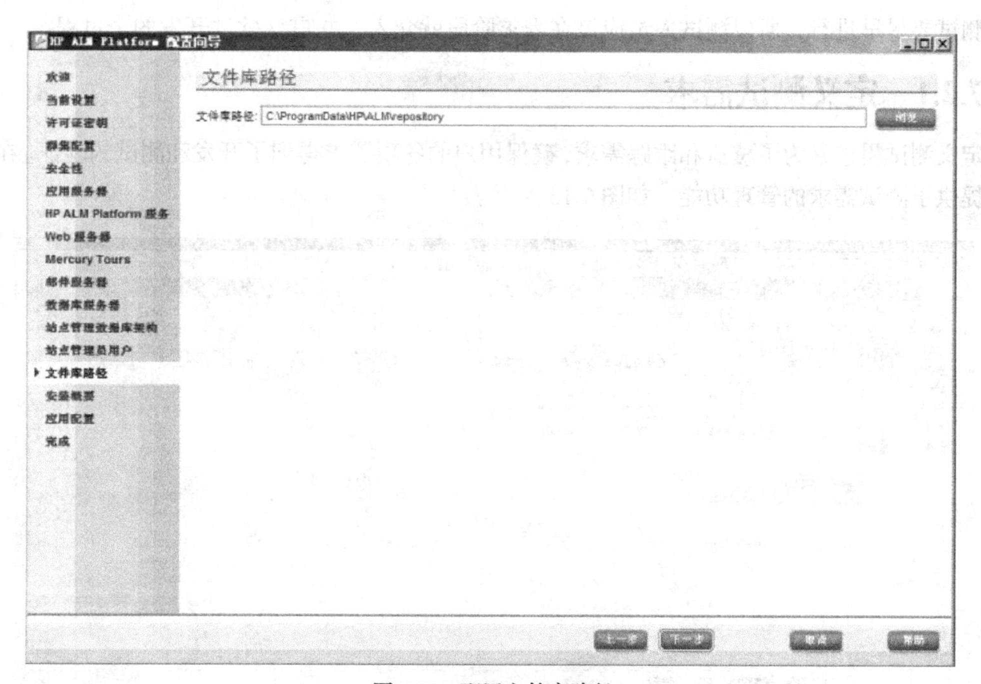

图 7.13　配置文件库路径

⑩ 启动 JBoss，完成配置（见图 7.14）。如果应用服务器是 JBoss，则选中启动 JBoss 复选框，将立即启动 JBoss 服务器。

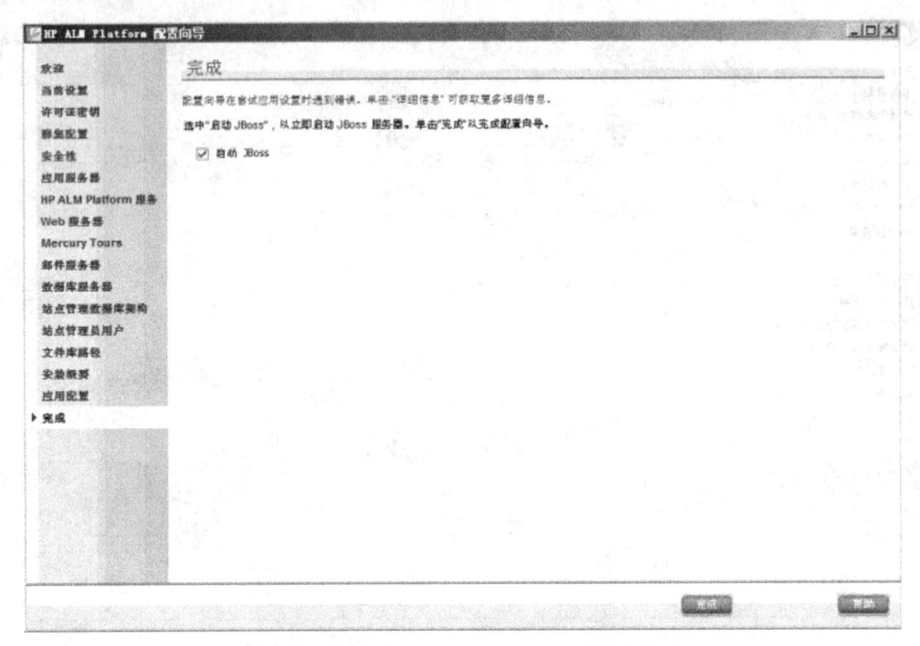

图 7.14　完成 HP ALM Platform 配置向导

7.2　测试需求管理

测试要尽早进行，所以测试人员应该在需求阶段就介入，并贯穿软件开发的全过程。

7.2.1　定义测试需求

定义测试需求是为了覆盖和跟踪需求，确保用户的各项需求得到了开发和测试的验证。在 QC 中，提供了测试需求的管理功能，如图 7.15 所示。

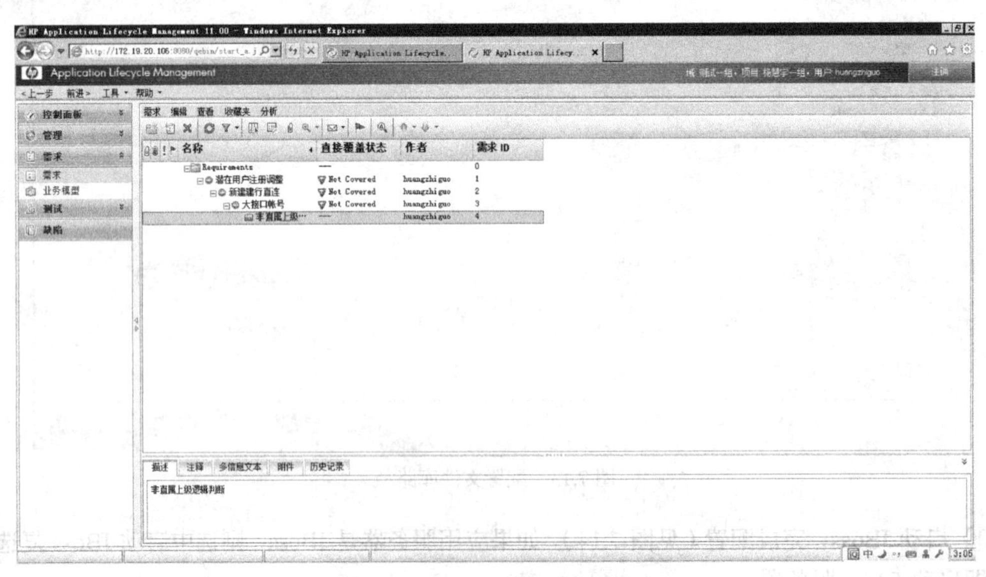

图 7.15　测试需求的管理模块

在这个视图中，可选择“需求”→“新建需求”选项来添加需求项。

7.2.2　把需求项转换成测试计划

QC 支持从录入的需求项直接转换成测试计划中的测试主题（范围）、测试步骤。在需求模块中选中需要转换的测试需求项，然后选择菜单“需求→转换为测试→转换选定需求”选项，则出现图 7.16 所示的向导界面。

接下来就按照向导的指引一步步将测试需求项转换成所需要的测试用例、测试步骤，转换后在测试计划模块可以查看转换的结果，如图 7.17 所示。

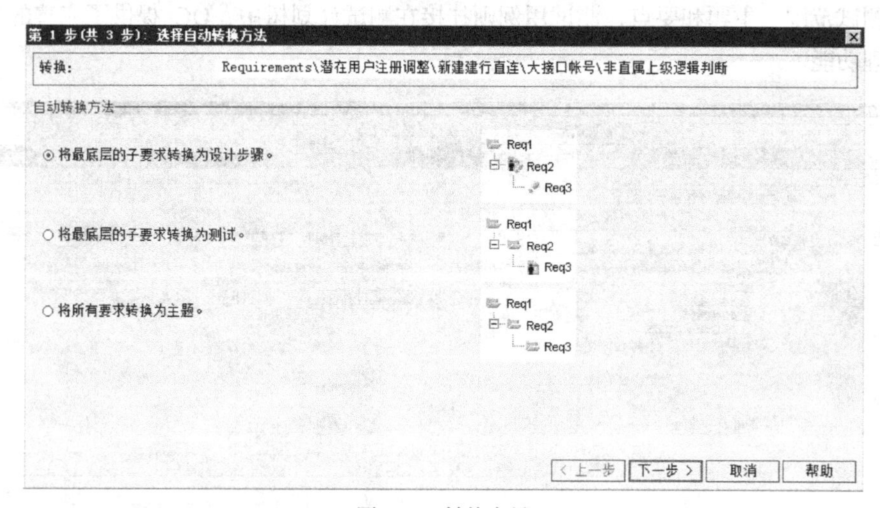

图 7.16　转换向导

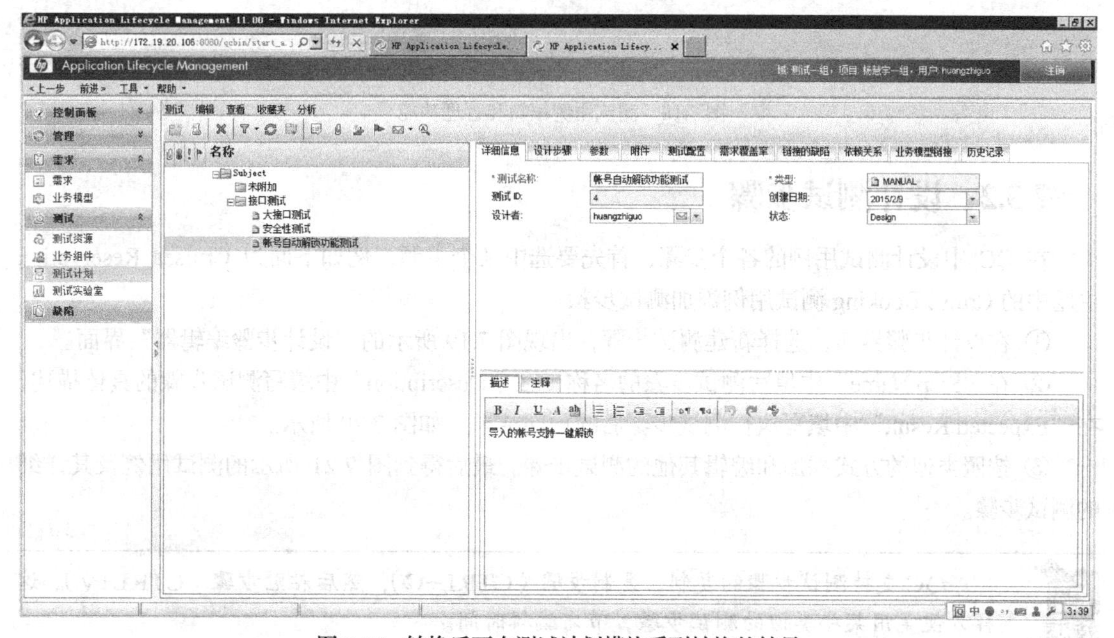

图 7.17　转换后可在测试计划模块看到转换的结果

7.3 测试计划管理

在测试计划模块中，可以用一个树形的结构来组织测试用例。

7.3.1 测试用例的管理

测试用例是测试计划的细化表现，测试用例告诉测试人员如何执行测试、覆盖测试需求，测试用例的设计和编写是测试过程管理的重点。QC 在测试计划模块提供了测试计划树（见图 7.18）用于组织测试范围、主题和要点，测试用例则挂接在测试计划树中，QC 提供了完善的测试用例编辑和管理功能。

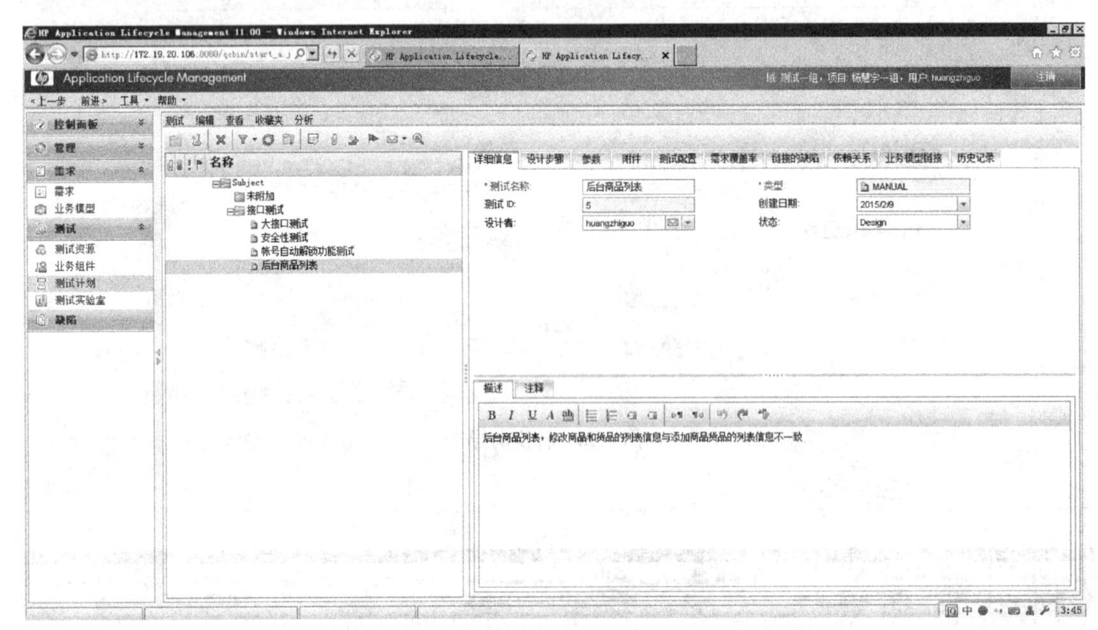

图 7.18 测试用例编辑和管理功能

7.3.2 设计测试步骤

在 QC 中设计测试用例的各个步骤，首先要选中某个主题，例如下面为 Cruises Reservation 主题中的 Cruise Booking 测试用例添加测试步骤。

① 在设计步骤界面，选择新建测试步骤，出现图 7.19 所示的“设计步骤编辑器”界面。

② 在“Step Name”中填写测试步骤的名称，在“Description”中填写测试步骤的具体描述，在“Expected Result”中填写执行测试步骤后的预期结果，如图 7.20 所示。

③ 按照类似的方式添加和编辑其他的测试步骤。最后得到图 7.21 所示的测试用例及其详细的测试步骤。

QC 支持测试步骤的复制，复制步骤（CTRL+C），然后粘贴步骤（CTRL+V）。这样方便重用某些类似的测试步骤，节省编辑时间。

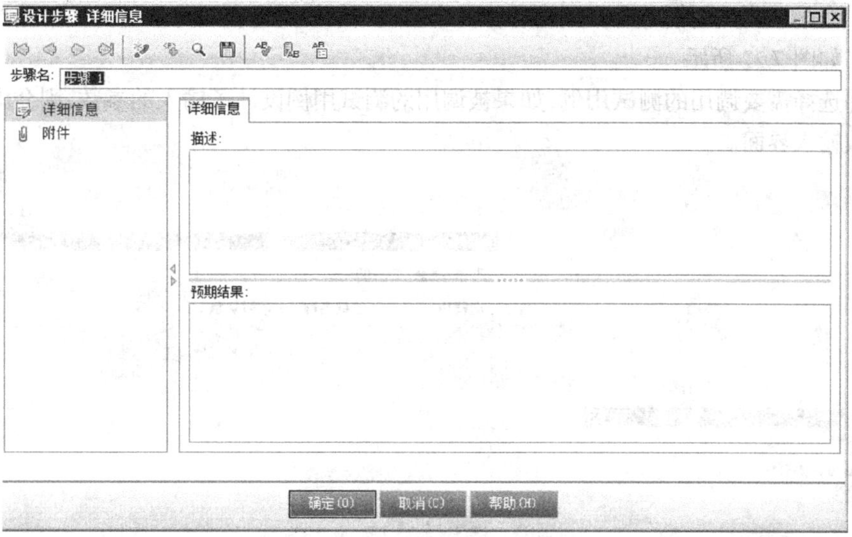

图 7.19　设计步骤编辑器界面

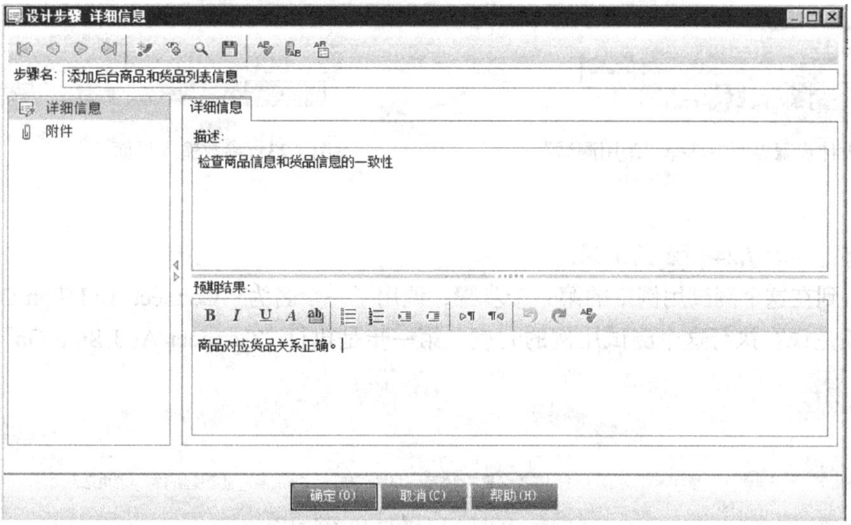

图 7.20　填写预期结果

图 7.21　最终的测试用例及其详细的测试步骤

7.3.3　测试用例的重用

对于一些测试用例是公共的，可被很多测试用例调用的情况，QC 提供了复用机制，让测试用例设计模块化、参数化。

例如，在某个测试用例中需要调用另外一个测试用例，则可在设计步骤界面中选择“调用测试”选项，如图 7.22 所示。

查找并选择需要调用的测试用例,如果被调用的测试用例设计了输入的参数,则会出现图 7.23 所示的参数输入界面。

图 7.22　在设计步骤界面中选择“调用测试”

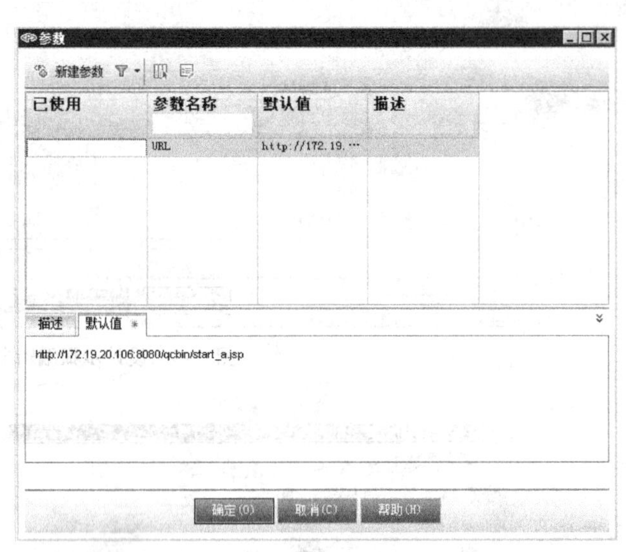

图 7.23　参数输入界面

最后将得到图 7.24 所示的结果。

可以看到在这个测试用例中的第一个步骤，调用了一个名为“Connect And Sign-On”的测试用例，也就是说在执行这个测试用例的时候，第一步是执行“Connect And Sign-On”这个测试用例。

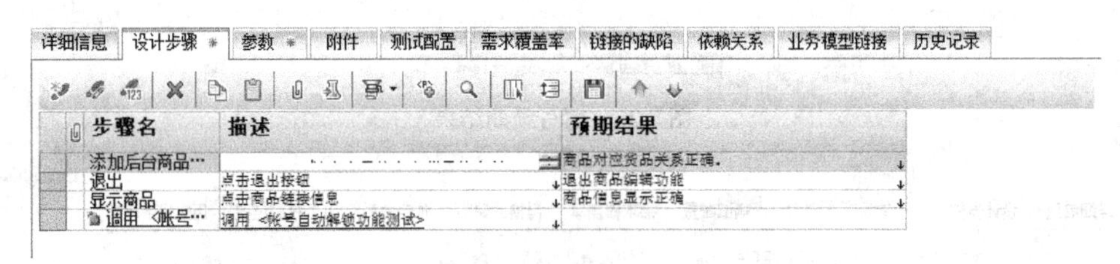

图 7.24　最终的测试用例

7.3.4　测试用例对需求项的覆盖

设计测试用例的目的是用于覆盖测试需求项，只有测试需求项都得到了一定程度的覆盖，并且执行了相应的测试用例，才能说用户的需求得到了充分的验证。

下面介绍如何将测试需求项链接到测试用例。在测试计划树中选择某个测试用例，例如图 7.25 中的“后台商品列表”，然后在右边界面选择“需求覆盖”选项卡。

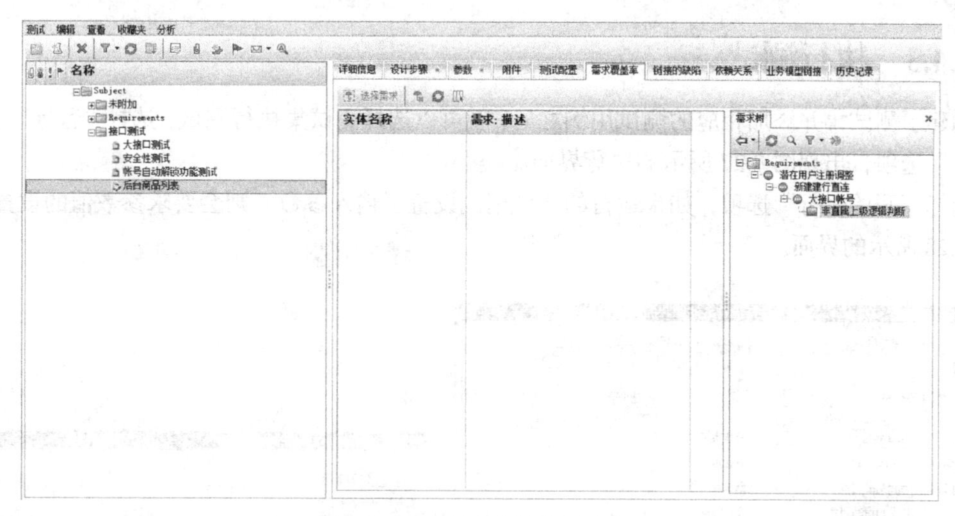

图 7.25　选择“需求覆盖”选项卡

7.4　测 试 执 行

在设计测试用例之后，如果被测试的程序也准备就绪了，就可以进行测试任务的定义以及测试任务的分配，由测试人员来执行测试用例。QC 在测试实验室（Test Lab）模块提供了定义测试集、选择测试用例、执行测试用例、登记测试执行情况的功能。

7.4.1　定义测试集

为了方便测试任务的分配，可以把一些测试用例打包成测试集（Test Sets），对测试集可以分配工作周期、添加附件，还可以对测试集添加概要图，以便进行活动分析。

7.4.2　为测试集添加测试用例

添加测试集后，就可以为测试集添加测试用例了，如图 7.26 所示。

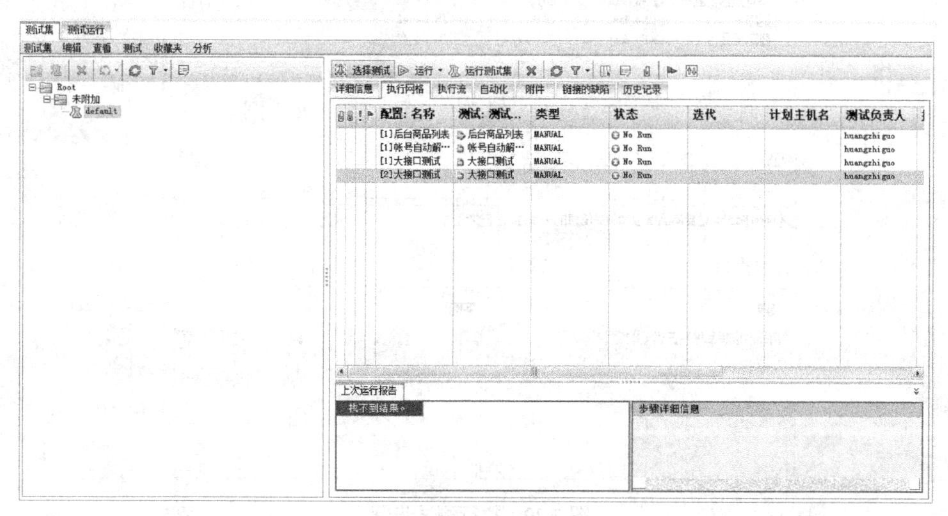

图 7.26　为测试集添加测试用例

7.4.3 执行测试

创建了测试集并添加相应的测试用例之后，就可以选择测试集执行测试，选择“运行”→“手工运行”选项，出现图 7.27 所示的执行界面。

选择“开始运行”选项，如果运行的测试用例设置了输入参数，则会要求参数值的设置，出现图 7.28 所示的界面。

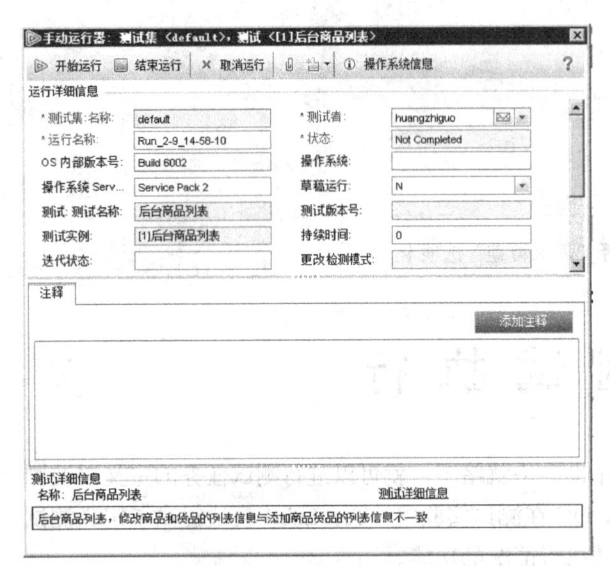

图 7.27 执行测试界面

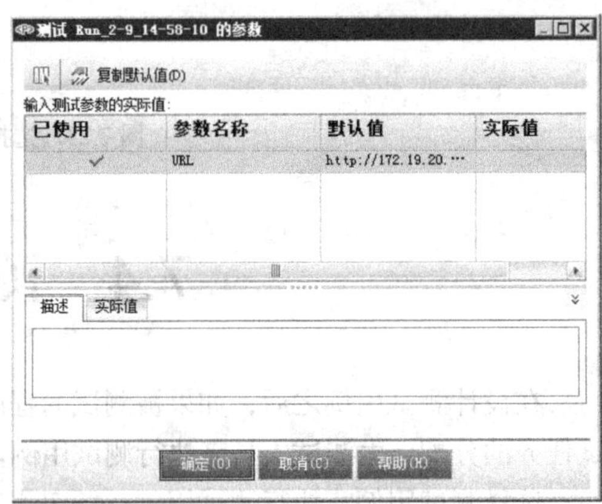

图 7.28 输入参数值

输入参数，一步步执行测试用例中的测试步骤，如图 7.29 所示。在“实际”中输入实际测试结果，标记测试步骤是否通过。

图 7.29 执行测试步骤

7.5　缺陷登记与跟踪

在执行测试的过程中，如果发现了被测试程序的缺陷，则需要将 Bug 录入到 QC 中进行跟踪。

7.5.1　添加新缺陷

可以在测试实验室的测试执行过程中登记和录入缺陷，也可以切换到缺陷模块，在缺陷模块中新建缺陷，如图 7.30 所示。

一般常见的缺陷登记字段包括以下内容。

① 摘要：缺陷的简要描述、标题。

② 优先级：选择缺陷的优先级。

③ 严重程度：缺陷的严重级别。

④ 状态：缺陷生命周期中的各个状态。

⑤ 检测于版本：在软件的哪个版本发现的缺陷。

⑥ 描述：缺陷的具体描述。

除了描述文字外，还可以通过附加 URL、附加截图、文件的方式来描述缺陷。

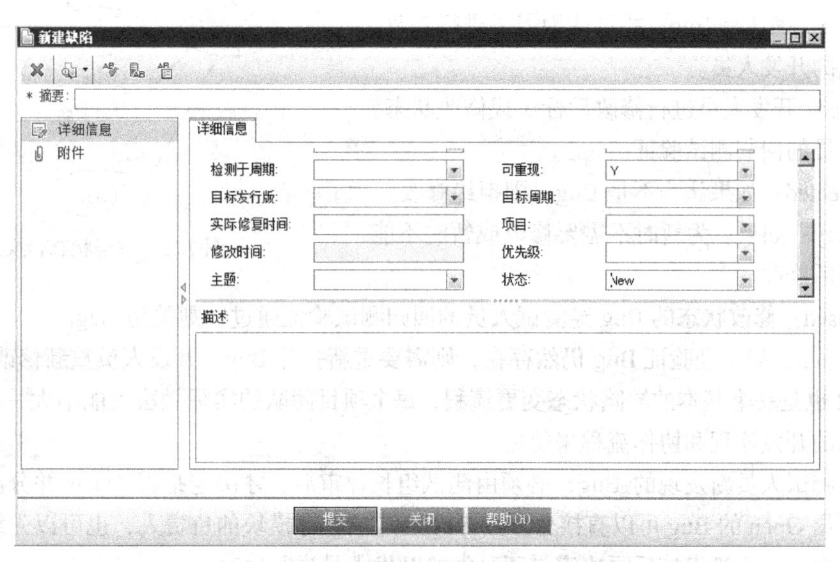

图 7.30　在缺陷模块中新建缺陷

7.5.2　如何避免录入冗余的缺陷

QC 中提供了避免录入冗余缺陷的辅助功能，例如，已经录入了一个缺陷，ID 号为 37，如果想查找与 ID 为 37 的缺陷类似的缺陷，可以选中 37 号缺陷，然后选择“查找类似缺陷”选项，QC 会根据缺陷描述内容的相似度，提示用户有哪些缺陷是类似的，如图 7.31 所示。

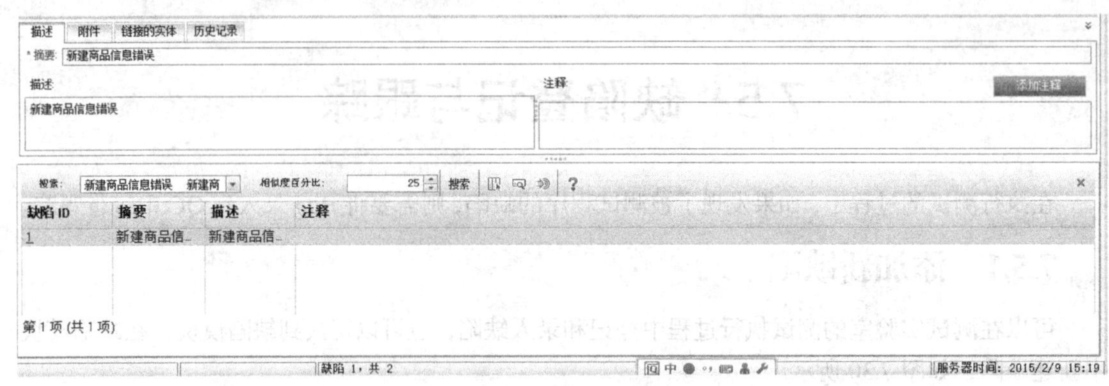

图 7.31 查找类似缺陷

如果发现缺陷相似度超过 80%的，则要仔细分析是否录入了冗余的缺陷，是否应该去掉。

7.5.3 BUG 的生命周期

录入缺陷后，测试人员应该跟踪一个缺陷的整个生命周期，从 Open 到 Closed 的所有状态。通常一个典型的缺陷状态转换流程如图 7.32 所示。

① New：新发现的 Bug，未经评审决定是否指派给开发人员进行修改。

② Open：确认是 Bug，并且认为需要进行修改，指派给相应的开发人员。

③ Fixed：开发人员进行修改后标识成修改状态，有待测试人员的回归测试验证。

④ Rejected：如果认为不是 Bug，则拒绝修改。

⑤ Delay：如果认为暂时不需要修改或暂时不能修改，则延后修改。

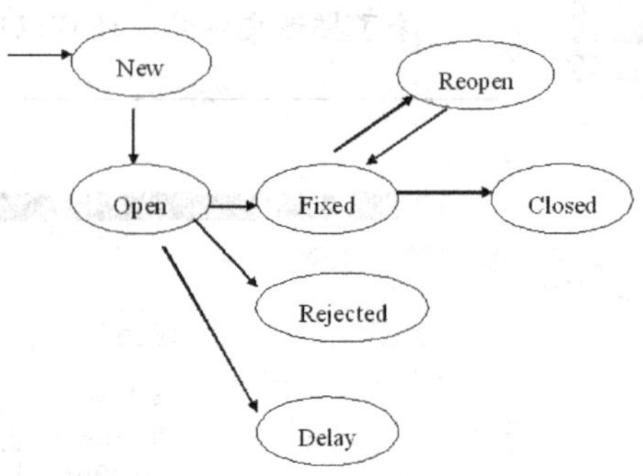

图 7.32 缺陷状态转换图

⑥ Closed：修改状态的 Bug 经测试人员的回归测试验证通过，则关闭 Bug。

⑦ Reopen：如果经验证 Bug 仍然存在，则需要重新打开 Bug，开发人员重新修改。

图 7.32 也是一个基本的缺陷状态变更流程，每个项目团队的实际做法可能不大一样，并且需要结合实际的开发流程和协作流程来使用。

例如，测试人员新发现的 Bug，必须由测试组长评审后，才决定是否 Open 并分派给开发人员。测试人员 Open 的 Bug 可以直接分派给 Bug 对应的程序模块的负责人，也可以先统一提交给开发主管，由开发主管审核后再决定是否分派给开发人员进行修改。

Bug 的跟踪以及状态变更应该遵循一些基本原则。

① 测试人员对每一个缺陷的修改必须重新取一个包含更改后的代码的新版本进行回归测试，确保相同的问题不再出现，才能关闭缺陷。

② 对于拒绝修改和延迟修改的 Bug，需要经过包含测试人员代表和开发人员代表、用户方面代表（或代表用户角度的人）的评审。

注意　在 QC 中，主要是通过工作流来跟踪管理缺陷的，不同的角色在做好自己的工作之后，就可以查找相应的缺陷，修改缺陷的状态（Status 字段）。

7.5.4　把缺陷链接到测试

把录入的缺陷链接到测试，这样有利于统计测试用例执行的缺陷发现率。链接的方法是打开测试计划树，选择某个测试用例，例如图 7.33 中的后台商品列表。

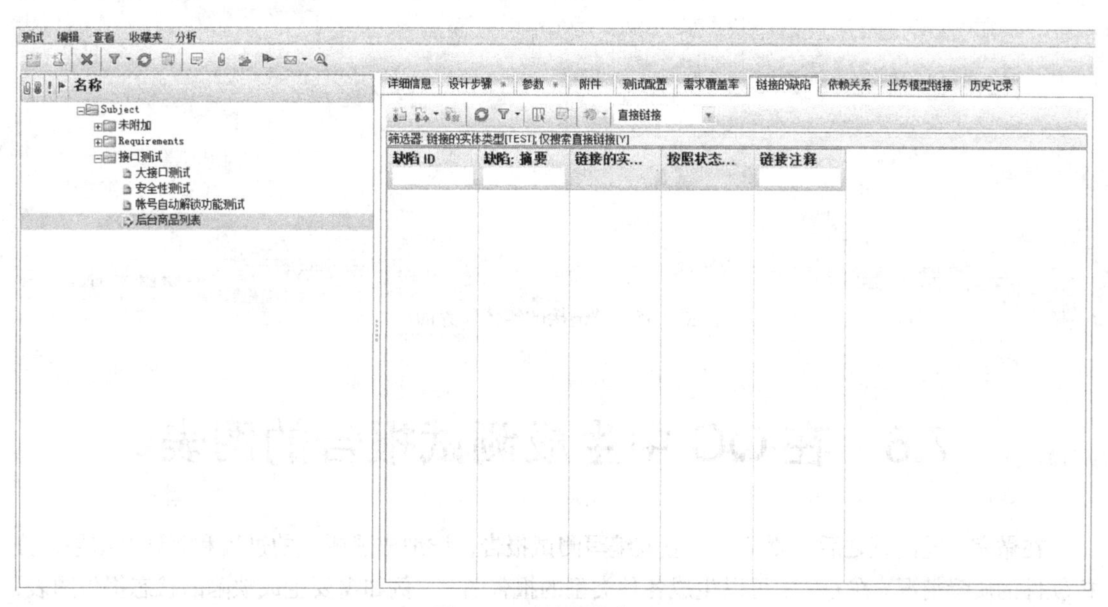

图 7.33　链接的缺陷界面

在右边部分选择“链接的缺陷”选项，然后选择“链接现有缺陷”→“选择”选项，在图 7.34 所示的界面中选择要链接到测试用例的缺陷。

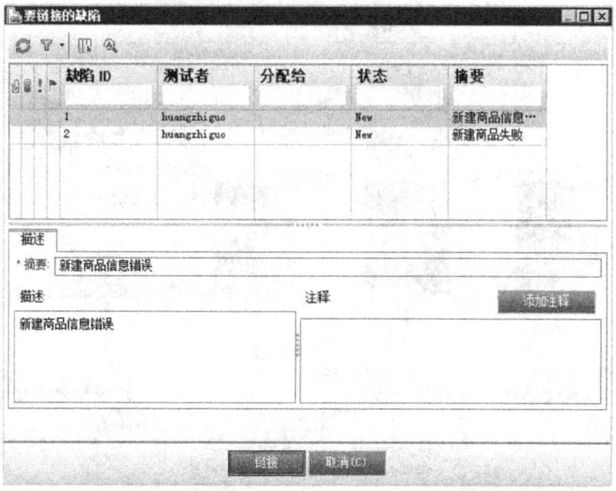

图 7.34　选择要链接到测试用例的缺陷

链接之后，在缺陷模块中被链接的缺陷也可以看到链接的测试用例有哪些。在图 7.35 所示的“链接的实体”界面中可以看到所链接的测试用例。

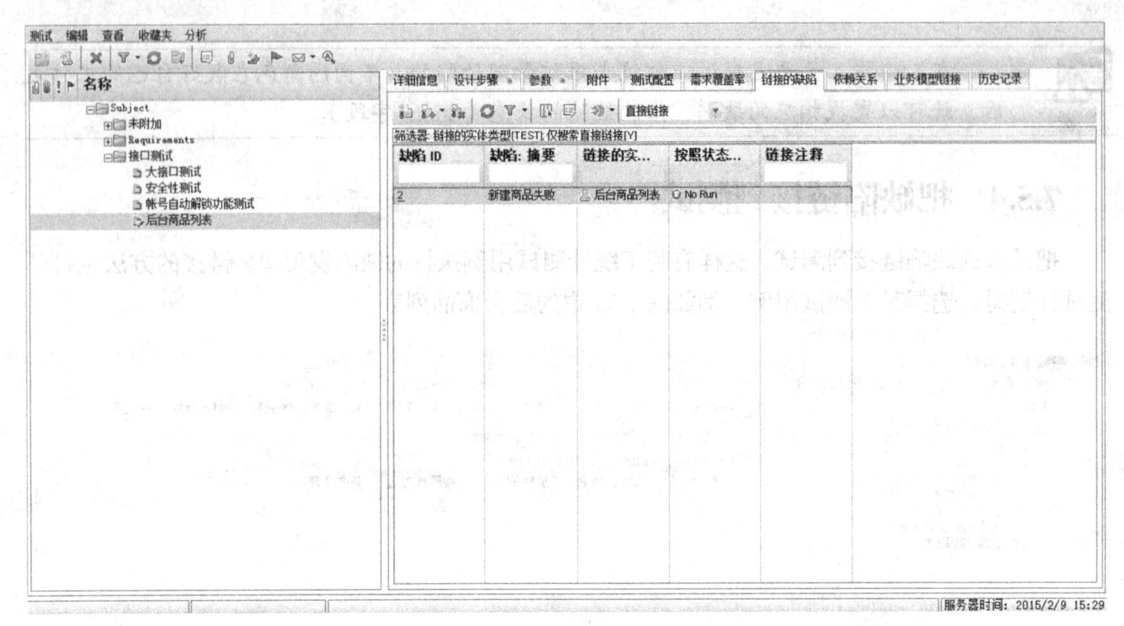

图 7.35 “链接的实体”界面

7.6 在 QC 中生成测试报告的图表

在做完一轮测试之后，测试人员应该编写测试报告，详细描述测试的过程和测试的结果，分析软件的质量情况。在 QC 中可以生成各种类型的报告图表，例如需要生成缺陷的状态报告图表，可以在缺陷模块中选择“分析”菜单，然后选择缺陷分析中的“图”，再选择“<摘要> - 按“状态”分组”，如图 7.36 所示。

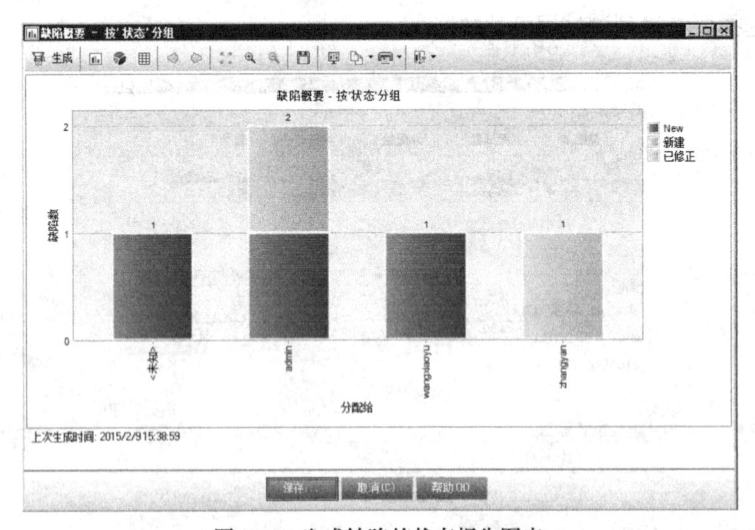

图 7.36 生成缺陷的状态报告图表

生成的图表可以复制，然后粘贴到测试报告的适当位置，这样就可以形成一份“图文并茂”的测试报告了。

7.7　基于 QC 的测试项目管理

测试项目的管理包括流程的管理、人员的管理、权限的管理等方面，基于 QC 来实施测试项目的管理可以节省大量的工作，大家围绕着 QC 来实施自己的工作，与其他项目组成员协作、交流。

7.7.1　QC 的库结构

QC 的库主要分为 QC 项目库和站点管理库（SA），如图 7.37 所示。

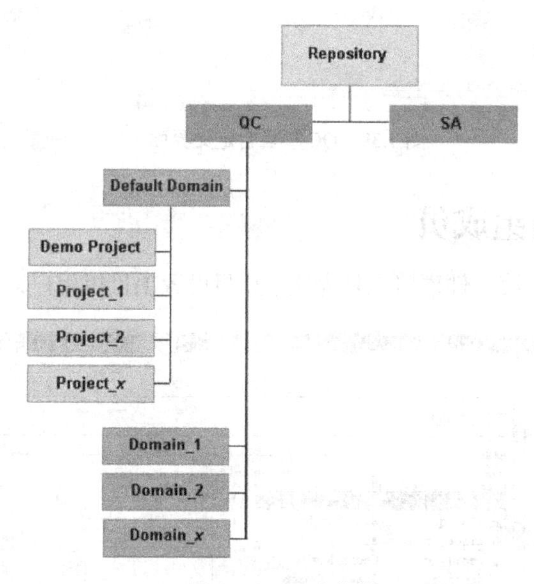

图 7.37　QC 库结构

其中 QC 库又可以分为不同的域，每个域中可以有多个项目库。

7.7.2　创建 QC 项目库

当创建 QC 项目库时，可以选择把项目数据（主要是图片、附件、设置、脚本等文件）存储在项目的数据库中，也可以把项目数据存储在文件系统中。

如果选择存储在项目的数据库中，QC 项目库的 REPOSITORY 表将存储这些数据。如果把项目数据存储在文件系统中，QC 将在创建的 QC 库的指定目录建立 attach、components、script_templates、StyleSheets、tests、dbid.xml 等目录和文件。

创建项目时可以选择“创建一个空项目”选项、“通过从现有项目中复制数据来创建一个项目”选项，或者“通过从已导出的 Quality Center 项目文件中导入数据来创建一个项目”选项即可。

7.7.3　定制项目

通过 QC 站点管理默认创建的项目未必能满足团队的需求，因此需要进行定制，方法是在 QC 中选择“工具”→“自定义”选项，在图 7.38 所示的界面中对 QC 项目进行自定义。

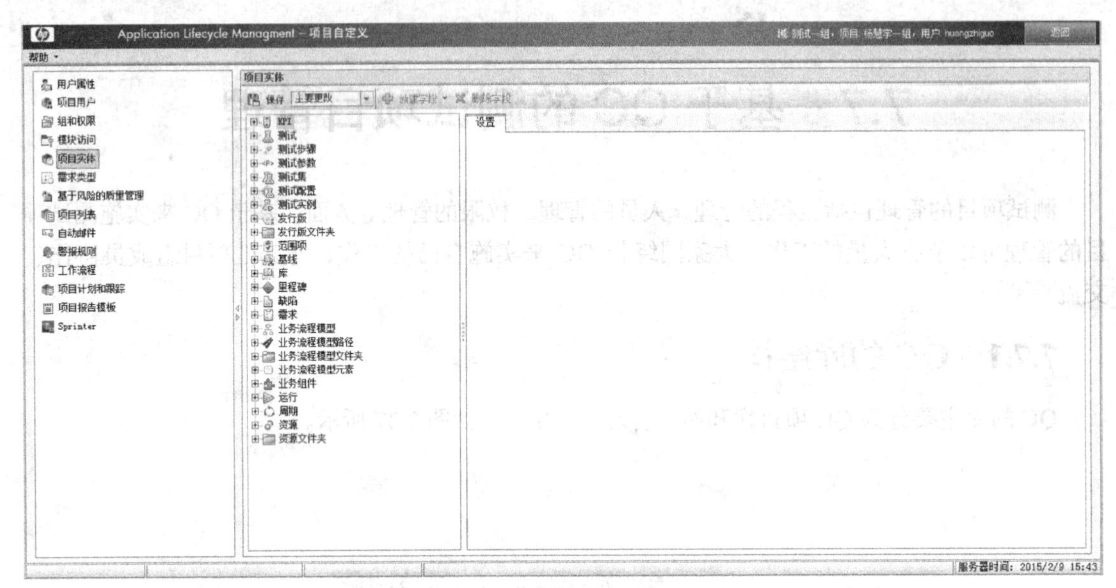

图 7.38　QC 项目自定义界面

7.7.4　添加项目组成员

在新建了 QC 项目后，第一件事情就是为这个项目设置项目组用户，如图 7.39 所示。

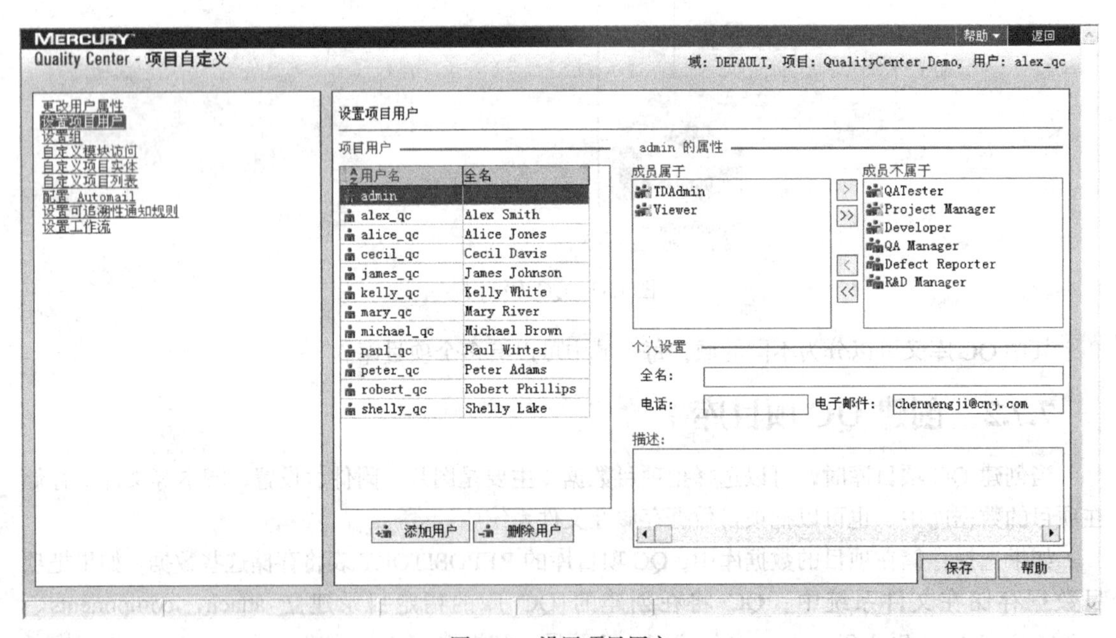

图 7.39　设置项目用户

添加用户后，可以为用户设置所属的角色，如图 7.40 所示，每个角色所拥有的权限是不一样的。

说明

QC 默认定义的用户组权限有 TDAdmin、Project Manager、QATester、Developer、Viewer，我们可以基于这些默认的角色再创建新的角色。

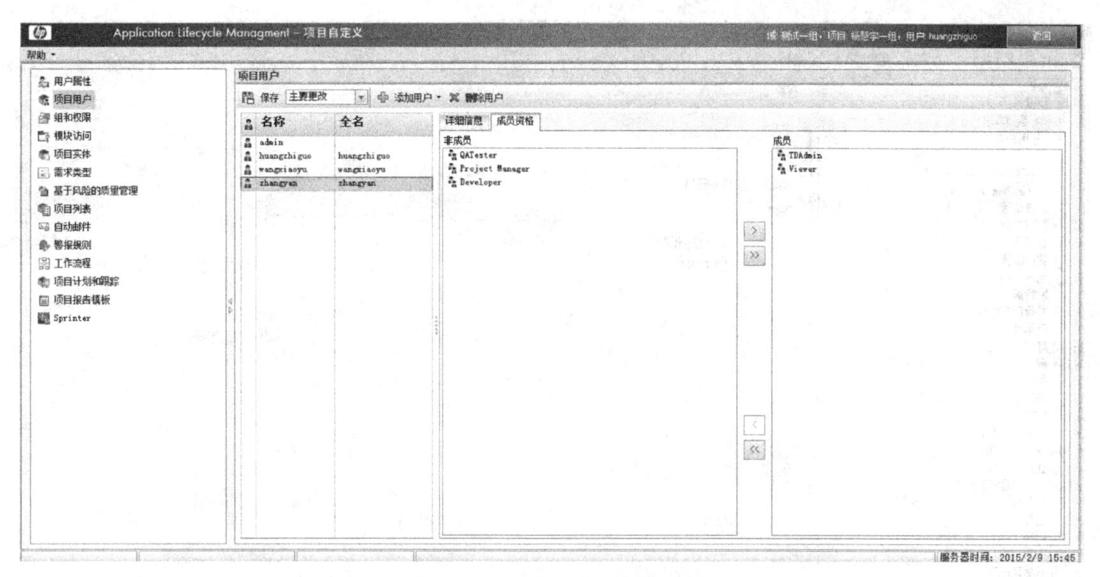

图 7.40　为用户设置所属的角色

7.7.5　自定义 QC 的数据字段

有些时候我们需要在描述缺陷时增加额外的字段，这时候就需要在定制 QC 项目时定义 QC 的项目实体，可以为"缺陷"、"测试用例"、"测试步骤"、"需求"、"测试集"等项目实体增加额外的字段，如图 7.41 所示。

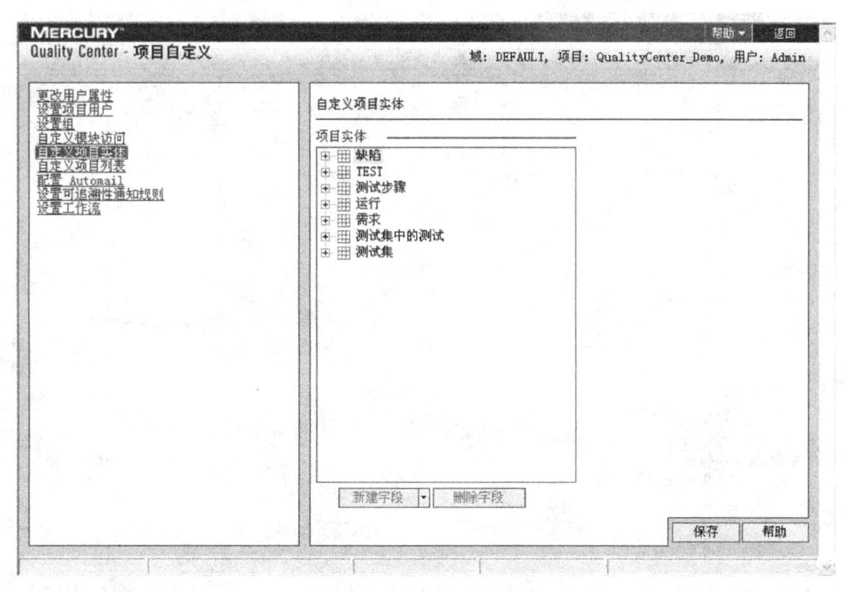

图 7.41　自定义项目实体

具体方法是，选择"缺陷"→"用户字段"→"新建字段"选项，在图 7.42 所示的界面中填写新建字段的信息。

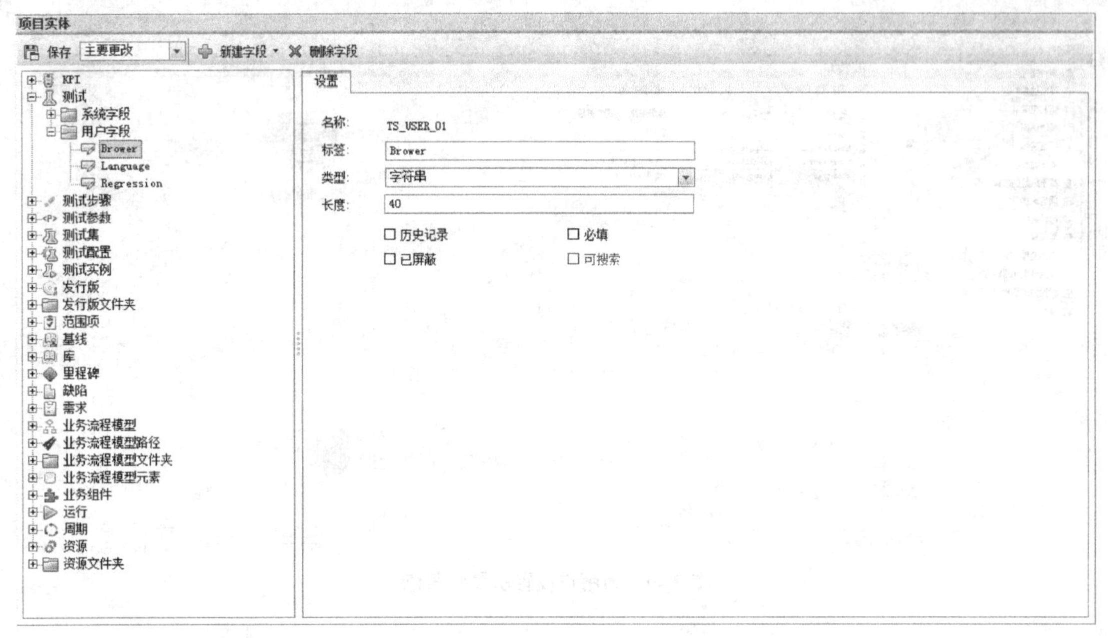

图 7.42　填写新建字段的信息

例如，为缺陷添加的界面增加一个字段标签 Database，用于选择缺陷出现的数据库。这样就需要再定义一个项目列表，用于包含“Database”的数据库项，在图 7.43 所示的界面新建一个列表项。

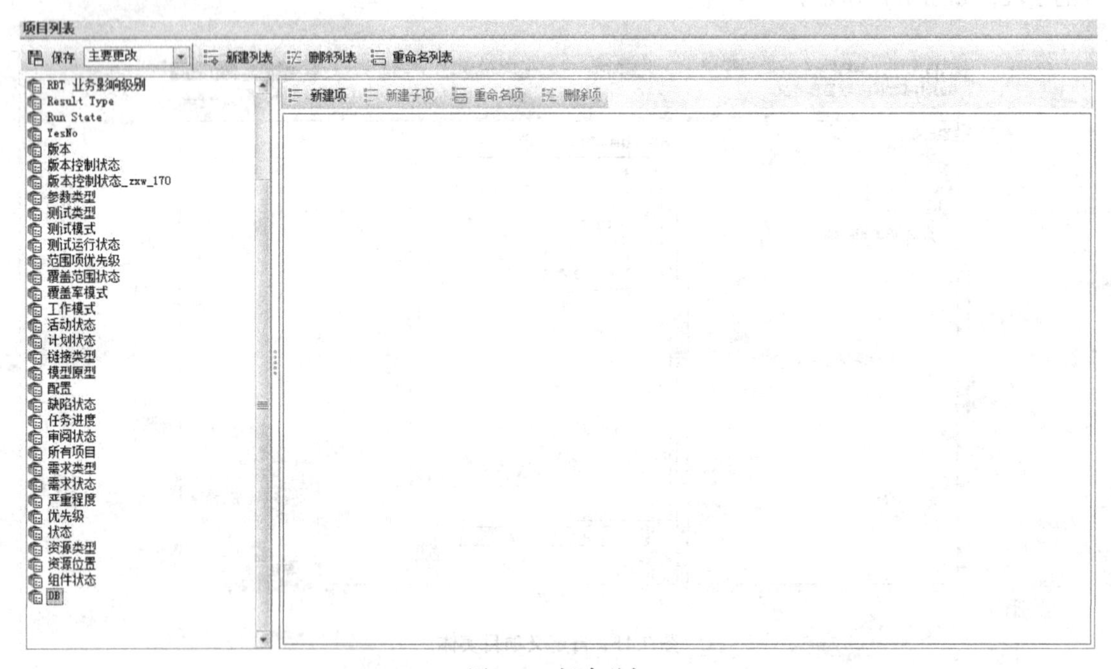

图 7.43　新建列表

在新建列表的对话框中填写列表名，例如“DB”，然后在图 7.44 所示的界面中，为“DB”列表项添加各项数据库名称。

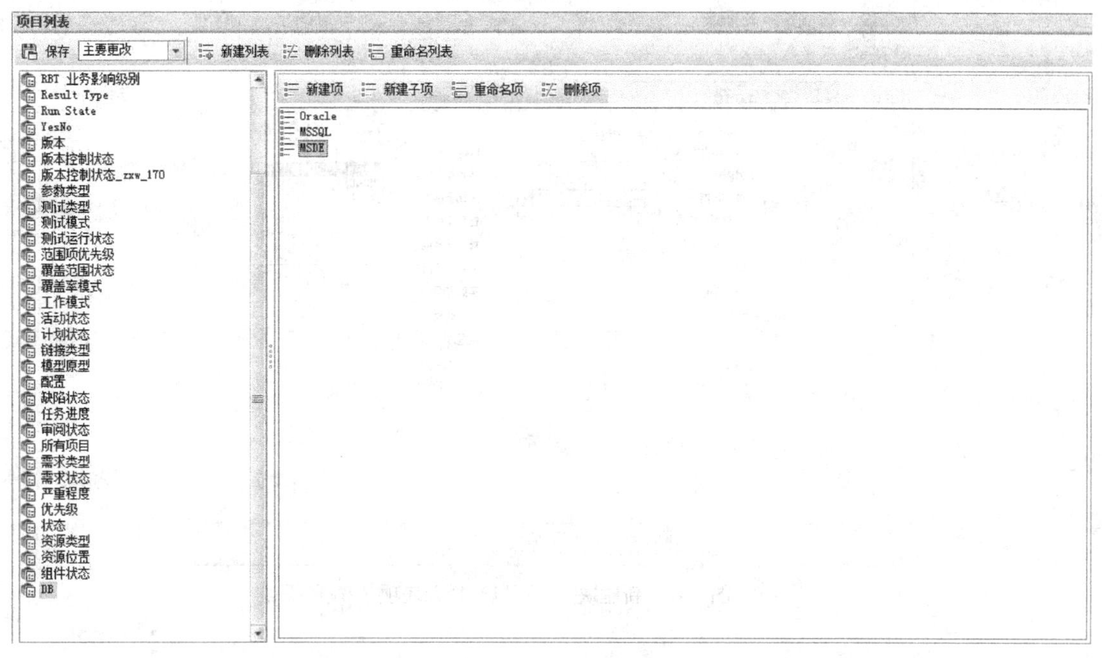

图 7.44　定义列表项

添加完毕后，需要把列表项绑定到前面添加的“Database”字段，如图 7.45 所示。

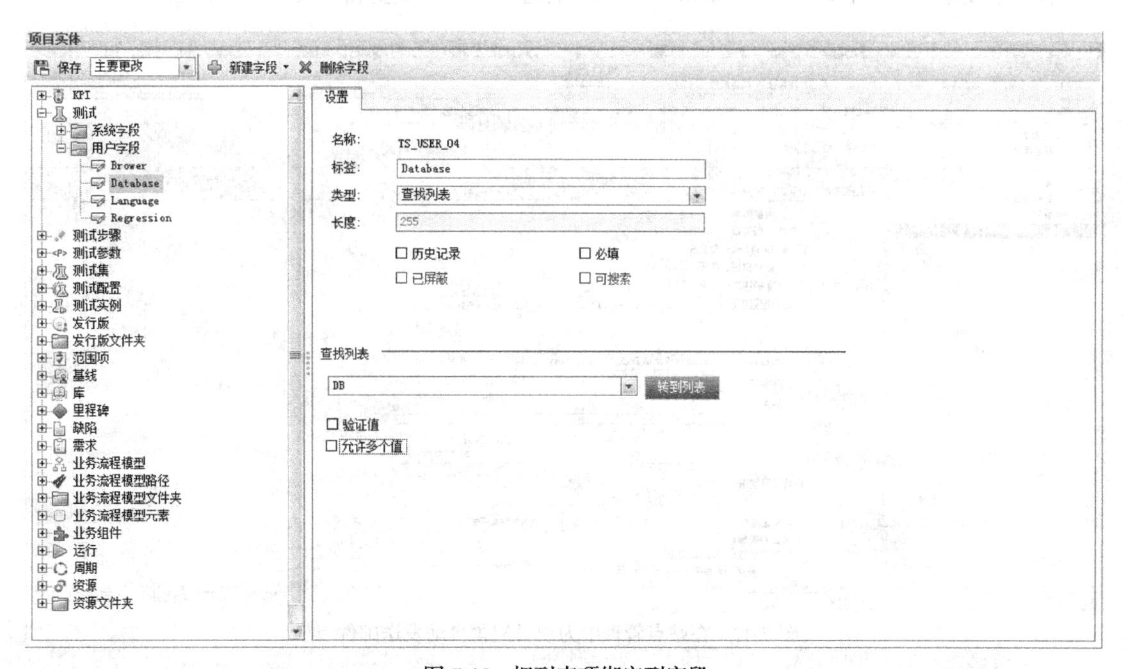

图 7.45　把列表项绑定到字段

这样，在缺陷模块中新建缺陷时，就会多出一个“Database”选择框，可以选择各项数据库类型，如图 7.46 所示。

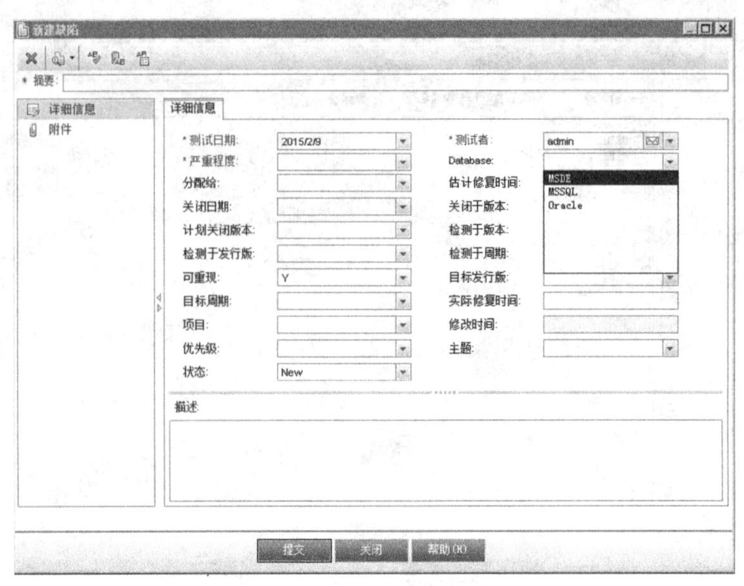

图 7.46　新建缺陷时可以选择列表项

7.7.6　配置跟踪提醒规则

QC 支持为某些规则触发并发送邮件通知。这个功能有利于缺陷的自动跟踪、及时通知相关人员处理，提高缺陷跟踪管理的效率。

首先需要登录站点管理（SiteAdmin），在站点管理中为项目配置自动发送邮件，如图 7.47 所示。

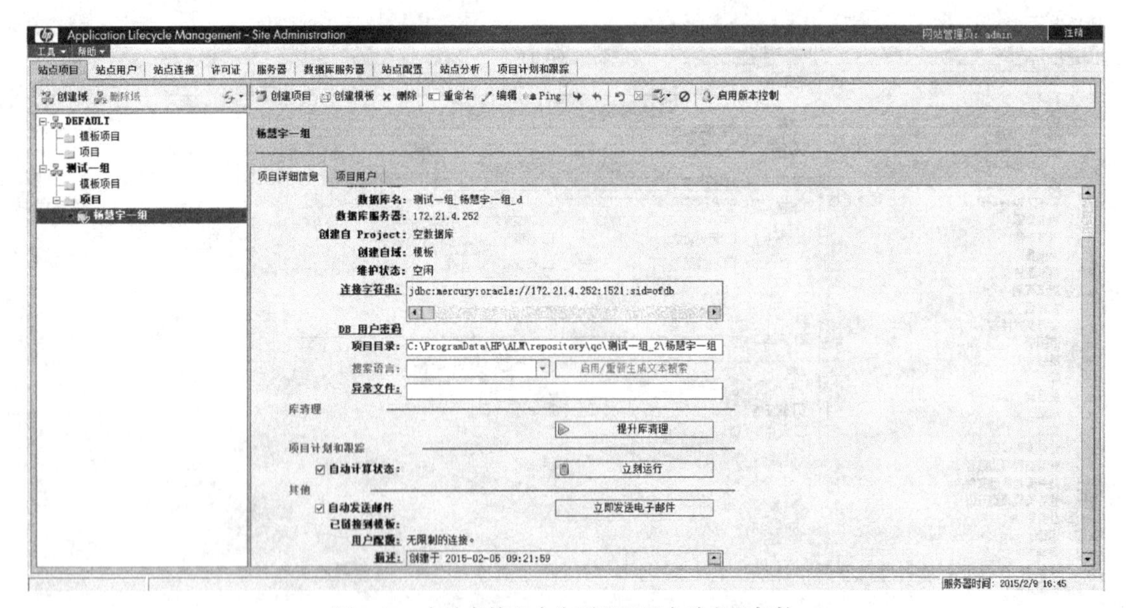

图 7.47　在站点管理中为项目配置自动发送邮件

在“站点用户”界面，可以为每个用户设置邮件地址，如图 7.48 所示。

在“站点配置”界面，可以设置发送邮件的间隔，如图 7.49 所示。

在站点管理中设置好邮件自动发送之后，就可以回到 QC 项目自定义界面，选择“自动邮件”选项，来定制自动发送邮件的规则，如图 7.50 所示。

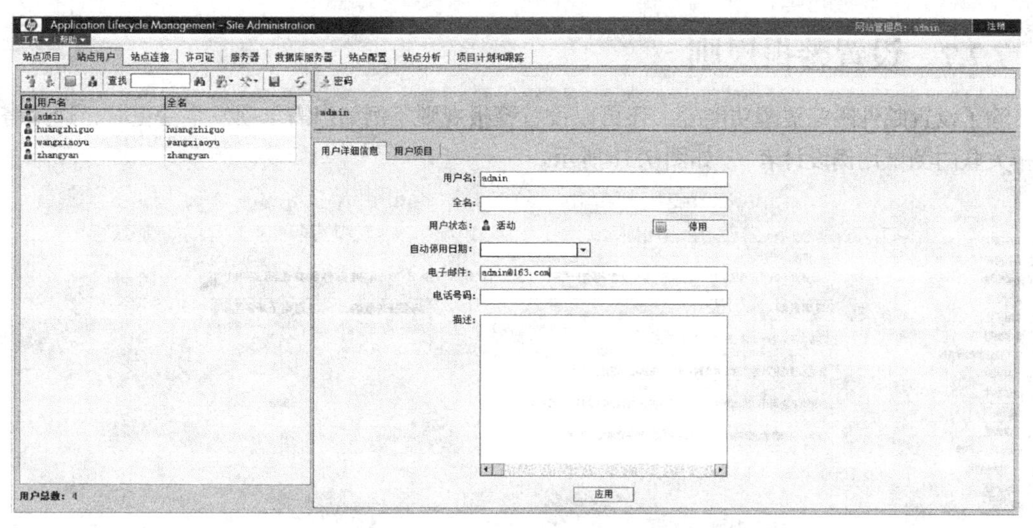

图 7.48　为用户设置邮件地址

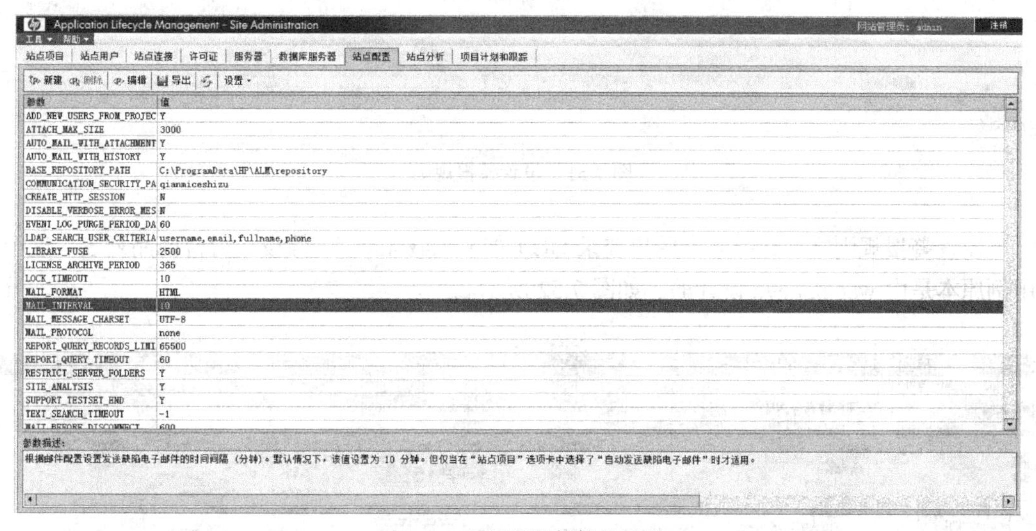

图 7.49　设置发送邮件的间隔

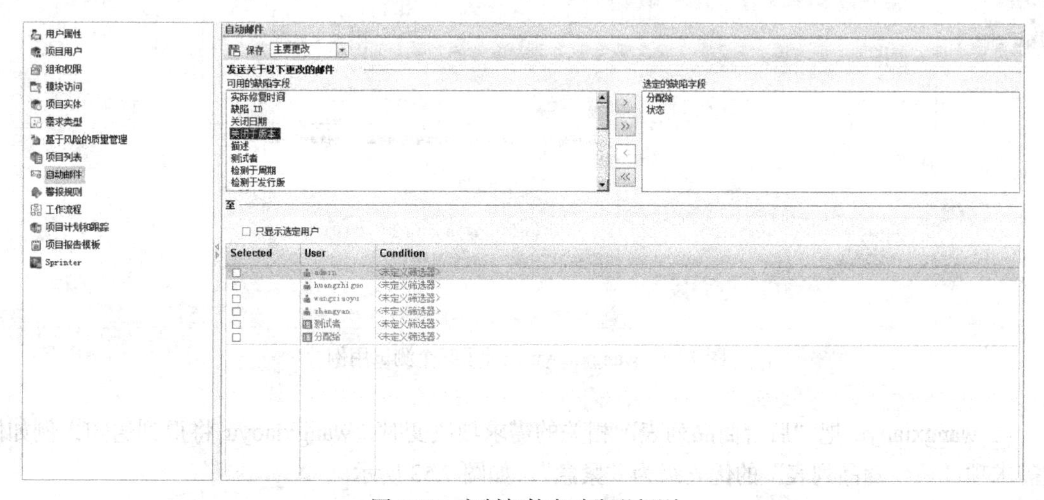

图 7.50　定制邮件自动发送规则

7.7.7 设置警报规则

除了设置邮件跟踪提醒功能外，还可以设置警报规则（例如当需求项发生变更时，通知需求项相关联的测试用例设计者），如图 7.51 所示。

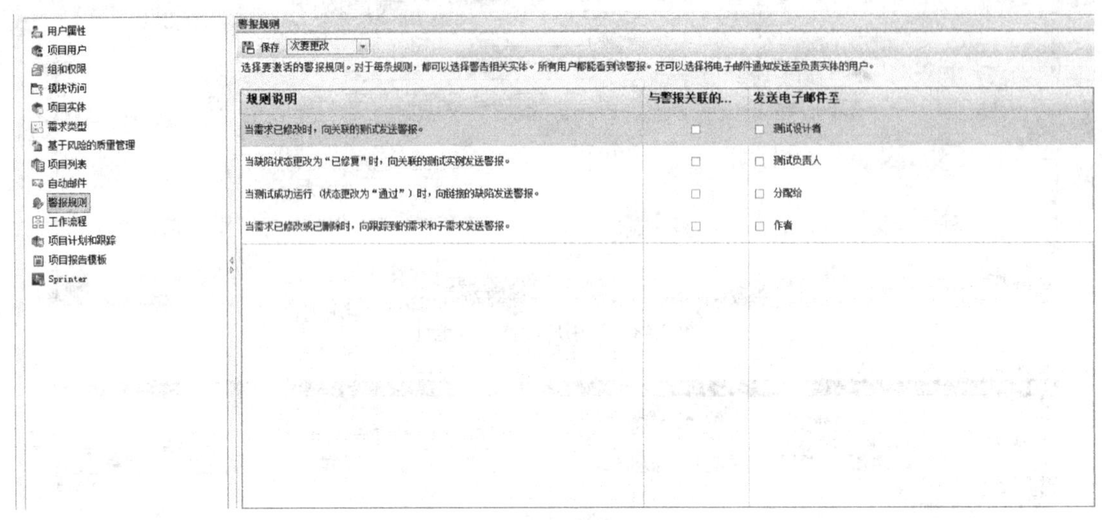

图 7.51　设置警报规则

当设置警报规则之后，以某个用户登录 QC（如 wangxiaoyu），假设“后台商品列表”这个测试用例原本是由 wangxiaoyu 设计的，如图 7.52 所示。

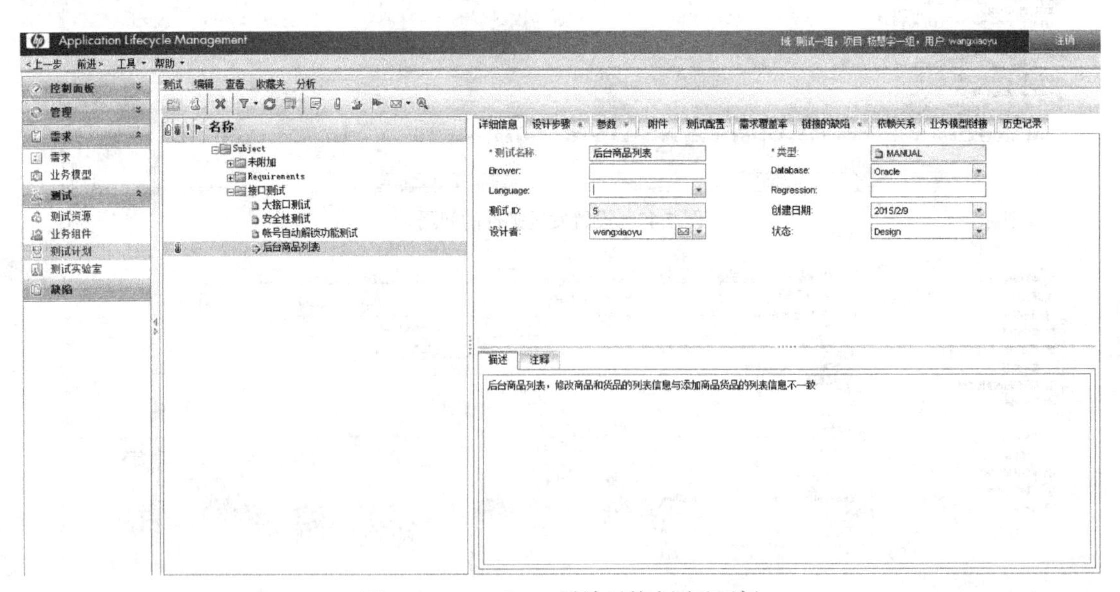

图 7.52　wangxiaoyu 设计了某个测试用例

当 wangxiaoyu 把“后台商品列表”相关的需求项改变时，wangxiaoyu 将得到通知，例如修改需求项“后台商品列表”的优先级为“紧急”，如图 7.53 所示。

在配置好邮件服务器的前提下，wangxiaoyu 将得到邮件通知。

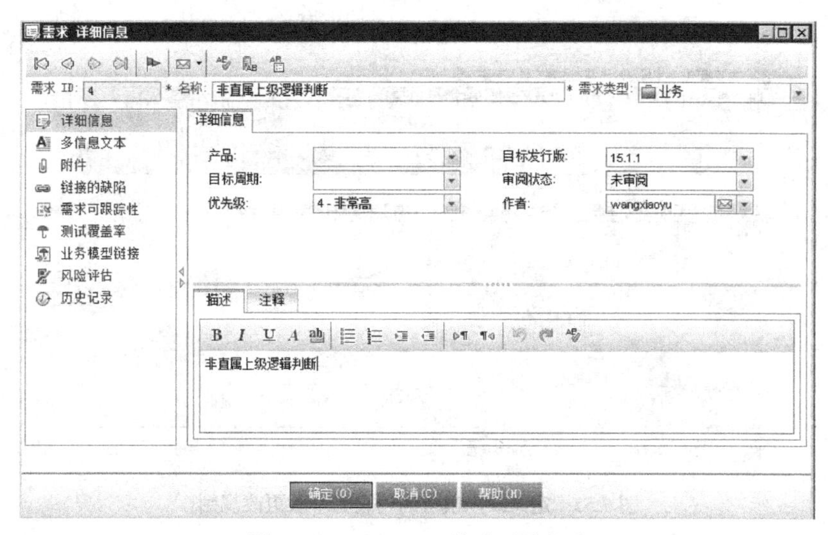

图 7.53 wangxiaoyu 修改了需求项

7.7.8 设置工作流

通过设置工作流，可以限制和动态更改 QC 模块中的字段和值，可以有多种方式来定制工作流，包括使用脚本生成器和脚本编辑器，如图 7.54 所示。

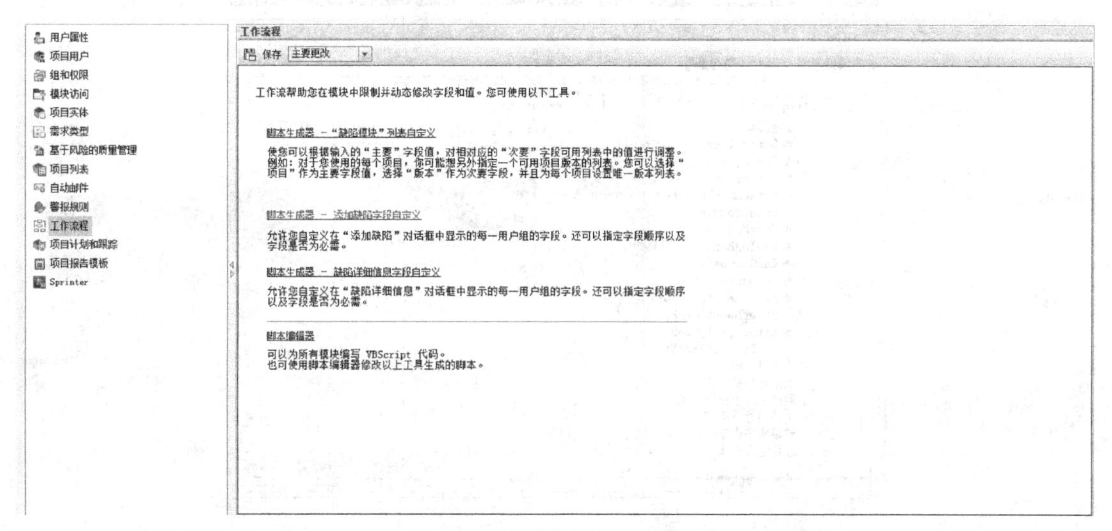

图 7.54 可以有多种方式来定制工作流

7.7.9 “缺陷模块”列表自定义

使用脚本生成器，可以定义缺陷模块的列表的字段更改规则。例如，在图 7.55 所示的界面中，定义了当“Project”字段的值发生改变时，“Detected in Version”的选择列表也将随之更改。

这样设置之后，在 QC 的缺陷模块录入缺陷时，当选择“Project”字段的不同值时，“Detected in Version”字段的列表项也随之变化。

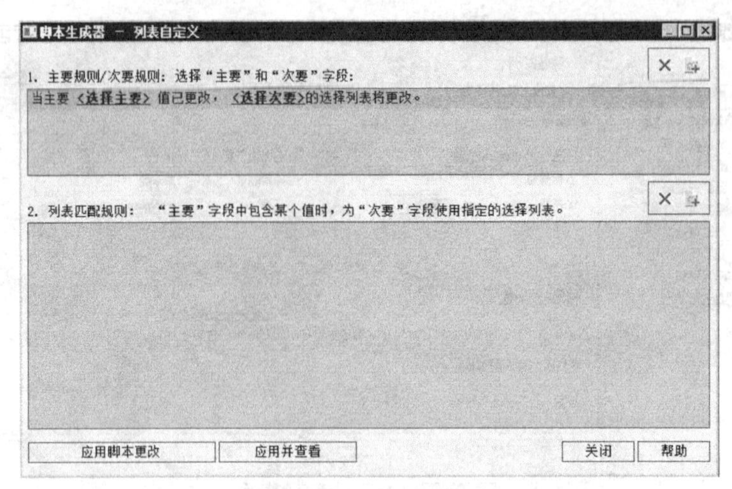

图 7.55　定义缺陷模块的列表的字段更改规则

7.7.10　脚本编辑器

除了利用脚本生成器进行工作流的定制外，还可以直接使用脚本编辑器，通过编写 VBS 脚本的方式来定制工作流，如图 7.56 所示。

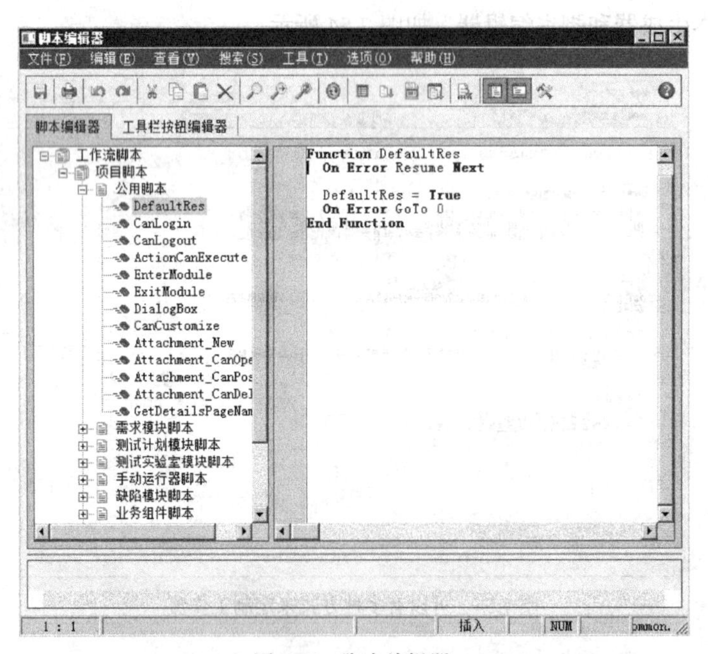

图 7.56　脚本编辑器

脚本编辑器中用函数定义了各种可触发的事件，可以在函数中编写自定义的处理，从而实现工作流的定义。

例如，下面的脚本用于自定义 BUG 状态修改规则：

```
Sub Defects_Bug_FieldChange(FieldName) 'added by upgrade process
  Fields = Bug_Fields
  '**********************************************
```

```
    'Sub Bug_FieldChange (FieldName)
   'Enter code to be executed after a bug field is changed

           ' Set lists for version fields
      ' (Detected In Version, Planned Closing Version and Closed In Version)
      ' according to the value in Project field
           If FieldName = "BG_PROJECT" Then
               SetVersionList
      ' Set RDComments_IsChanged flag if the R&D Comments field was changed
       ElseIf FieldName = "BG_DEV_COMMENTS" Then
             RDComments_IsChanged = True
      ' Set Status_IsChanged flag if the Status was changed to 'Rejected' or 'Reopen'
       ElseIf FieldName = "BG_STATUS" Then
               If Fields("BG_STATUS").Value = "Rejected" Or Fields("BG_STATUS").Value =
"Reopen" Then
                      Status_IsChanged = True
        Else
                 Status_IsChanged = False
        End If
      End If

      ' 添加自定义的处理规则
      IF FieldName = "BG_STATUS" THEN
         IF Fields("BG_STATUS").Value = "Rejected" Then
            Msgbox "请注意填写 Rejected 的原因。"
         END IF
      End IF

    'End Sub
    '*********************************************
    WizardListCust ' 由向导添加

  End Sub
```

首先找到 Defects_Bug_FieldChange 函数，然后在其中添加自定义的处理规则，例如当缺陷状态发生改变并且被修改为“Rejected”状态时，弹出一个对话框，提醒修改者要注意填写 Rejected 的原因。

7.7.11　QC 项目的导入/导出

在站点管理中，可以使用多种方式对 QC 项目进行备份管理。可以通过导入/导出的方式进行，也可以通过备份还原的方式进行。

需要注意的是，只能导出那些“项目库（Project repository）”是设置为存储在数据库中的 QC 项目。也就是说，在创建 QC 项目时，需要选择“将项目的库存储在数据库中”，如图 7.57 所示。

否则在导出项目时将提示“您只能在升级项目并将其库从文件系统移到数据库之后将其导出”。

导出项目前需要将项目停用。

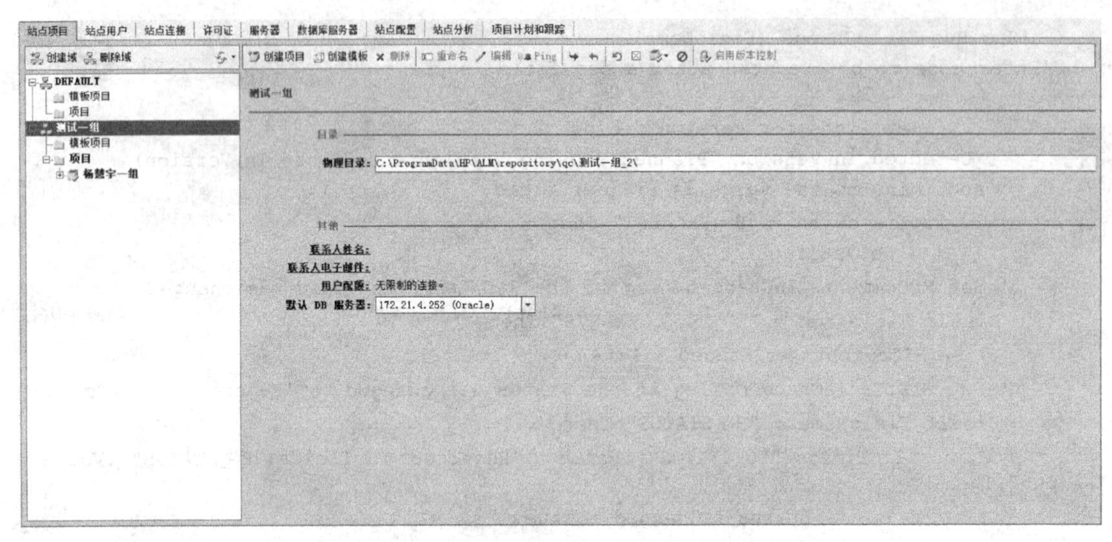

图 7.57 创建 QC 项目时选择“将项目的库存储在数据库中”

从 QC 项目文件导入项目的操作如下。

① 在图 7.58 所示的界面中选择之前导出的项目文件。

② 设置需要创建的项目名称，选择所在的域，如图 7.59 所示。

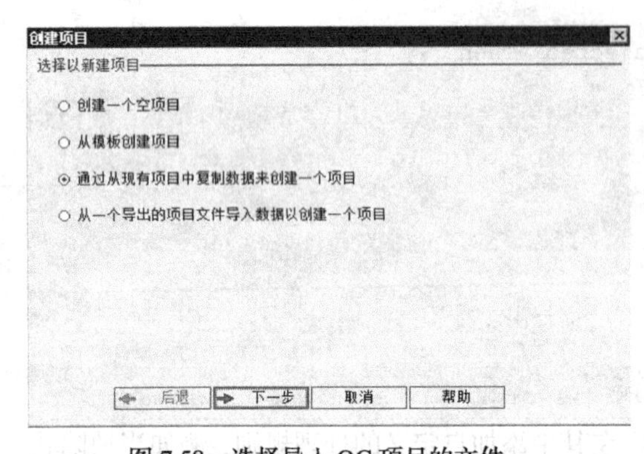

图 7.58 选择导入 QC 项目的文件

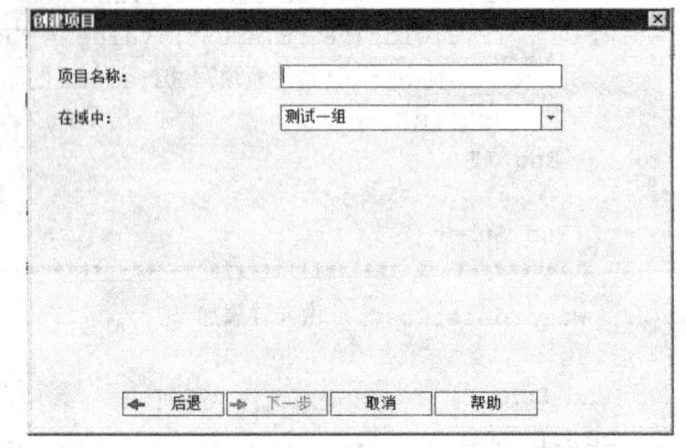

图 7.59 设置需要创建的项目名称

③ 设置项目的数据库连接，如图 7.60 所示。

④ 添加项目管理员，如图 7.61 所示。

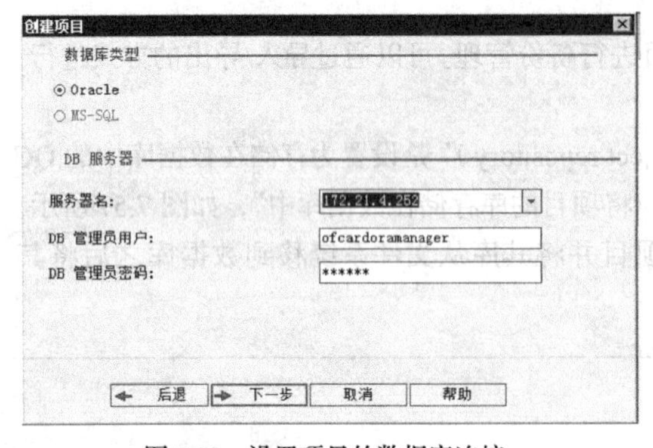

图 7.60 设置项目的数据库连接

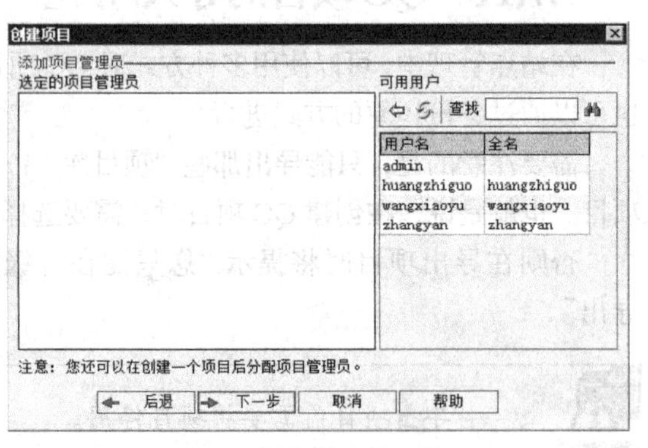

图 7.61 添加项目管理员

⑤ 下一步，选择“激活项目”并“创建”项目，如图 7.62 所示。

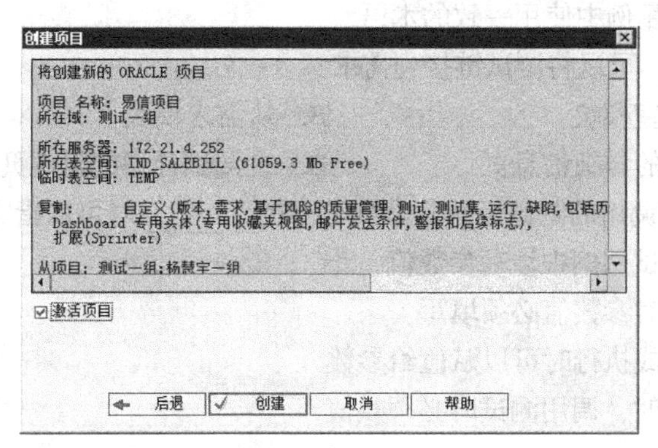

图 7.62　“激活项目”并“创建”项目

7.8 小　　结

（1）Ron Patton《Software Testing》Chapter 19. Reporting What You Find

（2）IEEE 829-1998 《Standard for Software Test Documentation》

（3）QC 官方下载地址：

https://h10078.www1.hp.com/cda/hpms/display/main/hpms_content.jsp?zn=bto&cp=1-11-127-24_4000_100__

（4）QC 数据库表结构：

http://blog.csdn.net/Testing_is_believing/archive/2010/01/24/5251802.aspx

（5）QC 论坛：

http://www.sqaforums.com/postlist.php?Cat=0&Board=UBB32

7.9 习　　题

一、选择题

1. 下述关于错误处理流程管理的原则，________的说法是不正确的。

   A. 为了保证正确地定位错误，需要有丰富测试经验的测试人员验证发现的错误是否是真正的错误，并且验证错误是否可以再现

   B. 每次对错误的处理都要保留处理信息，包括处理人姓名、处理时间、处理方法、处理意见以及错误状态

   C. 错误修复后必须由报告错误的测试人员确认错误已经修复，才能关闭错误

   D. 对于无法再现的错误，应由项目经理，测试经理和设计经理共同讨论决定拒绝或者延期

2. 当在 QC 中为测试用例设计测试步骤时，要确保描述清楚、准确，必须________。

   A. 指定所有真实的结果　　　　B. 在步骤名称中使用参数

C. 为步骤指定通过和失败的条件　　　D. 为每个步骤名添加数字

E. 在所有测试用例中使用一致的术语

3. QC 中在________可以将测试链接到需求？

A. 从测试实验室模块　　　B. 从需求模块

C. 在测试计划的详细信息页　　　D. 在测试计划的附件页

4. 在 QC 中，当被调用的测试用例有参数时，在________时可以指定参数的值

A. 在调用的测试用例中填写参数值

B. 在测试执行时参数值必须填写

C. 在测试设计或执行时可以赋值给参数

D. 在测试设计时，调用测试时必须赋值

二、实践题

安装 QC 11.0，熟悉 QC 的基本功能的操作以及站点管理的基本功能。

第 8 章 功能自动化测试工具 UFT 的应用

自动化测试可以把软件测试人员从枯燥乏味的机械性手工测试中解放出来，以自动化测试工具取而代之，使测试人员可以腾出更多的精力在发现深入、隐蔽的缺陷上面。

本章将结合目前流行的功能自动化测试工具 UFT（Unified Functional Testing）讲解自动化测试的过程和相关技术。

8.1 如何开展功能自动化测试

自动化测试应该被当成一个项目来开展，自动化测试工程师应该具备额外的素质和技能，并且在开展自动化测试的过程中，要注意合理地管理和计划，从而确保自动化测试成功实施。

8.1.1 选取合适的测试项目来开展自动化测试

自动化测试只有在多次运行后，才能体现出自动化的优势，只有不断地运行自动测试，才能有效预防缺陷、减轻测试人员手工的回归测试的工作量。如果一个项目是短期的或一次性的项目，则不适合开展自动化测试，因为这种项目得不到自动化测试的应有效果和价值体现。

另外，不宜在一个进度非常紧迫的项目中开展自动化测试。有些项目经理期待在一个进度严重拖延的项目中引入自动化测试来解决测试的效率问题，结果适得其反。这是因为，自动化测试需要测试人员投入测试脚本的开发，同时，需要开发人员的配合，提供更好的可测试的程序，有可能需要对被测试的软件进行改造，以适应自动化测试的基本要求，如果在一个已经处于进度 Delay 状态的项目中开展自动化测试，则很可能带来反效果。

8.1.2 自动化测试工程师的知识体系

自动化测试项目依赖人，需要人来使用自动化测试工具、编写自动化测试脚本。作为一名专业的自动化测试工程师，不应该仅仅局限于对工具的掌握和使用，应该建立测试的自动化知识体系（ABOK，Automation Body of Knowledge），包括以下内容。

① 自动化在软件测试生命周期（STLC）中的角色。例如，软件测试自动化与软件测试之间的区别、测试工具选购与整合、自动化的益处与误解、自动化的 ROI 计算等方面的知识。

② 测试自动化的类型和接口类型。例如，自动化除了功能测试自动化外，还可以包括单元测试自动化、回归测试自动化、性能测试自动化等。需要知道，除了 GUI 类型的自动化测试外，还有命令行接口、应用程序编程接口（API）的自动化测试。

③ 自动化测试工具。了解各种类型的自动化测试工具，知道如何进行测试工具选型。

④ 测试自动化框架。包括自动化的范围、角色和职责的定义，了解框架的发展过程。

⑤ 自动化框架设计。掌握自动化测试框架设计思想和开发流程。

⑥ 自动化测试脚本思想。包括测试用例的选择、自动化测试的设计和开发、自动化测试的执行、分析和报告。

⑦ 自动化测试脚本质量优化。考虑自动化测试脚本的可维护性、可移植性、灵活性、健壮性、可扩展性、可靠性、可用性、效率等方面的问题。

⑧ 编程思想。掌握包括变量、控制流、模块化、面向对象等方面的编程思想。

⑨ 自动化对象。包括识别应用程序对象、对象映射、对象模型、动态的对象行为等方面的知识。

⑩ 调试技巧。了解常见的测试脚本编程错误类型，懂得相关的调试技巧的使用。

⑪ 错误处理。了解错误处理的常用手段，掌握错误处理脚本的开发过程（诊断错误→定义错误捕获机制→建立出错日志→创建错误处理函数）。

⑫ 自动化测试报告。一般包括高层（测试集/测试脚本）报告和底层（验证点）报告。

8.1.3 自动化测试工具选型

在自动化测试领域有很多的工具，但是在选择工具应用到项目的自动化脚本开发之前，需要仔细进行工具的选型。

大部分商业测试工具会指定某种语言，例如，WinRunner（TSL）、SilkTest（4test）、Robot（Test Basic），但是，一些新的工具也开始使用标准语言，例如，UFT（VB Script）、XDE Tester（Java）。所以，在选择测试工具时要考虑这点。最好选择支持标准语言的测试工具，而且尽量与所在项目组的开发人员所使用并熟悉的语言一致。这样可以充分利用现有的编程知识和语言知识，而不需要花时间去熟悉厂商特定的语言（这些语言只能在这个工具上可用）。并且可以借助开发人员丰富的开发知识来协助进行测试脚本的设计和编写。

大部分商业测试工具没能很好地支持新的平台和很多的第三方控件、个性化控件。例如，新的.NET 版本操作系统，以及普遍使用的第三方控件，如 Component One、Infragistics、Janus 等。如果项目中使用这些较新的平台或大量使用这些第三方控件的话，就要小心选择测试工具了，否则会导致后面的脚本编写难度加大。建议在选用之前，充分评估并在项目的应用程序上试用。

总地来说，在为自动化测试项目做工具选型时，需要考虑以下几个方面的因素来决定选择哪个自动化测试工具。

- 对不同类型的应用程序和平台的支持。
- 对不同类型的操作系统的支持。
- 对不同的测试类型的支持。
- 脚本语言、编辑器和调试器。
- 录制测试脚本的能力。
- 应对变化的能力。
- 对控件和对象的支持。
- 支持不同渠道的测试数据。
- 运行测试与测试对象的同步。
- 检查点。

- 测试结果记录和导出报告。
- 扩展性。
- 测试多语言应用程序的能力。
- 对团队协作和源代码管理的支持。
- 对命令行和 OLE 自动化的支持。
- 与团队协作系统以及软件构建系统的整合。
- 技术支持。
- 价格。
- 试用版。

8.1.4　自动化测试项目计划

规范化的自动化测试项目都会遵循一定的计划来开展，下面给出一份自动化测试项目计划模板供读者参考。

```
1  工作阶段分解
1.1  项目启动阶段
1.1.1  评估过去的项目
1.1.2  目标范围
1.1.3  效果衡量
1.1.4  团队成员构成
1.1.5  招聘
1.2  早期项目支持阶段
1.2.1  目标和目的
1.2.2  约束调研
1.2.3  可测试性评审
1.2.4  需求评审
1.2.5  测试流程分析
1.2.6  组织介入
1.3  测试自动化计划阶段
1.3.1  测试需求
1.3.2  自动化测试策略
1.3.3  可交付的成果
1.3.4  测试程序参数
1.3.5  培训计划
1.3.6  技术环境
1.3.7  自动化工具兼容性检查
1.3.8  风险评估
1.3.9  测试计划归档
1.3.10  自动化测试数据
1.3.11  自动化测试环境
1.3.12  角色和责任
1.3.13  自动化测试系统管理
1.4  测试自动化设计阶段
```

1.4.1 原型自动化测试环境
1.4.2 自动化技术和工具
1.4.3 自动化设计标准
1.4.4 自动化脚本编码计划
1.4.5 测试自动化库
1.5 自动化开发阶段
1.5.1 自动化脚本编码任务分配
1.5.2 脚本同行评审
1.5.3 测试脚本和工具的改进
1.5.4 测似脚本配置管理
1.6 自动化集成阶段
1.6.1 环境建立
1.6.2 测试阶段执行
1.6.3 自动化测试报告
1.6.4 问题处理
1.7 自动化过程改进阶段
1.7.1 测试工具/脚本评估
1.7.2 回顾和评审
1.7.3 维护测试过程库
1.7.4 自动化内部知识网
1.7.5 持续培训
2 时间表
2.1 关键里程碑
2.2 迭代周期目标的实现
2.3 项目进度表
3 项目资源
3.1 组队计划
3.2 资源需求计划
3.3 培训计划
3.4 预算
4 项目监控
4.1 自动化效果评估
4.2 进度控制计划
4.3 预算控制计划
4.4 报告计划
4.5 度量计划
5 配套流程
5.1 配置管理计划
5.2 缺陷跟踪和问题处理
5.3 自动化框架评估
5.4 框架归档计划
5.5 过程改进

8.2　使用 UFT 开展功能自动化测试

UFT 是 HP 公司出品的自动化测试工具，是目前主流的自动化测试工具，支持广泛的平台和开发语言，例如 Web、VB、.NET、Java 等。

8.2.1　UFT 的安装

可以从 HP 网站上下载试用版，目前的版本叫做 HP Unified Function Testing（UFT）。

在 HP 官方网站可以下载最新的版本。HP 提供 30 天的 UFT 试用版本，包括 UFT 的所有功能。注意下载之前请注册 HP 的 Passport。

安装 UFT 需要首先满足一定的硬件要求，包括以下内容。

① CPU：主频 1.6G 以上的 CPU。

② 内存：最少 2G 以上的内存，推荐使用 4 GB 的内存。

③ 显卡：64 MB 以上内存的显卡。

UFT 支持以下测试环境：

① 操作系统：支持 Windows 8。

② 浏览器：支持 IE 10、Mozilla FireFox 16 或 17。

UFT10 默认支持对以下类型的应用程序进行自动化测试。

① API 测试。

② Web 应用。

③ Silverlight 应用。

④ Java 应用。

⑤ Flex 应用。

⑥ SAP GUI For Windows 应用。

⑦ SAP Web 应用。

⑧ ALM And Business Process Testing 应用。

8.2.2　使用 UFT 录制脚本

下面以 UFT 安装程序附带的 Flight 软件为例，介绍如何使用 UFT 录制一个登录过程的脚本，如图 8.1 所示。

首先打开 UFT，出现图 8.2 所示的插件加载界面。

由于 Flight 是标准的 Windows 程序，因此不需要选择 Web 插件（如果测试的是 Web 页面则需要加载），UFT 默认支持标准 Windows 程序的测试。

进入图 8.3 所示的 UFT 主界面后，按工具栏中的“Record”按钮即可进行程序的录制。

在录制前，也可以先设置一些录制的选项。在主界面中，选择菜单“Record”→“Record and Run Settings”，出现图 8.4 所示的录制和运行设置界面。

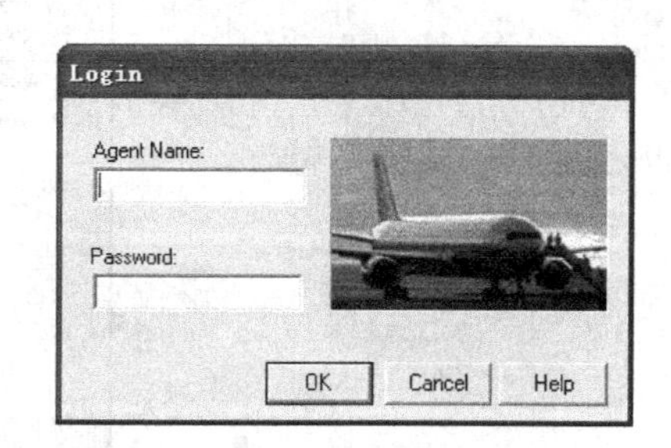

图 8.1　Flight 程序

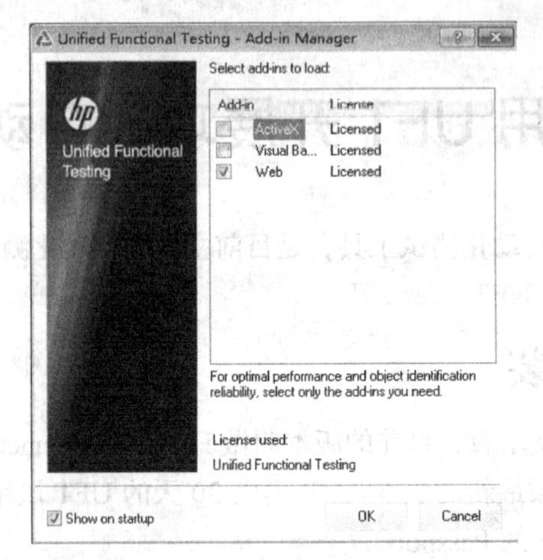

图 8.2　插件加载界面

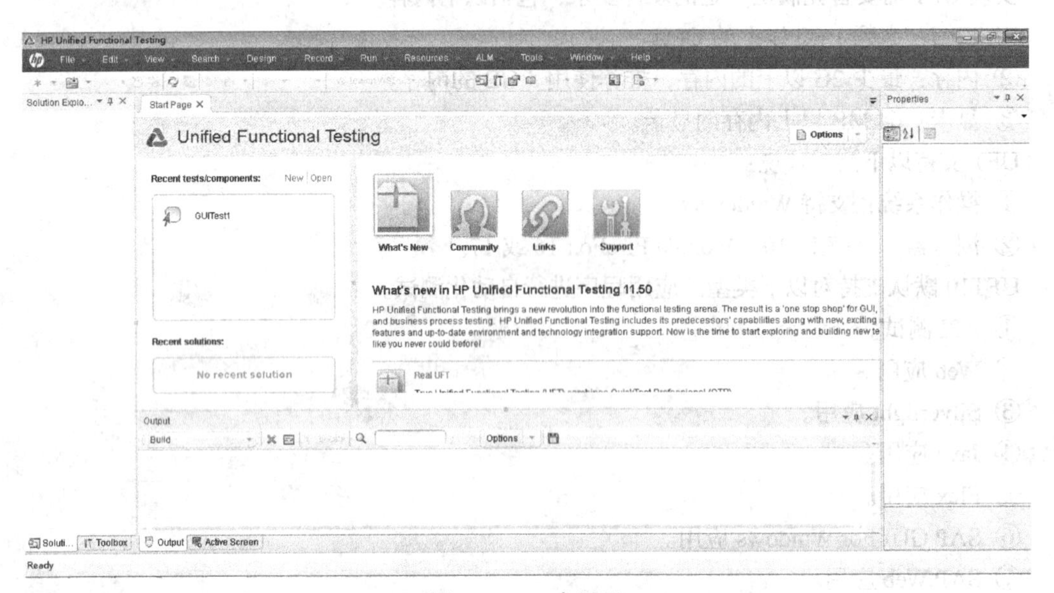

图 8.3　UFT 主界面

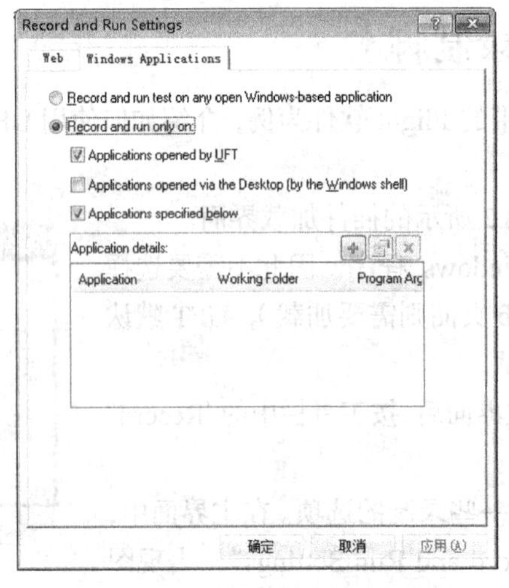

图 8.4　录制和运行设置界面

在设置 Windows 应用程序的录制和运行界面中，可以选择两种录制程序的方式，一种是“Record and run test on any open Windows-based application”，即录制和运行所有在系统中出现的应用程序；另外一种是“Record and run only on”，这种方式可以进一步指定录制和运行所针对的应用程序，避免录制一些无关紧要的、多余的界面操作。下面介绍这 3 种设置的用法。

① 若选择“Application opened by UFT”选项，则仅录制和运行由 UFT 调用的程序，例如，通过在 UFT 脚本中使用 SystemUtil.Run 或类似下面的脚本启动的应用程序：

```
' 创建 Wscript 的 Shell 对象
Set Shell = CreateObject("Wscript.Shell")
' 通过 Shell 对象的 Run 方法启动记事本程序
Shell.Run "notepad"
```

② 若选择“Applications opened via the Desktop (by the windows shell)”选项，则仅录制那些通过开始菜单选择启动的应用程序，或者是在 Windows 文件浏览器中双击可执行文件启动的应用程序，又或者是在桌面双击快捷方式图标启动的应用程序。

③ 若选择“Application specified below”选项，则可指定录制和运行添加到列表中的应用程序。例如，如果仅想录制和运行“Flight”程序，则可作图 8.5 所示的设置。

单击“+”按钮，在图 8.6 所示的界面中添加“Flight”程序可执行文件所在的路径。

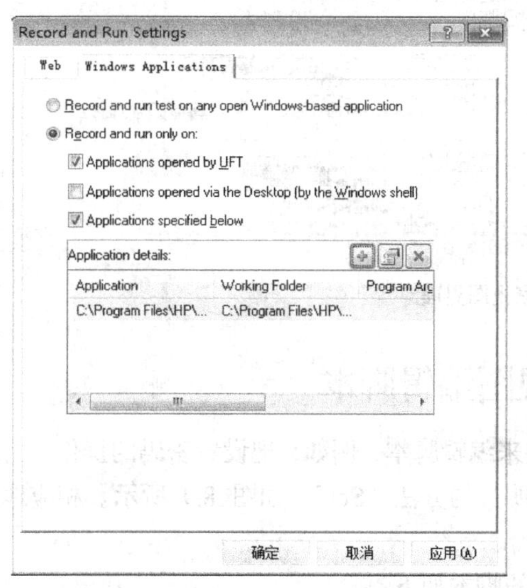

图 8.5　设置仅录制和运行“Flight”程序

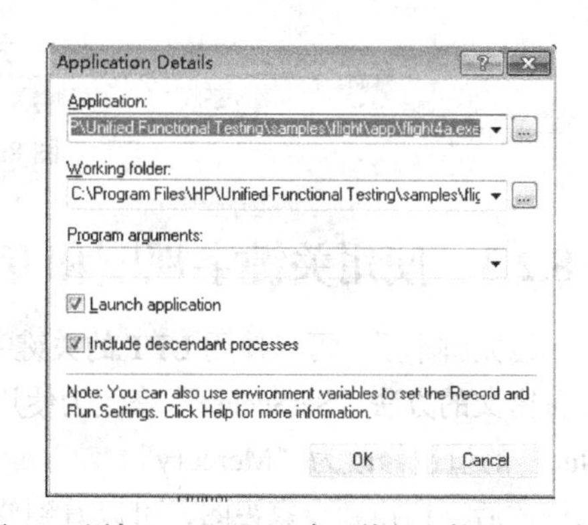

图 8.6　添加“Flight”程序可执行文件所在的路径

录制完成后，将得到图 8.7 所示的录制结果。在关键字视图中，可看到录制的测试操作步骤，每个测试步骤涉及的界面操作都会在“Active Screen”界面显示出来。

切换到专家视图界面（Expert View），则可看到图 8.8 所示的测试脚本，这样就完成了一个最基本的测试脚本的编写。

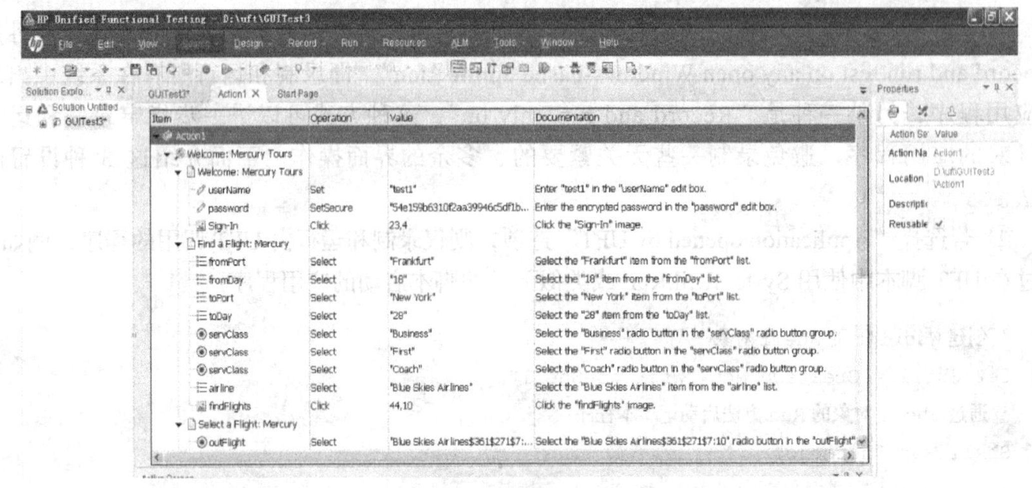

图 8.7　关键字视图

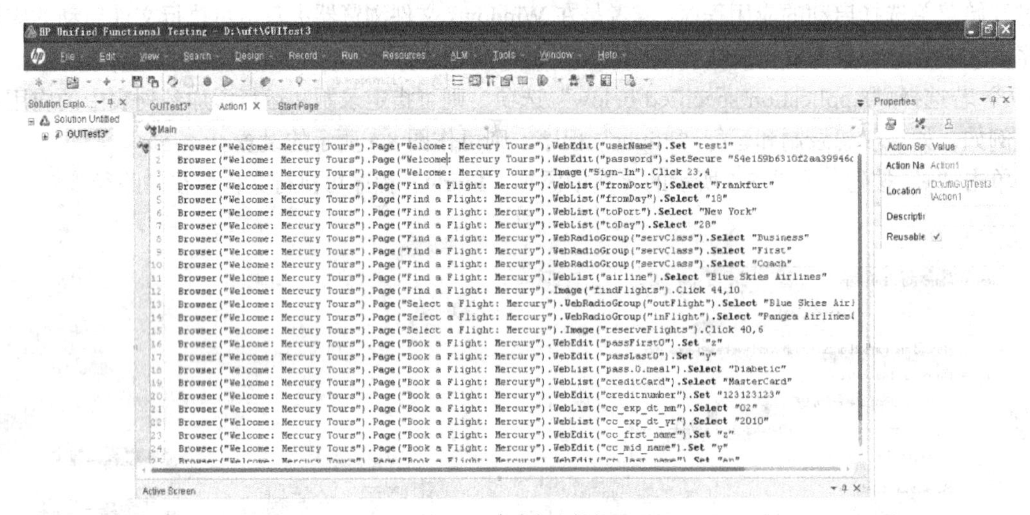

图 8.8　专家视图界面

8.2.3　使用关键字视图和专家视图编辑脚本

录制完脚本后，可以使用 UFT 的关键字视图来编辑脚本，例如，把设置密码的操作，由原本的设置密文的方法“SetSecure”修改为使用设置明文的方法“Set”，如图 8.9 所示。相应地，把“Value”的值也修改为“Mercury”。

修改后，切换到专家视图，可以看到修改后的脚本如下：

```
    Browser("Welcome: Mercury Tours").Page("Welcome: Mercury Tours").WebEdit("userName").
Set "test1"
    Browser("Welcome: Mercury Tours").Page("Welcome: Mercury Tours").WebEdit("password").
Set "test1"
    Browser("Welcome: Mercury Tours").Page("Welcome: Mercury Tours").Image("Sign-In").
Click 23,4
```

第一句是打开登录对话框设置登录用户名，第二句是设置密码，第三句是单击“OK”按钮确认登录。可以看到这些录制的脚本都是按一定的格式编写的：

```
    测试对象.操作 值
```

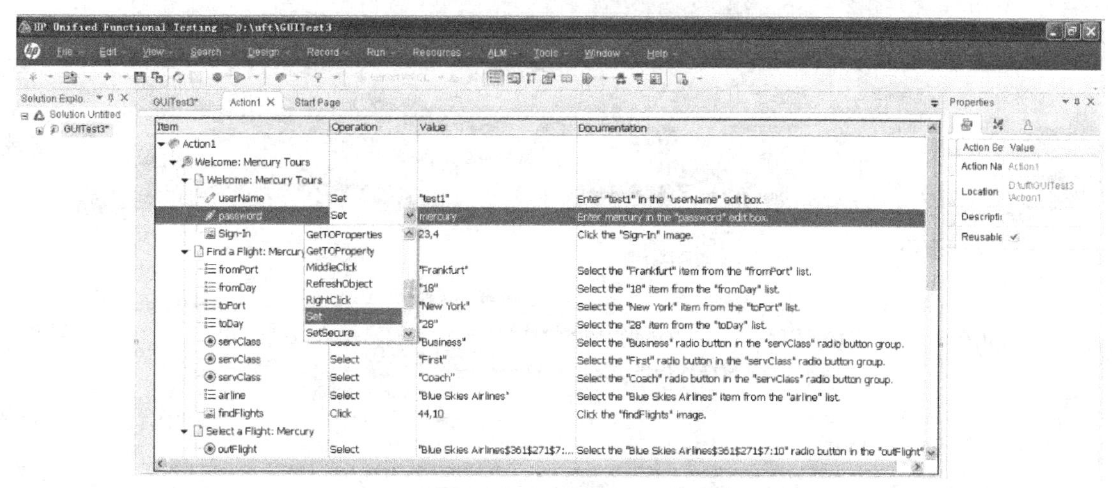

图 8.9　在关键字视图中编辑脚本

其中测试对象是 Flight 登录对话框上的那些控件，在录制过程中，UFT 把涉及的测试对象都存储到对象库中，选择菜单“Resources”→“Object Repository”，打开图 8.10 所示的对象库（Object Repository）管理界面。

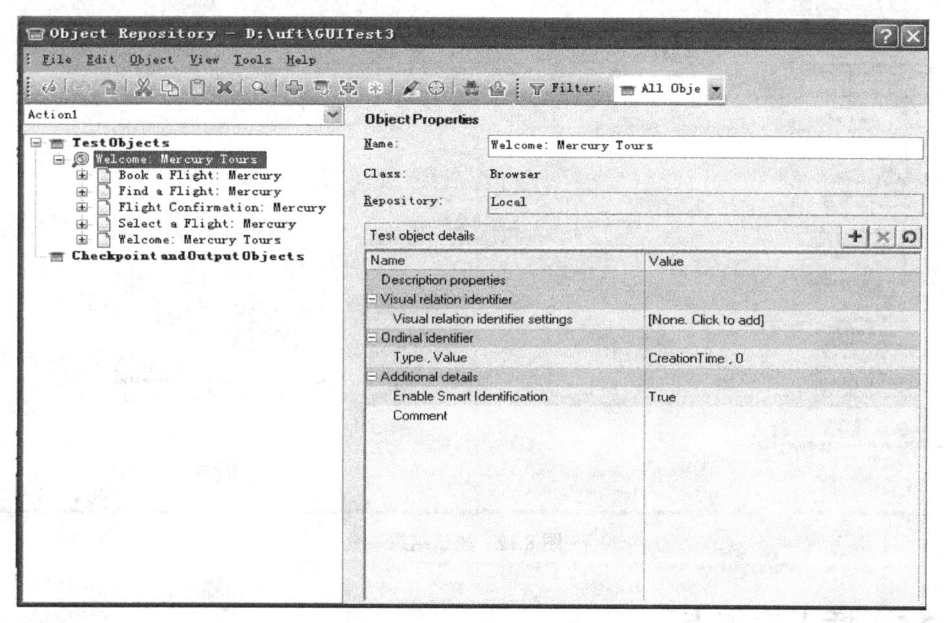

图 8.10　对象库管理界面

可以在对象库中对测试对象进行编辑（例如，改名、调整位置等）、添加、删除等操作。

8.2.4　回放脚本

编辑好脚本后，可以单击“Run”按钮或者是快捷键 F5 对脚本进行回放。回放过程中将出现图 8.11 所示的对话框，用于设置测试脚本运行结果存放的位置，在脚本调试运行过程中一般选择第二项将测试运行结果保存到临时目录。

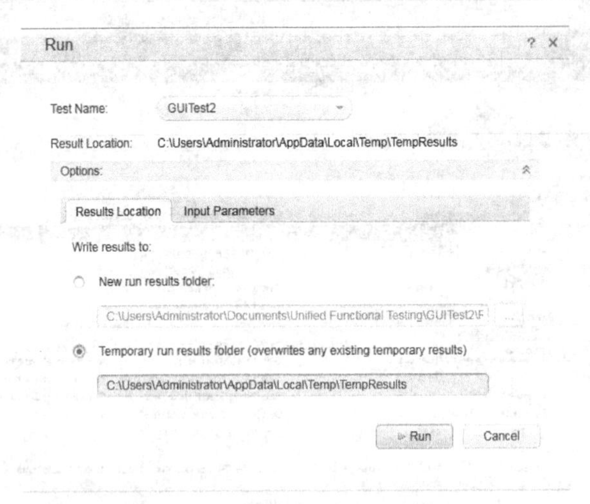

图 8.11　设置运行结果存储路径

回放脚本时需要确保 Flight 程序处于登录对话框的初始状态，否则系统将提示找不到对象的错误。回放结束后将出现图 8.12 所示的测试运行结果界面。

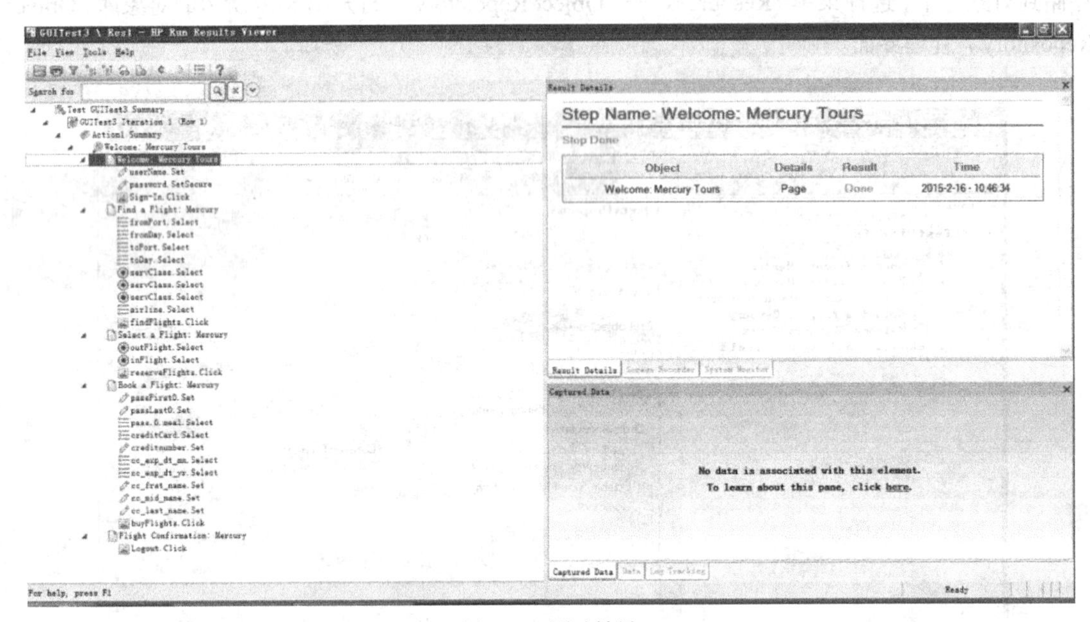

图 8.12　测试结果

8.2.5　插入检查点

从前面编写的脚本来看，我们仅仅做了个简单的登录操作，对于一个测试用例而言，还缺少测试结果的检查，因此需要为脚本添加检查点，检查登录操作是否成功了。

依据登录后出现的 Flight 主界面可以判断是否登录成功了，然后按下面的步骤来插入检查点。

首先让 Flight 程序处于主界面打开的状态，如图 8.13 所示。

然后，在 UFT 中单击“Record”按钮开始录制，在录制状态下选择菜单“Insert”→“Checkpoint”→“Standard Checkpoint”，然后指向并单击 Flight 主界面的窗口标题区域，出现图 8.14 所示的对象选择界面。

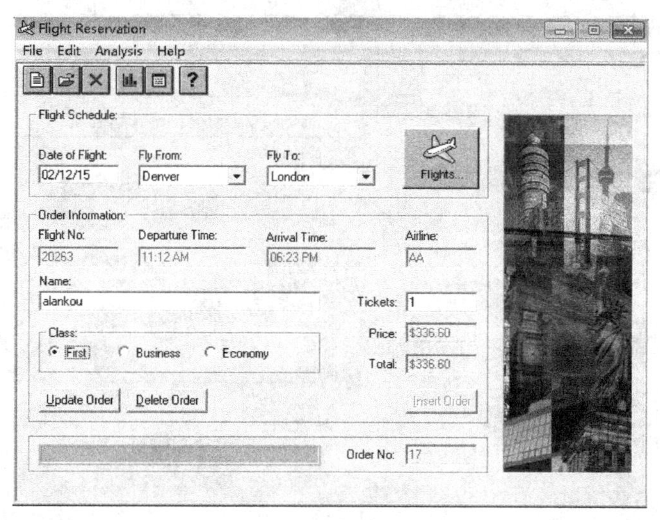

图 8.13　Flight 程序主界面

确认选择“Flight Reservation”窗口作为检查的对象，则出现图 8.15 所示的检查点属性设置界面。

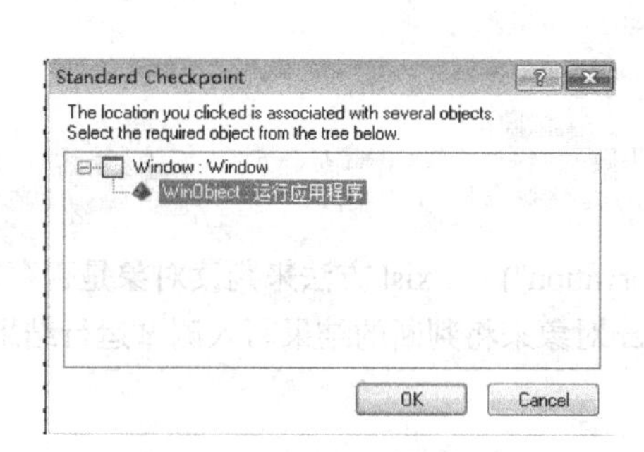

图 8.14　选择对象

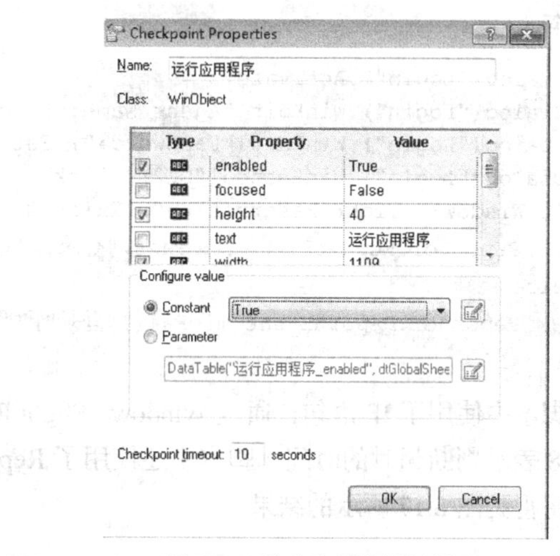

图 8.15　检查点属性设置界面

在检查点属性设置界面挑选“enabled”和“text”作为检查的属性，表示如果 Flight Reservation 窗口的这两个属性值都如 Value 中所设置的一样，则认为检查通过。

设置完毕后，停止录制，脚本变成如下：

```
Dialog("Login").Activate
Dialog("Login").WinEdit("Agent Name:").Set "mercury"
Dialog("Login").WinEdit("Password:").Set "mercury"
Dialog("Login").WinButton("OK").Click

Window("Flight Reservation").Check CheckPoint("Flight Reservation")
```

回放脚本将得到图 8.16 所示的结果。

可以看到，定义的检查点通过，表明登录成功，并出现了 Flight 的主界面 Flight Reservation 窗口。

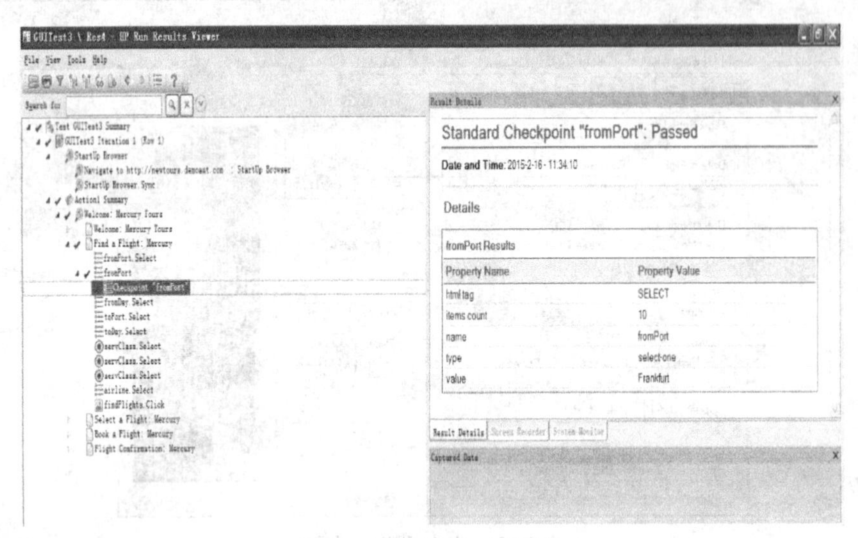

图 8.16　测试脚本运行结果

上面的方法是采用 UFT 的 Checkpoint 的方法，更好的方法是可以通过编写 VB Script 脚本，加入 IF 判断语句来检查 Flight Reservation 窗口对象是否存在，从而判断是否登录成功，例如下面的脚本：

```
Dialog("Login").Activate
Dialog("Login").WinEdit("Agent Name:").Set "mercury"
Dialog("Login").WinEdit("Password:").Set "mercury"
Dialog("Login").WinButton("OK").Click
If Window("Flight Reservation").Exist(8) Then
   Reporter.ReportEvent micPass,"登录","登录成功"
else
   Reporter.ReportEvent micFail,"登录","登录失败"
End If
```

脚本中使用了 IF 语句，通过 Window("Flight Reservation")的 Exist 方法来判读对象是否存在，参数 8 表示判断超时的时间，脚本中还使用了 Reporter 对象来将判断的结果写入测试运行结果。这样将得到图 8.17 所示的结果。

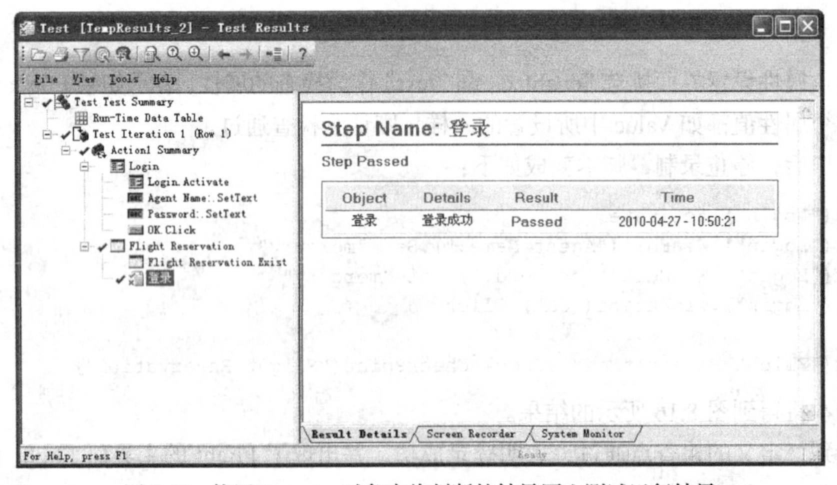

图 8.17　使用 Reporter 对象来将判断的结果写入测试运行结果

8.3　构建功能自动化测试框架

所谓框架（Framework），就自动化测试脚本编写而言，是指测试脚本的编写方式，录制回放的脚本编写方式是其中一种，通常被称之为“线性”的脚本。这种脚本编写方式存在很多弊端，例如冗余度大、可读性差、可维护性差等。下面介绍的几种脚本编写的模式（或者框架）就是为了解决这些问题的。

8.3.1　模块化框架

模块化结构的框架是指按照测试的功能划分不同的模块，这样有利于对不同的功能模块分别开发测试脚本，有利于测试工程师分工，也有利于脚本的重用，例如登录模块可能是很多其他模块都要调用的。

在 UFT 中，提供了 Action 来实现脚本的模块化。之前的脚本都录制到 Action1 中了，我们可以把 Action 的名字修改为“Login”，方法是在专家视图的 Action1 脚本中单击鼠标右键，选择“Action”→“rename”，修改 Action 的名字为“Login”。

下面可以添加其他的 Action，实现其他功能模块脚本的编写，例如插入订单的功能、查询订单的功能、删除订单的功能等。

在 UFT 主界面中选择菜单“Design”→“Call To New Action”，出现图 8.18 所示的界面，在其中输入 Action 的名字、描述等信息。

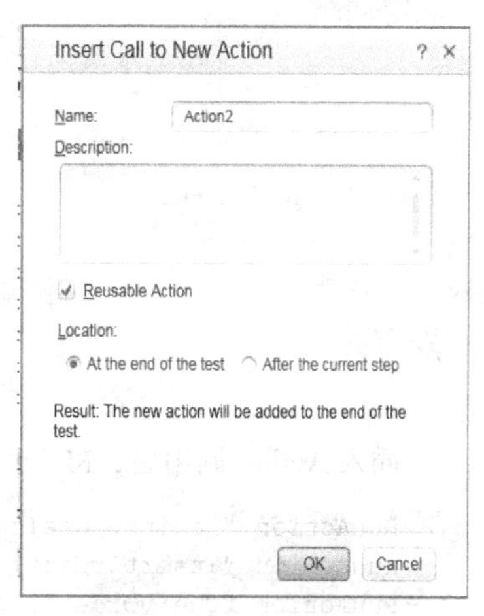

图 8.18　添加新的 Action

确认后出现“InsertOrder”这个 Action 的脚本编辑界面，在这里可以录制 Flight 插入订单的操作，得到如下脚本：

```
    Window("Flight Reservation").Activate
    Window("Flight Reservation").WinButton("Button").Click
    Window("Flight Reservation").WinObject("Date of Flight:").Type "101010"
    Window("Flight Reservation").WinComboBox("Fly From:").Select "Denver"
    Window("Flight Reservation").WinComboBox("Fly To:").Select "Frankfurt"
    Window("Flight Reservation").WinButton("FLIGHT").Click
    Window("Flight Reservation").Dialog("Flights Table").WinList("From").Select "13634
DEN   10:33 AM   FRA   11:17 AM   LH     $123.20"
    Window("Flight Reservation").Dialog("Flights Table").WinButton("OK").Click
    Window("Flight Reservation").WinEdit("Name:").Set "CNJ"
    Window("Flight Reservation").WinButton("Insert Order").Click
```

按照此方式可以分别得到查询订单、删除订单等功能模块的 Action。打开 Test Flow 视图（见图 8.19）可以看到各个 Action 按一定的顺序排列，从上到下形成测试执行的流程，也可以按需要调整 Action 的位置以满足测试执行流程的要求。

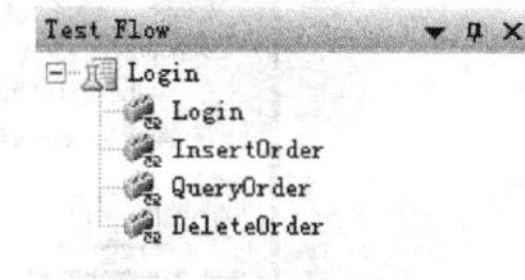

图 8.19　Test Flow 视图

这样形成的测试脚本就是按模块化框架编写的脚本，测试将按照 Test Flow 视图所示的顺序执行，测试结果如图 8.20 所示。

通常会把前面的脚本再作适当的修改，增加一个 Action 用于统一调用“Login”“InsertOrder”“QueryOrder”“DeleteOrder”。

首先新建一个名为“Main”的 Action，然后在 Main 中单击鼠标右键，选择“Action”→“Insert Call to Existing…”来插入对“Login”“InsertOrder”“QueryOrder”“DeleteOrder”等 Action 的脚本调用，如图 8.21 所示。

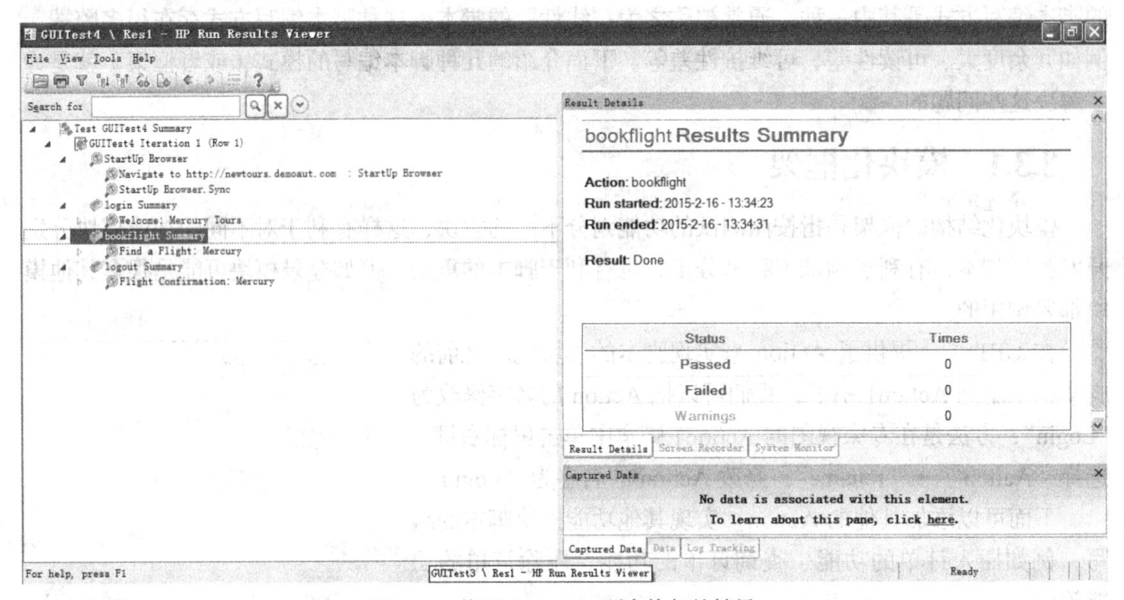

图 8.20　按照 Test Flow 顺序执行的结果

插入 Action 调用后，Main 的脚本如下：

```
RunAction "Login", oneIteration
RunAction "InsertOrder", oneIteration
RunAction "QueryOrder", oneIteration
RunAction "DeleteOrder", oneIteration
```

通过 RunAction 调用 Action，oneIteration 表示调用一次，在 Test Flow 视图中，将出现图 8.22 所示的视图。

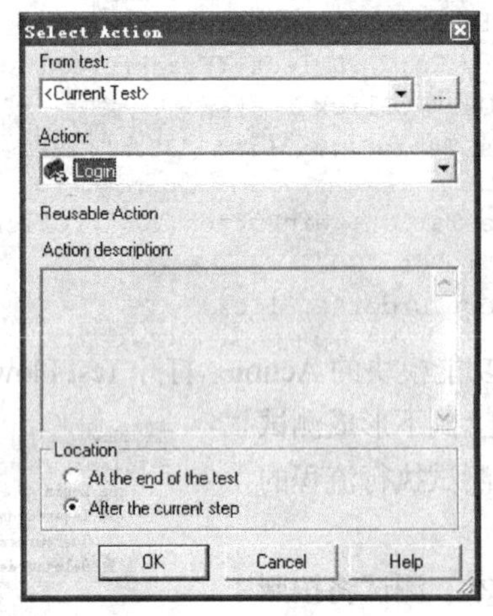

图 8.21　调用 Action

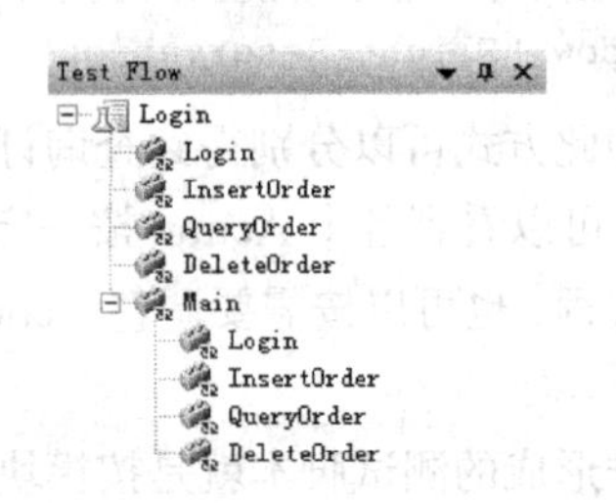

图 8.22　调用 Action 后的 Test Flow 视图

如果按这样的测试执行流程来运行测试，UFT 会先调用 Login、InsertOrder、QueryOrder、DeleteOrder，再调用 Main，通过 Main 再次调用 Login、InsertOrder…因此，我们应该把前面的 Login、InsertOrder、QueryOrder、DeleteOrder 删除掉。

8.3.2　函数库结构框架

很多时候，在脚本编写过程中，需要抽取一些公用的函数出来，主要包括以下函数：

- 核心业务函数、工具类函数，例如字符串处理、数据库连接等。
- 导航函数，例如控制 IE 浏览器导航到指定的 Web 页面。
- 错误处理函数，例如碰到异常窗口出现时的处理函数。
- 加载函数，例如启动 AUT（被测试程序）的函数。
- 各类验证（检查点）函数。

这种抽取可重用函数的脚本编写方式称为函数库结构框架的脚本编写模式。下面举例说明如何在 UFT 中使用这种脚本编写模式。

在测试之前，应该启动被测试的应用程序，这个步骤可以封装成一个函数：

```
Function StartApp( FilePath )
    SystemUtil.Run FilePath
End Function
```

这里只是简单地使用 SystemUtil.Run 来启动指定路径的程序，在实际的自动化测试项目中，不仅仅如此简单，可能还包括修改程序的配置文件、设置环境、修改数据库连接等内容。

把这个函数存放到一个 VBScript 文件中，例如 StartAUT.vbs，然后把这个文件存放到测试脚本的某个目录下，例如新建一个名为 Utils 的目录。

接下来，在 UFT 中选择菜单“File”→“Settings”，在测试设置界面中选择“Resources”选项，然后把 StartAUT.vbs 文件作为函数库文件添加到函数库中，如图 8.23 所示。

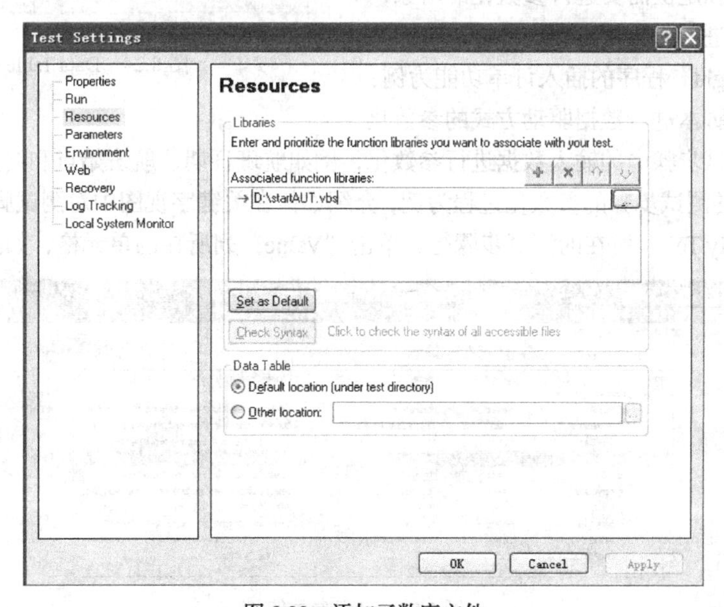

图 8.23　添加函数库文件

这样，就可以在 UFT 的 Action 脚本“Main”中使用 StartApp 函数：

```
' 启动 AUT
StartApp "C:\Program Files\HP\QuickTest Professional\samples\flight\app\flight4a.exe"
' 登录
RunAction "Login", oneIteration
' 插入订单
RunAction "InsertOrder", oneIteration
' 查询订单
RunAction "QueryOrder", oneIteration
' 删除订单
RunAction "DeleteOrder", oneIteration
```

按照这样的方式，我们还可以把更多的脚本抽取出来，封装成函数，添加到函数库中，这样在脚本中只需要编写调用的代码就可以在多处重复使用这些函数，提高了脚本的可重用性、可读性和可维护性。

8.3.3 数据驱动框架

数据驱动框架是自动化测试脚本编写经常采用的框架之一，它能有效降低冗余代码。数据驱动的测试方法要解决的核心问题是把数据从测试脚本中分离出来，从而实现测试脚本的参数化。

通常，数据驱动测试按以下步骤进行。

① 参数化测试步骤的数据，绑定到数据表格中的某个字段。

② 编辑数据表格，在表格中编辑多行测试数据（取决于测试用例，以及测试覆盖率的需要）。

③ 设置迭代次数，选择数据行，运行测试脚本每次迭代从中选择一行数据。

UFT 提供了一些功能特性，让这些步骤的实现过程得以简化。例如，使用“Data Table”视图来编辑和存储参数，如图 8.24 所示。

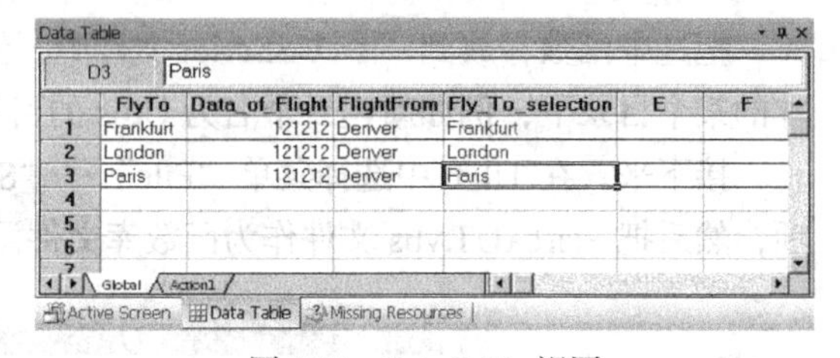

图 8.24 Data Table 视图

另外，还提供“Data Driver 向导”，用于协助测试员快速查找和定位需要进行参数化的对象，并使用向导逐步进行参数化过程。

下面以“Flight”程序的插入订单功能为例，介绍如何对测试脚本进行数据驱动方式的参数化。

首先，把测试步骤中的输入数据进行参数化，例如航班日期、航班始点和终点等信息。下面以“输入终点”的测试步骤的参数化过程为例，介绍如何在关键字视图中对测试脚本进行参数化。

① 选择“Fly To :”所在的测试步骤行，单击“Value”列所在的单元格，如图 8.25 所示。

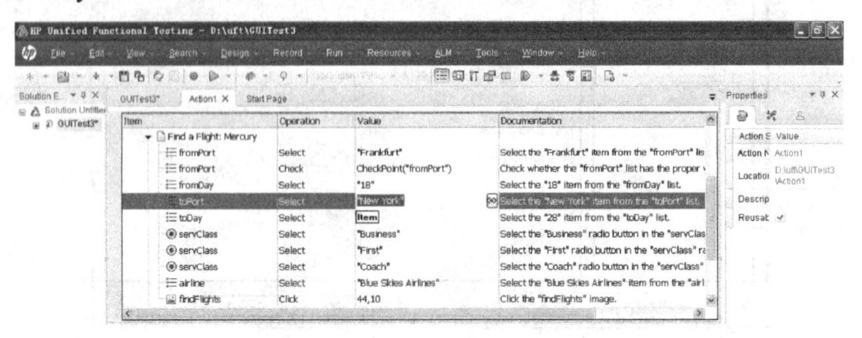

图 8.25 设置参数值

② 单击单元格旁边的“<#>”按钮，或按快捷键“CTRL+F11”，则出现图 8.26 所示的界面。

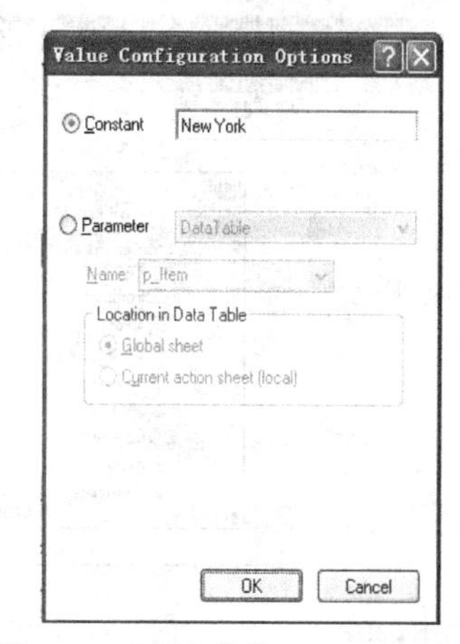

图 8.26　选择参数从 Data Table 读取

在这个界面中，选择“Parameter”选项，在旁边的下拉框中选择“Data Table”选项，在“Name”中输入参数名，也可接受默认名，在“Location in Data Table”中可以选择“Global sheet”选项，也可以选择“Current action sheet（local）”选项，它们的区别是参数存储的位置不同。

③ 单击“OK”按钮，在关键字视图中可看到，“Value”值已经被参数化，替换成了“DataTable("p_Item", dtGlobalSheet)”，如图 8.27 所示。

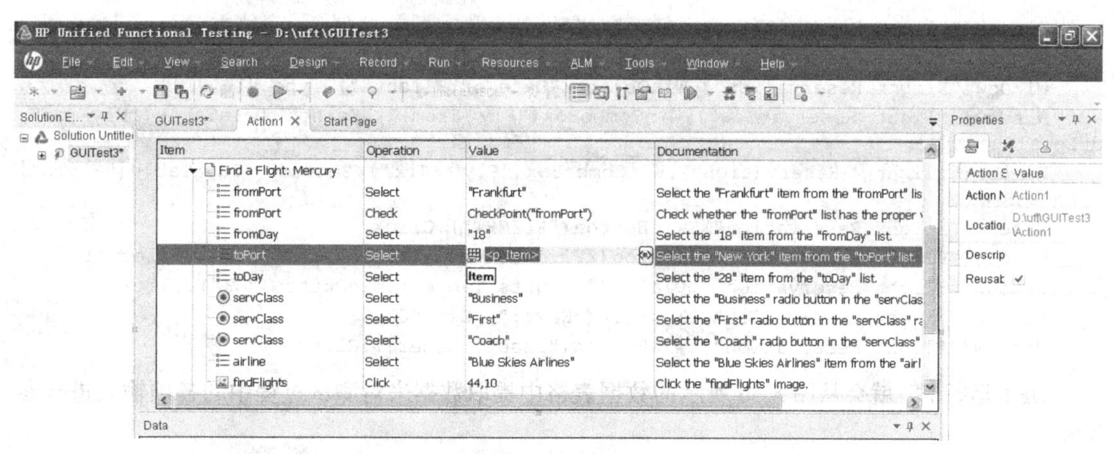

图 8.27　参数化后的值

④ 这时，选择菜单“View”→“Data Table”，则可看到图 8.28 所示的界面。

此时，在“p_Item”列中有一个默认数据“Frankfurt”，这是参数化之前录制的脚本中的常量，可以在“p_Item”列中继续添加更多的测试数据。可以双击修改“p_Item”列名，让其可读性更强，例如，改成“FlyTo”。

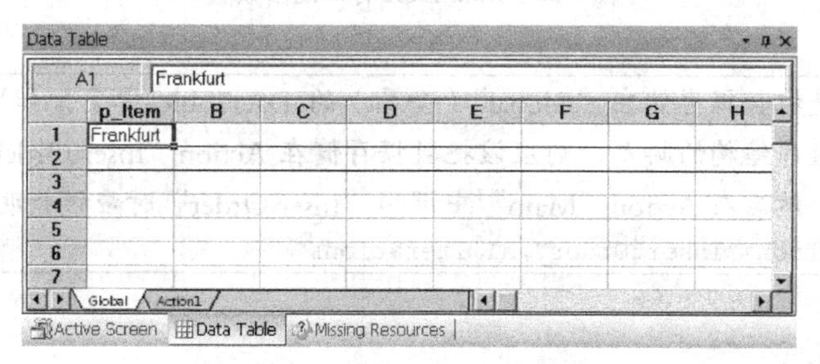

图 8.28　Data Table 中的参数数据

⑤ 把其他几个数据也参数化后，如图 8.29 所示。

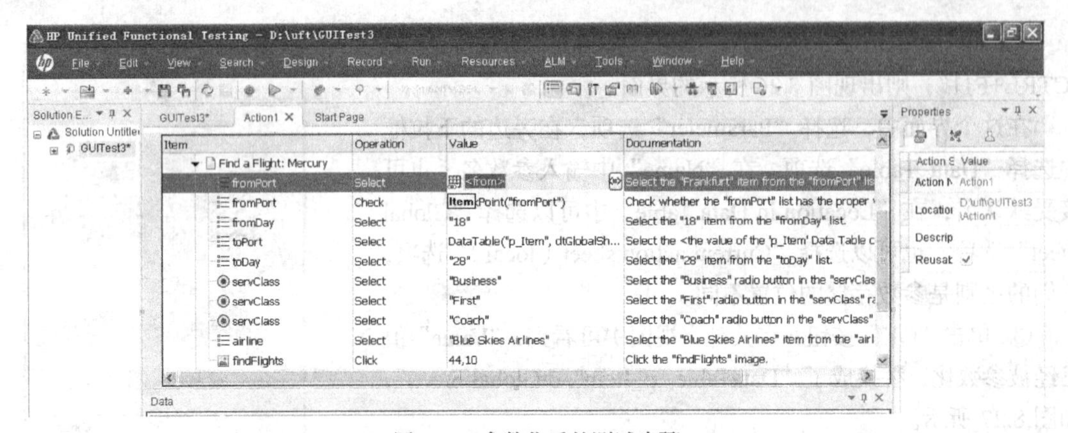

Item	Operation	Value	Documentation
Find a Flight: Mercury			
fromPort	Select	<from>	Select the "Frankfurt" item from the "fromPort" lis
fromPort	Check	Item:Point("fromPort")	Check whether the "fromPort" list has the proper
fromDay	Select	"18"	Select the "18" item from the "fromDay" list.
toPort	Select	DataTable("p_Item", dtGlobalSh...	Select the <the value of the 'p_Item' Data Table c
toDay	Select	"28"	Select the "28" item from the "toDay" list.
servClass	Select	"Business"	Select the "Business" radio button in the "servClas
servClass	Select	"First"	Select the "First" radio button in the "servClass" ra
servClass	Select	"Coach"	Select the "Coach" radio button in the "servClass"
airline	Select	"Blue Skies Airlines"	Select the "Blue Skies Airlines" item from the "airl
findFlights	Click	44,10	Click the "findFlights" image.

图 8.29　参数化后的测试步骤

最终脚本如下：

```
    Window("Flight Reservation").Activate
    Window("Flight Reservation").WinButton("Button").Click
    Window("Flight Reservation").WinObject("Date of Flight:").Type "101010"
    Window("Flight  Reservation").WinComboBox("Fly  From:").Select  DataTable("FlyFrom",
dtLocalSheet)
    Window("Flight   Reservation").WinComboBox("Fly   To:").Select   DataTable("FlyTo",
dtLocalSheet)
    Window("Flight Reservation").WinButton("FLIGHT").Click
    Window("Flight Reservation").Dialog("Flights Table").WinList("From").Select 1
    Window("Flight Reservation").Dialog("Flights Table").WinButton("OK").Click
    Window("Flight Reservation").WinEdit("Name:").Set "CNJ"
    Window("Flight Reservation").WinButton("Insert Order").Click
```

UFT 运行时，就会从图 8.30 所示的数据表格中提取数据来对测试过程中的各项输入进行参数化。

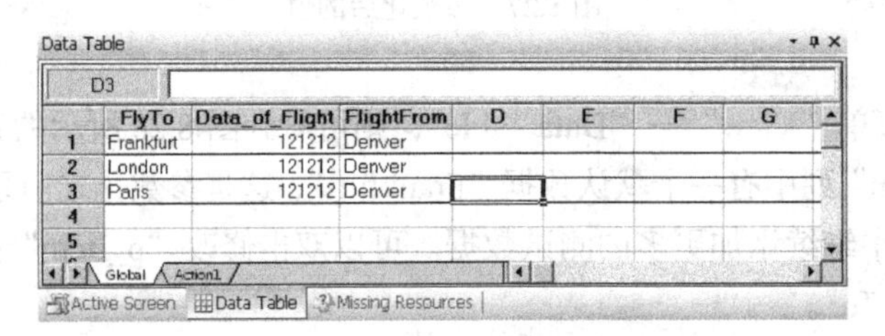

	FlyTo	Data_of_Flight	FlightFrom	D	E	F	G
1	Frankfurt	121212	Denver				
2	London	121212	Denver				
3	Paris	121212	Denver				
4							
5							

图 8.30　Data Table 存储的参数值

现在是把数据存储在“Global”（全局）的 DataTable 中了，如果要结合前面模块化结构和函数库结构的脚本，则应该把数据存储在 Action “InsertOrder” 的 DataTable（本地的）中，然后在 Action “Main” 中调用 “InsertOrder” 时应该指明迭代所有行：

```
RunAction "InsertOrder",allIterations
```

8.4 小　　结

经过本章介绍，可以看出自动化测试是用于回归测试中的。当一个项目功能基本稳定，后期修改大都是小的调整，这种情况下，适合录制自动化脚本，编写测试数据。新功能实现后，手工测试新增或修改的部分。其他不变的模块执行自动化脚本即可。这样保证了整个项目的进度，同时也保证了对受影响模块的质量检查。新版发布后，可以对自动化脚本进行修改，形成新的基线，用于下次回归测试。自动化测试能够极大地提高测试效率，使测试人员可以将更多的精力用于对变化的部分进行测试。成熟的公司都会推动和建立自动化测试体系。

8.5 习　　题

一、选择题

1. UFT 把录制的对象保存在________中。

   A. Object Identification　　B. Object Repository

   C. Object spy　　D. Datatable

2. 一个录制的步骤由哪三部分元素组成？

   A. Operation, Assignment, Comment

   B. Operation, Value, Assignment

   C. Item, Operation, Value

   D. Item, Assignment, Documentation

3. ________DataTable 包含了从 AUT（被测试应用程序）获取到的值。这个 DataTable 在测试结果（Test Results）中出现，用于执行测试后查看捕获到的值。

   A. Run-Time Data Table　　B. Run-Time Data Viewer

   C. Run Data Table　　D. None of the listed options

4. ________属性是 UFT 总是拿来识别测试对象类用的。

   A. Assistive properties

   B. Runtime properties

   C. Mandatory properties

   D. Runtime properties 和 Mandatory properties

二、实践题

1. UFT 的 Action 提供了模块化编写脚本的机制，每个 Action 相当于一个过程或函数，那么 Action 之间如果要互相调用、传递数据，应该如何实现？（提示：Action 的属性设置中可以定义输入参数和输出参数。）

2. UFT 的 DataTable 提供了数据驱动的脚本编写框架，如果我们不用 DataTable，能否实现数据驱动呢？例如，要求把数据存储在外部的文本文件、Excel 表或数据库表中，然后在 UFT 中编写脚本读取数据，循环遍历所有数据，在循环中编写脚本或调用函数，使用读入的数据来执行测试。

第9章 性能测试工具 LoadRunner 的应用

性能测试在软件的质量保证中起着重要的作用。性能测试从软件系统的响应速度、效率、资源使用等方面对软件系统的质量进行度量。随着社会对互联网应用系统的广泛深入，对性能测试的需求也越来越迫切。作为软件测试工程师，必须掌握性能测试的基本知识和懂得如何开展性能测试工作。

本章结合目前主流的性能测试工具 LoadRunner 11，主要介绍性能测试的基本流程，性能测试工具的基本使用，以及性能测试脚本的开发技术。

9.1 如何开展性能测试

性能测试有别于普通的功能测试，对测试工程师也有特殊的要求。性能测试工程师的工作主要包括性能测试需求分析、性能测试脚本设计，以及性能测试执行和分析几大部分的内容。

9.1.1 性能测试工程师的素质要求

① 性能测试工程师需要了解最新的计算机技术和概念，并熟练地安装操作系统（包括 Windows、Linux 等），自己动手设置网络。这些操作很重要，因为他往往在工作中需要自己搭建一个测试的实验环境。

② 网络知识。性能测试工程师需要全面了解 OSI 模型，他应该知道 TCP/IP，需要知道 DNS、DHCP、WINS、路由/交换器/网路集线器，并且知道它们的工作原理。因为他可能需要用到网络嗅探工具来定位网络瓶颈所在，那么，工程师需要知道自己在“嗅探”什么。作为性能测试工程师，在碰到一些简单的网络问题时应该能自己解决，而不需要把负责网络的工程师拉过来帮忙，他应该能自己解决类似 LoadRunner 中 Controller 和 Load Generator 之间的连接问题，只要知道网络接入、IP 地址设置等常见的问题就能解决。

③ 工程师能够对项目产品中用到的那些协议轻易地创建测试脚本。当然，最好是掌握更多的协议，有各种各样的协议测试脚本开发经验，例如 Http、Ajax TruClient、Flex、Web Services 等，因为不知道什么时候也许就能用上这些知识。

④ 虽然不要求性能测试工程师是一位“代码狂”或者开发爱好者，但是他应该可以看懂 HTML、Python、Ruby、JAVA、PHP、C 等代码，并且知道代码中的来龙去脉。因为这些不仅对于测试脚本开发来说是需要的，而且对于定位代码瓶颈尤为重要。很明显，他对代码懂得越多，能发现的问题就越多。

⑤ SQL 方面的知识（包括查询语句、存储过程、索引、数据库管理、备份还原等）。数据库是复杂应用系统中造成主要瓶颈的几个原因之一。找出造成瓶颈的原因一般来讲是 DBA 的事情，但是如果性能测试工程师对此一窍不通，也不知道如何与数据库打交道，则可能就把一些关键的东西忽略掉。

⑥ 性能测试工程师需要"统观全局"。他应该知道自己在 SDL（软件开发生命周期）中的角色，他应该知道开发人员、项目经理、QA 和系统管理员都是做什么事情的，以及如何跟他们打交道。

⑦ 性能测试工程师应该能非常熟练地使用公司所选择的性能测试工具，例如商用的性能测试工具 LoadRunner、用 Java 语言编写的 Jmeter，以及最近比较流行的前端性能测试工具 YSlow 等。

9.1.2　认识性能测试

在讲解性能测试之前，我们需要了解性能测试相关的一些术语。

1. 响应时间（Response Time）

响应时间是指系统对请求作出响应所需要的时间。典型的响应时间是指从软件客户端发出请求数据包到服务器处理后，客户端接收到返回数据包所经过的时间，中间可包括各种中间组件的处理时间，例如网络、Web 服务器、数据库等，如图 9.1 所示。

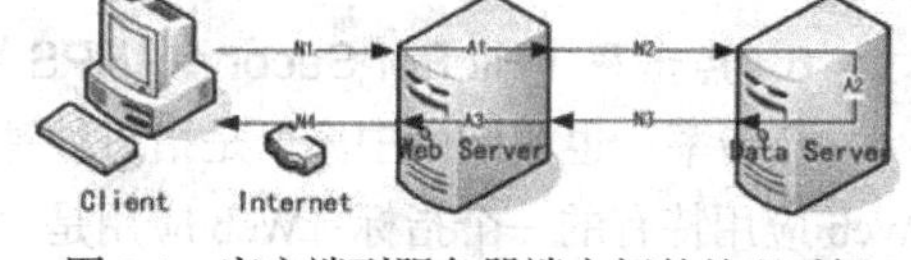

图 9.1　客户端到服务器端之间的处理时间

2. 事务响应时间（Transaction Response Time）

事务是指一组密切相关的操作的组合，例如一个登录的过程可能包括了多次 HTTP 的请求和响应，把这些 HTTP 请求封装在一个事务中，便于用户直观地评估系统的性能，例如登录的性能可以从登录的事务响应时间得到度量。

在事务响应时间中，有所谓的"2-5-8"原则，简单来说，就是当用户能够在 2 秒以内得到响应时，会感觉系统的响应很快；当用户在 2～5 秒得到响应时，会感觉系统的响应速度还可以；当用户在 5～8 秒以内得到响应时，会感觉系统的响应速度很慢，但是还可以接受；而当用户在超过 8 秒后仍然无法得到响应时，就会对该系统有不好的印象，或者认为系统已经失去响应，而选择离开这个 Web 站点，或者发起第二次请求。

3. 并发用户（Concurrent Users）

并发用户是指同一时间使用相同资源的人或组件，资源可以是计算机系统资源、文件、数据库等。大型的软件系统在设计时必须考虑多人同时请求和访问的情况，如图 9.2 所示。测试工程师在进行性能测试时也不能忽略对并发请求场景的模拟。

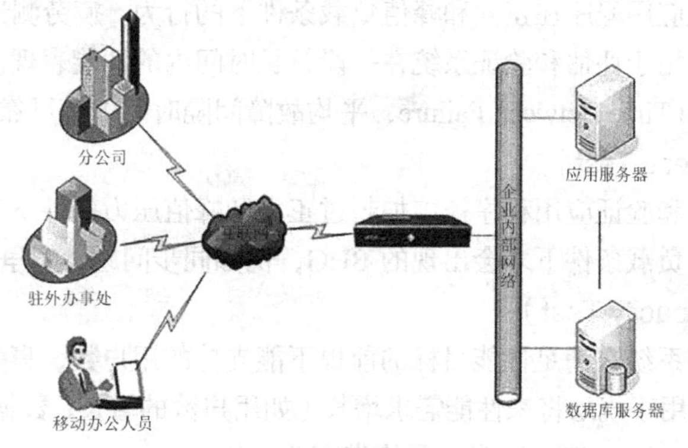

图 9.2　并发访问

注意

在 LoadRunner 的虚拟用户中，Concurrent 与 Simultaneous 存在一些区别，Concurrent 是指在同一个场景中参与运行的虚拟用户，而 Simultaneous 与同步点（rendezvous point）的关系更密切，是指在同一时刻一起执行某个任务的虚拟用户。

4. 吞吐量（Throughput）

就像一个货运码头可以用集装箱处理量来衡量它的货物处理能力一样，一个软件系统服务器也可以用吞吐量来衡量它的处理能力，如图 9.3 所示。

图 9.3 系统吞吐量

吞吐量是指单位时间内系统处理的客户请求的数量，度量单位可以是字节数/天、请求数/秒、页面数/秒、访问人数/天、处理的业务数/小时等。

5. 每秒事务量（Transaction Per Second，TPS）

TPS 是指每秒钟系统能够处理的交易或事务的数量，它是衡量系统处理能力的重要指标。TPS 也是 LoadRunner 中重要的性能参数指标。

6. 点击率（Hit Per Second，HPS）

点击率，也叫做命中率，是指每秒钟用户向 Web 服务器提交的 HTTP 请求数。这个指标是 Web 应用特有的一个指标：Web 应用是“请求-响应”模式，用户发出一次申请，服务器就要处理一次，所以“点击”是 Web 应用能够处理交易的最小单位。如果把每次点击定义为一次交易，点击率和 TPS 就是一个概念。不难看出，点击率越大，对服务器的压力也越大。点击率只是一个性能参考指标，重要的是分析点击时产生的影响。

7. 资源利用率（Resource Utilization）

资源利用率指的是对不同系统资源的使用程度，例如，服务器的 CPU 利用率、磁盘利用率等。资源利用率是分析系统性能指标进而改善性能的主要依据，因此，它是 Web 性能测试工作的重点。

资源利用率主要针对 Web 服务器、操作系统、数据库服务器、网络等，是测试和分析瓶颈的主要参数。在性能测试中，要根据需要采集具体的资源利用率参数来进行分析。

9.1.3 性能测试的类型

性能测试其实分很多种类型，性能测试（Performance Test）是一个统称，性能测试用于评价、验证系统的速度、扩展性和稳定性等方面的质量属性。性能测试可进一步细分成以下几种类型。

1. 负载测试（Load Test）

负载测试用于验证应用程序在正常和峰值负载条件下的行为。疲劳测试（Endurance Test）是负载测试的一个子集，用于评估和验证系统在一段较长时间内的性能表现。疲劳测试的结果可以用于计算 MTBF（Mean Time Between Failure，平均故障间隔时间）等可靠性指标。

2. 压力测试（Stress Test）

压力测试用于评估和验证应用程序被施加超过正常和峰值压力条件下的行为。压力测试的目的是揭露那些只有在高负载条件下才会出现的 BUG，例如同步问题、竞争条件、内存泄漏等。

3. 容量测试（Capacity Test）

容量测试用于评估系统在满足性能目标的前提下能支持的用户数、事务数等。容量测试通常与容量规划一起进行，用于规划将来性能需求增长（如用户数的增长、数据量的增长）的情况下，对系统资源增长（如 CPU、内存、磁盘、网络带宽等）的要求。

4. 配置测试（Configuration Testing）

通过对被测系统的软硬件环境的调整，了解各种不同环境对性能影响的程度，从而找到系统各项资源的最有效分配原则。这种测试主要用于性能调优，在经过测试获得了基准测试数据后，进行环境调整（包括硬件配置、网络、操作系统、应用服务器、数据库等），再将测试结果与基准数据进行对比，判断调整是否达到最佳状态。

5. 并发测试（Concurrency Testing）

模拟并发访问，测试多用户并发访问同一个应用、模块、数据时是否产生隐藏的并发问题，如内存泄露、线程锁、资源争用等问题。这种测试主要是为了发现并发引起的问题。

6. 可靠性测试（Reliability Testing）

通过给系统加载一定的业务压力的情况下，让应用持续运行一段时间，测试系统在这种条件下是否能够稳定运行。可靠性测试强调的是在一定的业务压力下长时间（7×24）运行系统，关注系统的运行情况（如资源使用率是否逐渐增加、响应是否越来越慢），是否有不稳定征兆。

9.1.4 性能测试成熟度模型

关于性能测试模型，生产 Load Runner 工具的 Mercury Interactive 公司（后来 HP 收购了它的产品）提出了 MI 性能测试成熟度模型（Mercury Interactive Maturity Model for Performance Testing），如图 9.4 所示。

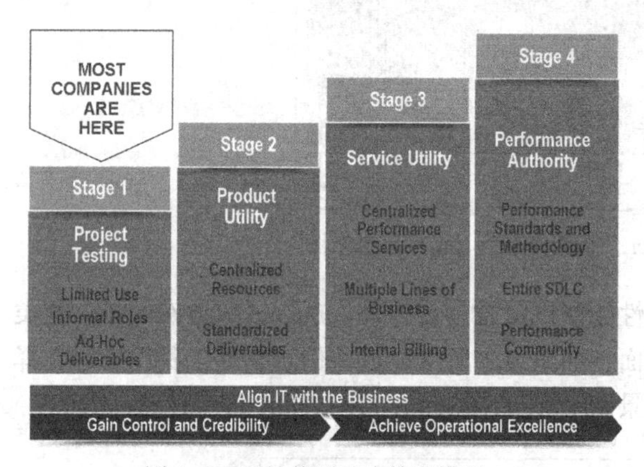

图 9.4　MI 性能测试成熟度模型

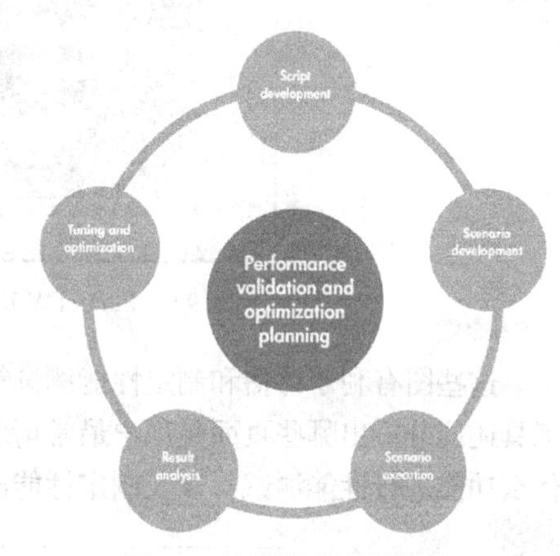

图 9.5　性能测试过程模型

MI 性能测试成熟度模型把企业的性能测试能力分为 4 个等级或阶段。

第一个阶段：项目测试。这个阶段的性能测试即兴为之，缺乏正式的角色。这也是大部分企业所处的状态。

第二个阶段：产品级性能测试。这个阶段的性能测试相对正规，有几种资源可以为性能测试所用，输出标准的工件，例如性能测试报告、性能质量评估报告等。

第三个阶段：性能测试服务。这个阶段的性能测试成熟度一般是拥有多个产品或业务线的企业所具备的，性能测试团队拥有自己的资源，集中提供性能测试服务。

第四个阶段：性能认证。这个阶段的性能测试能贯穿整个软件开发生命周期（SDLC），拥有标准的性能测试过程和方法论，能提供专业的性能测试认证。

一般的性能测试过程模型如图 9.5 所示。

围绕着性能验证和优化计划，开展脚本开发、场景开发、场景执行、结果分析、性能优化。

注意这是一个迭代的过程，也就是说性能测试很可能不是做一次就完成的。

9.1.5 分析和定义性能需求

性能测试的第一步是获取和定义性能测试需求。那么如何获取性能测试需求分析所需要的数据呢？对于已存在的或已上线的应用系统，一般可借助一些工具，例如，Funnel Web Analyzer、LogParser 等来协助分析。

Funnel Web Analyzer 可以分析服务器的访问日志并显示用于创建合适负载测试的信息。例如，服务器每日访问量的分布图，如图 9.6 所示。

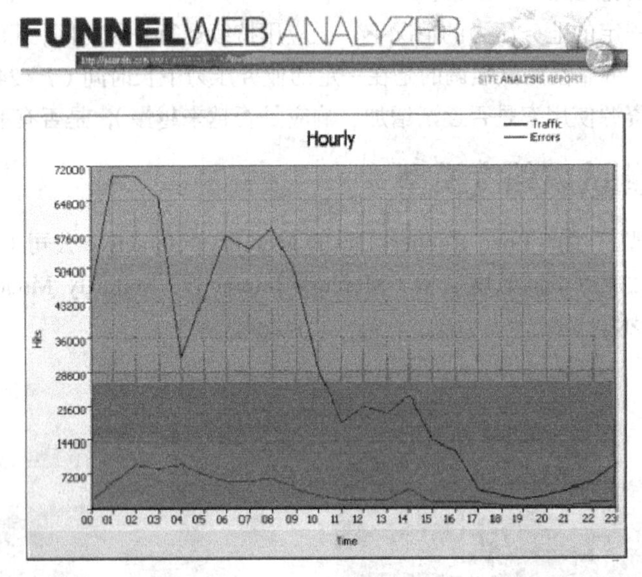

图 9.6 Funnel Web Analyzer 分析服务器每日访问量分布图

这些图有利于评估和制定性能测试策略、性能测试负载量。另外，Funnel Web Analyzer 这类工具还能分析出哪些页面是用户最常请求的页面，如图 9.7 所示，这些信息有助于我们决定选择什么功能进行性能测试，以及制定性能测试场景。

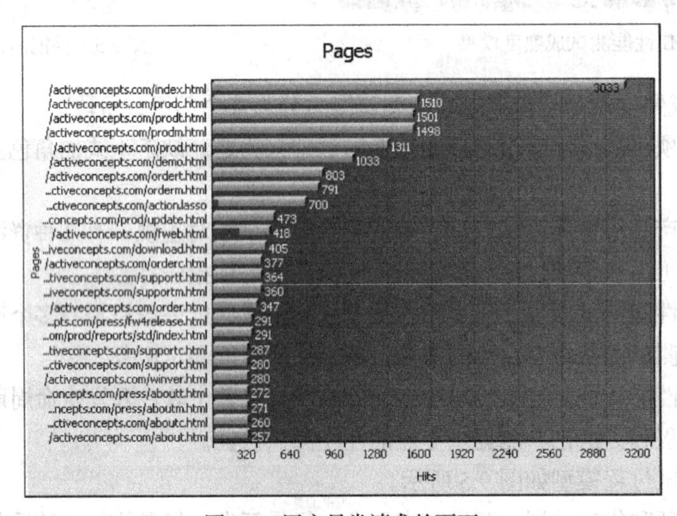

图 9.7 用户最常请求的页面

那么对于一个尚未开发的软件系统，我们又应该如何分析和制定出合理的性能需求呢？可以根据用户的实际工作场景来分析并制定出合理的性能需求，按照最终用户的实际操作比例来模拟用户动作。例如，在保险索赔部门，员工执行以下操作。

① 用户上午 8 点登录系统。

② 上午每人平均处理 5 个索赔请求。

③ 大约 80%的用户忘记在吃午饭之前注销账号，导致 session 过期。

④ 午饭后，用户重新登录系统。

⑤ 下午每人平均处理 5 个索赔申请。

⑥ 下班之前生成 2 个报告。

⑦ 80%的用户回家前注销账号。

本例是一个真实应用的简化版，但是我们可以依据这些典型的应用场景来规划性能测试时的场景和负载目标：2 次登录，10 次索赔处理，2 次报告和 1 次注销。

9.1.6 “不成文的”性能需求定义

性能需求的定义是系统设计和开发的重要组成部分。而有些性能需求之所以没有写下来，是因为大家都默认、约定俗成地认为这些是普遍的性能需求。

性能需求可以从响应时间、吞吐量等方面进行描述。对于响应时间，早在 1968 年，Robert B.Miller 就在他的报告《Resopnse Time in Man-Computer Conversational Transactions》中描述了 3 个层次的响应时间，这些数据对于今天的软件系统的性能需求定义仍然非常有意义。

① 0.1～0.2 秒：用户认为得到的是即时的响应。

② 1～5 秒：用户能感觉到与信息的互动是基本顺畅的。用户注意到了延迟，但是能感觉到计算机是按照指令正在“工作”中。

③ 8 秒以上：用户会关注对话框。需要带有任务完成百分比的进度条或其他等待提示信息，在这么长的等待时间后，用户的思维可能需要一定的时间来返回并继续刚才的任务，重新熟悉和适应任务，因此工作效率受到了影响。

Peter Bickford 在调查用户反应时，发现在连续的 27 次即时反馈后，第 28 次操作时，计算机让用户等待 2 分钟，结果是半数人在第 8.5 秒左右就走开或者按下重启键。使用了鼠标变成漏斗提示的界面会把用户的等待时间延长到 20 秒左右，动画的鼠标漏斗提示界面则会让用户的等待时间超过 1 分钟，而进度条则可以让用户等待到最后。

Peter Bickford 的调查结果被广泛用到 Web 软件系统的性能需求的响应时间定义中。在 1997 年的《Worth the Wait?》报告中指出：在 8.5 秒的等待后，超过一半的用户选择放弃 Web 页面。而 A.Bouch 的调查表明：

① 在 5 秒内响应并呈现给用户的页面，用户会认为是好的响应速度（Good）；

② 6～10 秒，用户会认为是一般的响应速度（Average）；

③ 超过 10 秒，用户会认为是很差的响应速度（Poor）。

第三份研究表明，如果网页是逐步加载的，先出现横幅（banner），再出现文字，最后出现图像。在这样的条件下，用户会忍受更长的等待时间，用户会把延迟在 39 秒内的也标识为“Good”，超过 56 秒的才认为是“Poor”的。

9.1.7 计划性能测试

在确定了性能测试需求和目标之后，就可以开始制定性能测试计划。性能测试计划用于指导性能测试工程师开展性能测试，明确性能测试策略、环境、工具等内容。下面是一个性能测试计划的纲要，读者可参考来制定自己项目的性能测试计划：

```
1. 参考文档
2. 性能测试范围
3. 性能测试方法
4. 性能测试类型和进度安排
5. 性能测试/容量目标
6. 性能测试过程、状态报告以及最终报告
7. BUG 报告以及回归测试指引
8. 工具使用
9. 培训
10. 系统环境
11. 资源使用
12. 组成员及职责
附录 A 用户场景
附录 B 并发负载测试场景
附录 C 负载测试数据
附录 D 测试脚本
```

9.2 使用 LoadRunner 开展性能测试

LoadRunner 是一个强大的性能测试工具，支持广泛的协议，能模拟百万级的并发用户，是进行性能测试的最强有力的“帮手”。

9.2.1 LoadRunner 简介

LoadRunner 是业界公认的权威性能测试工具，被誉为“工业级”的性能测试工具。支持广泛的协议和平台，包括以下几大类。

- Application Deployment Solution：包括 Citrix 和 Microsoft Remote Desktop Proto col (RDP)。
- Client/Server：包括 DB2 CLI、DNS、Informix、Microsoft .NET、MS SQL、ODBC、Oracle 2-Tier、Sybase Ctlib、Sybase Dblib 和 Windows Sockets。
- Custom：包括 C Templates、Visual Basic templates、Java templates、Javascript 和 Vbscript 类型脚本。
- Distributed Components：包括 COM/DCOM 和 Microsoft .NET。
- E-business：包括 AMF、AJAX、FTP、LDAP、Microsoft .NET、Web (Click and Script)、Web (HTTP/HTML)和 Web Services。
- Enterprise Java Beans：EJB。
- ERP/CRM：包括 Oracle Web Applications 11i、Oracle NCA、PeopleSoft Enterprise、

Peoplesoft-Tuxedo、SAP-Web、SAPGUI、SAP (Click and Script)和 Siebel (Siebel-DB2 CLI、Siebel-MSSQL、Siebel-Web 和 Siebel-Oracle)。

- Java：Java 类型的协议，像 Corba-Java、Rmi-Java、Jacada 和 JMS。
- Legacy：Terminal Emulation (RTE)。
- Mailing Services：包括 Internet Messaging (IMAP)、MS Exchange (MAPI)、POP3 和 SMTP。
- Middleware：包括 Tuxedo 6 和 Tuxedo 7。
- Streaming：包括 RealPlayer 和 MediaPlayer (MMS)。
- Wireless：Multimedia Messaging Service (MMS)和 WAP。

在使用 LoadRunner 之前，先要弄清楚几个重要的概念。

- Scenario：场景。所谓场景是指在每一个测试过程中发生的事件，场景的设计需要根据性能需求来定义。
- Vusers：虚拟用户。LoadRunner 使用多线程或多进程来模拟用户对应用程序操作时产生的压力。一个场景可能包括多个虚拟用户，甚至成千上万个虚拟用户。
- Vuser Script：脚本。用脚本来描述 Vuser 在场景中执行的动作。
- Transactions：事务。事务代表了用户的某个业务过程，需要衡量这些业务过程的性能。

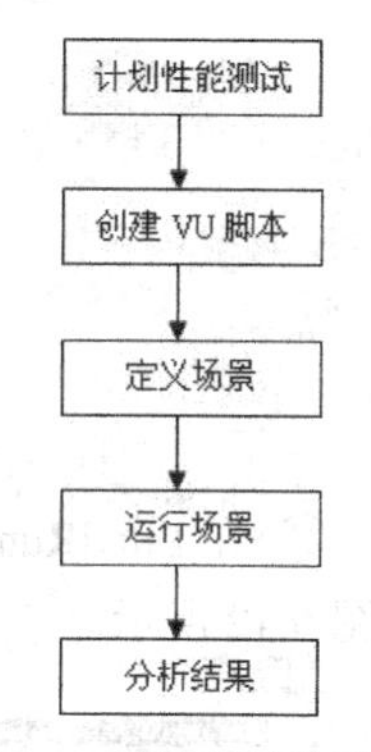

图 9.8　性能测试的流程

一般的性能测试的流程如图 9.8 所示。

LoadRunner 用 3 个主要功能模块来覆盖性能测试的基本流程。

- Virtual User Generator。
- Controller。
- Analysis。

其中 Virtual User Generator 用在创建 VU 脚本阶段，Controller 用在定义场景阶段和运行场景阶段，Analysis 用在分析结果阶段。LoadRunner 的原理图如图 9.9 所示。

使用 LoadRunner，可以模拟成千上万，甚至上百万的并发用户同时访问和执行软件系统的各项功能的场景，这对于评价应用系统的性能表现，评估应用系统的压力承受能力非常有用，而不需要使用真实的机器终端来模拟，LoadRunner 的工作示意图如图 9.10 所示。

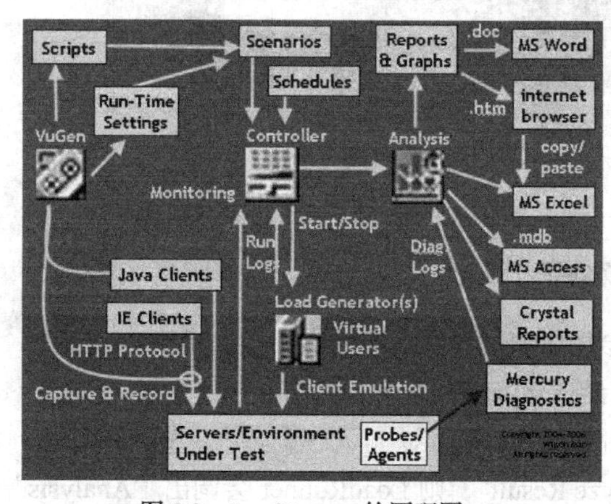

图 9.9　LoadRunner 的原理图

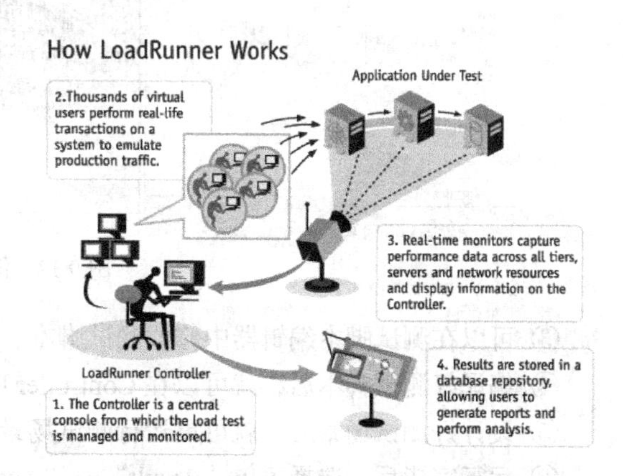

图 9.10　LoadRunner 的工作示意图

9.2.2 LoadRunner 基本使用方法和步骤

使用 LoadRunner，首先分析被测试应用程序的技术实现，选择合适的协议进行测试脚本的录制，然后修改测试脚本，再进行场景设计，最后运行测试场景并分析测试结果。

① 在录制脚本之前，LoadRunner 要求选择录制时需要截获的协议类型，如图 9.11 所示。

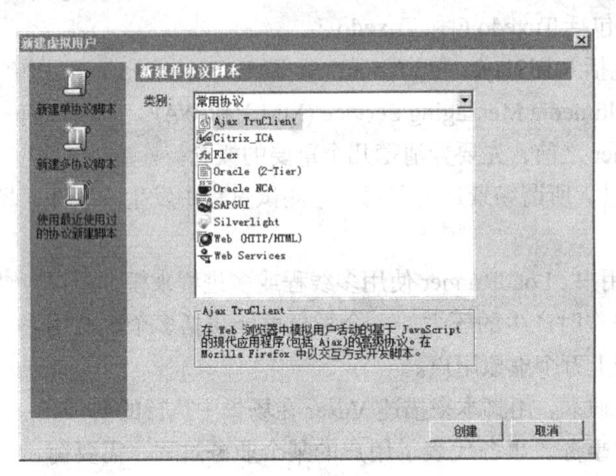

图 9.11　选择协议

② 在 LoadRunner 中提供了一个任务向导，用于指导测试人员一步步创建合适的测试脚本，如图 9.12 所示。

图 9.12　任务向导

③ 可以在测试脚本编辑器中修改测试脚本、参数化测试数据、添加事务，如图 9.13 所示。

④ 编译好测试脚本后，就可以在 Controller 中设计性能测试场景，如图 9.14 所示。

⑤ 设计好测试场景后，就可以运行测试场景，如图 9.15 所示。

⑥ 运行完毕后，选择菜单“Result”→“Analyze Result”，则 LoadRunner 会调出“Analysis”模块对测试结果进行分析，产生如图 9.16 所示的测试报告。

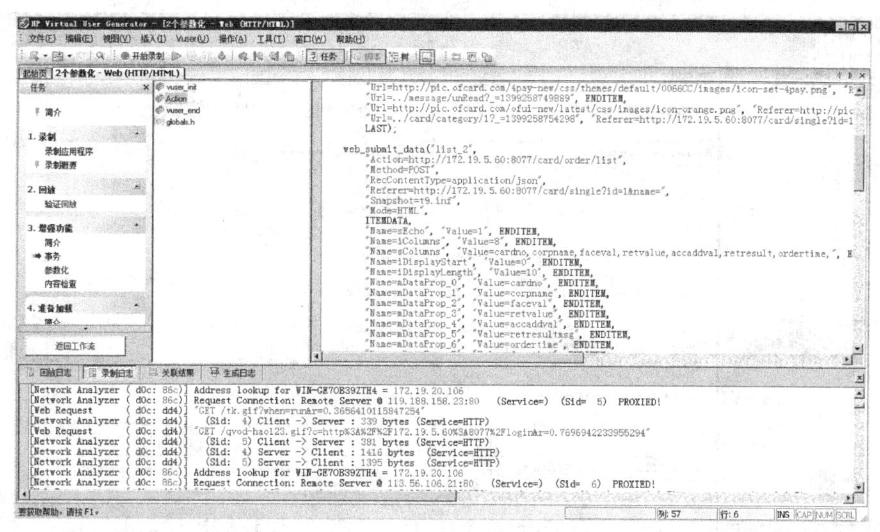

图 9.13　测试脚本编辑器

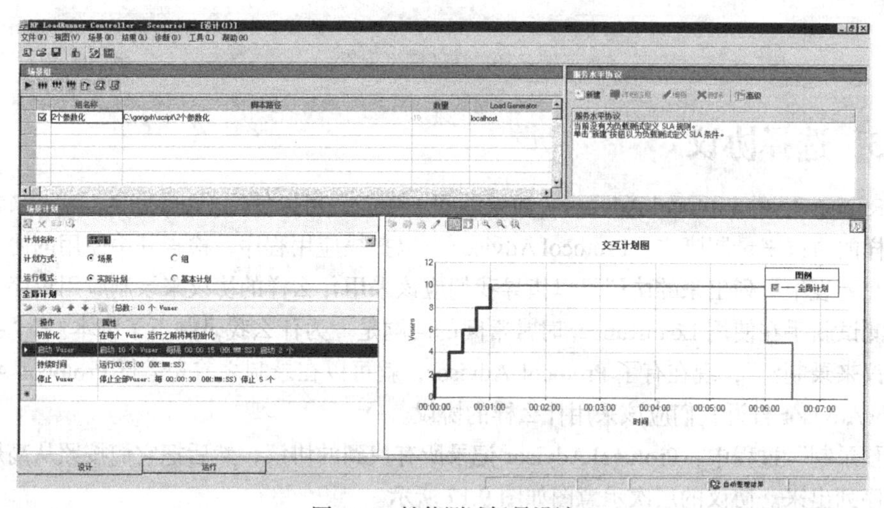

图 9.14　性能测试场景设计

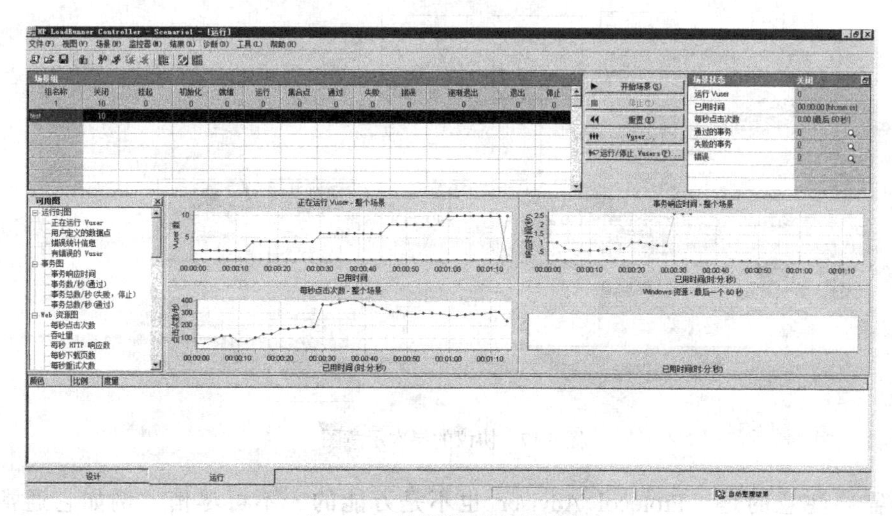

图 9.15　性能测试场景的执行

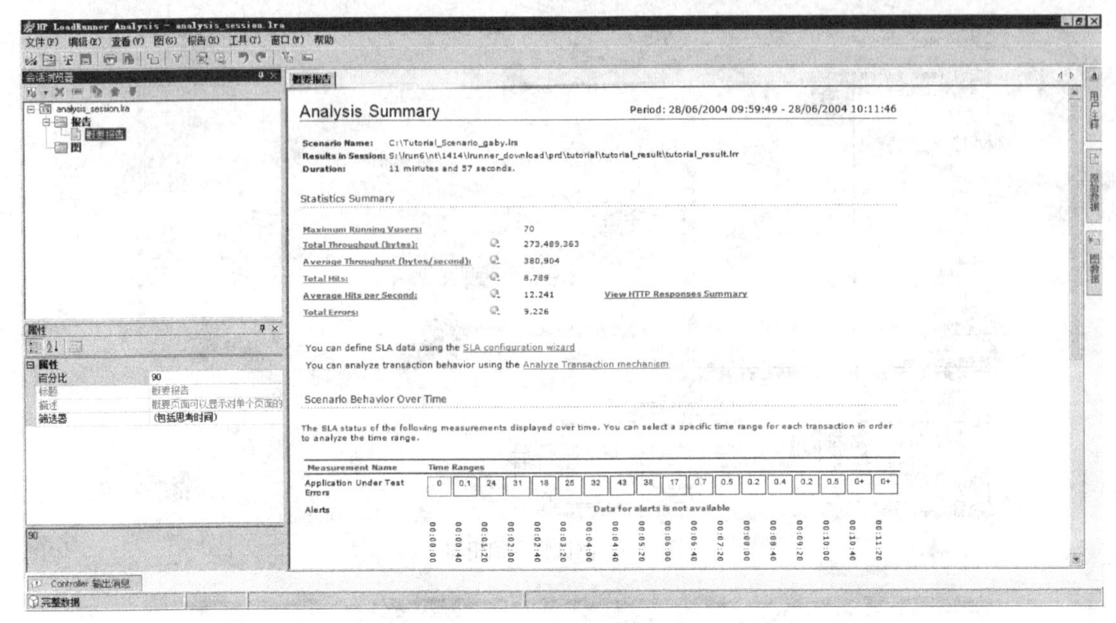

图 9.16　性能测试报告

9.2.3　选择协议

LoadRunner 11 的 Protocol Advisor（协议顾问）功能，可以使用 Protocol Advisor 来帮助决定采用什么样的协议来录制脚本。Protocol Advisor 可以扫描应用程序，检查其中使用的协议，并把它们显示在列表中，列出来的协议可以指导我们应该采用什么样的协议来录制应用程序。

性能测试新手在使用 LoadRunner 时常常问的问题是“为什么我录制不了脚本？”“我应该采用什么协议来录制？”，现在有了 Protocol Advisor，就可以在录制之前先运行 Protocol Advisor，让 Protocol Advisor 告诉我们应该采用什么样的协议。

在“预录制”过程中，Protocol Advisor 记录所有找到的协议，然后把它们按照从高层次到低层次的顺序列出来。协议的层次示意图如图 9.17 所示。

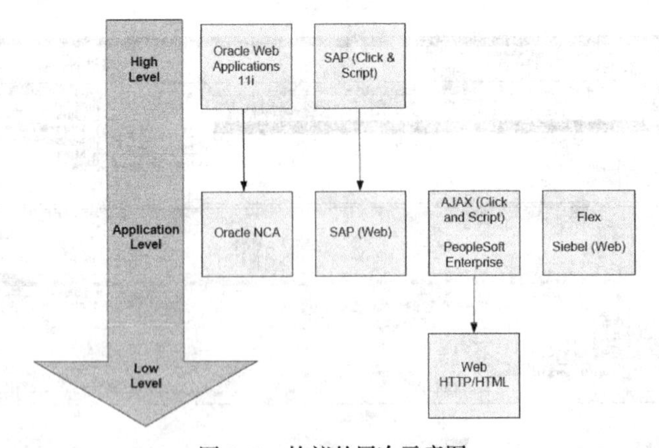

图 9.17　协议的层次示意图

但是需要注意的是，Protocol Advisor 也不是万能的，不可尽信，例如它通常都会把 COM/DCOM、Java、.NET、WinSocket、LDAP 这些协议列出来，但是未必适合选择作为录制的协议。协议分析结果如图 9.18 所示。

作为性能测试工程师，深入了解被测试的应用程序的开发语言、采用的架构、业务流程中使用的协议，这些知识都是必不可少的。另外，多与开发人员、设计人员充分沟通，这样即使没有 Protocol Advisor，也能比较合理地选用恰当的协议来录制和开发性能测试脚本。

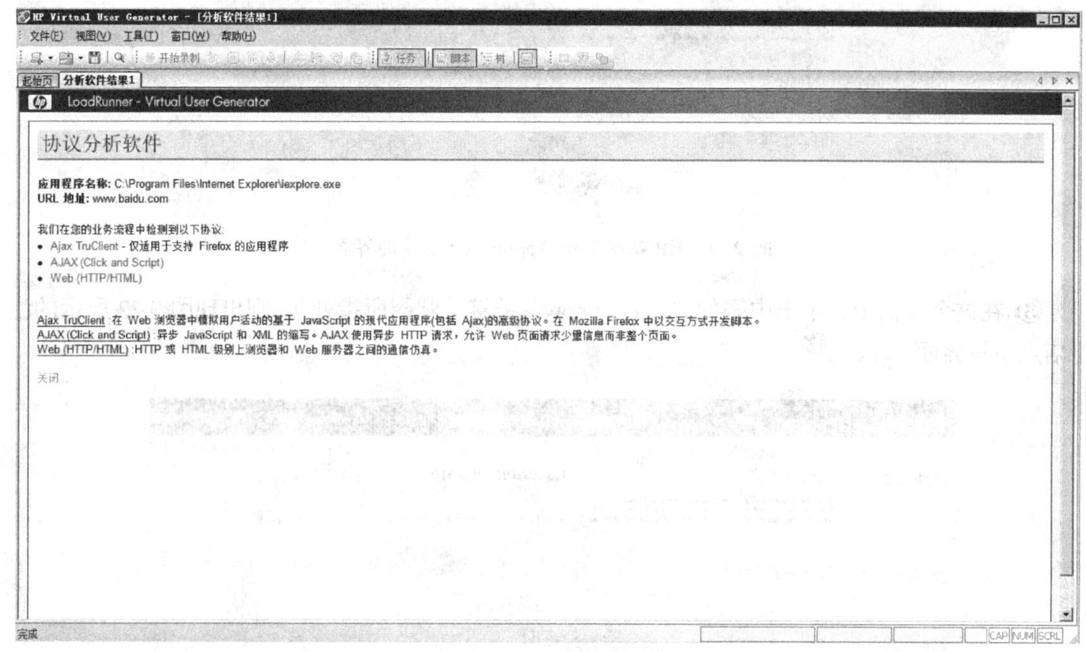

图 9.18　协议分析结果

9.2.4　录制脚本

下面以 LoadRunner 安装时附带的样例程序 Web Tours 为例，讲解如何录制该程序的性能测试脚本。

① 选择“Web（HTTP/HTML）”协议后，在录制脚本的设置界面（见图 9.19）中选择“Application type”为“Internet Applications”选项。“Program to record”选择“Microsoft Internet Explorer”浏览器。在“URL Address”中输入“http://127.0.0.1:1080/WebTours/”。

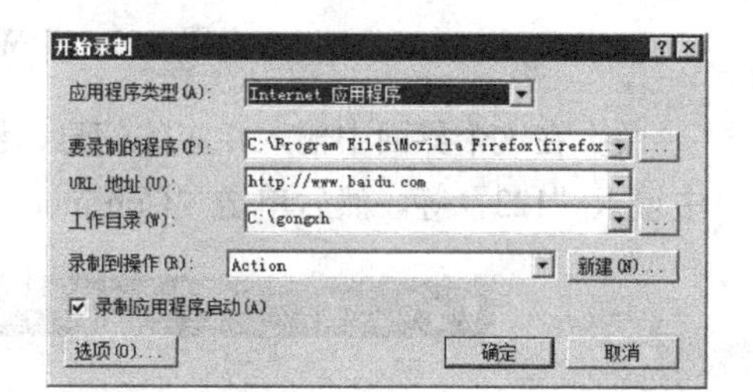

图 9.19　设置录制参数

在单击“OK”按钮之前，先要确保 LoadRunner 自带的例子“HP Web Tours Application”的后台服务已经在运行。启动步骤如下。

选择“开始”→“所有程序”→“LoadRunner”→“Samples”→“Web”→“Start Web Server”选项即可。

② 确保能正确打开“HP Web Tours Application”后单击“OK”按钮，出现图 9.20 所示的界面。

正在录制...(18 个事件)。　Action

图 9.20　录制界面

LoadRunner 开始录制脚本，同时会自动打开 IE 并访问 http://127.0.0.1:1080/WebTours/ 地址的“HP Web Tours Application”应用程序，如图 9.21 所示。

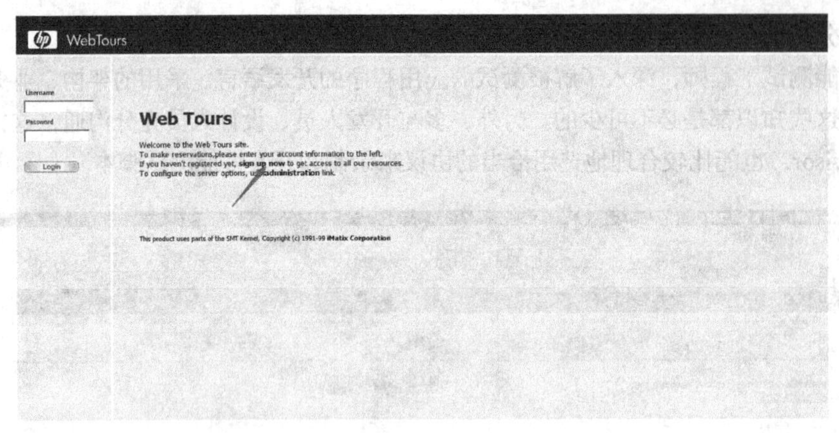

图 9.21　HP Web Tours Application 的欢迎界面

③ 在这个界面中，单击中间的“sign up now”链接（圆圈所指处）。则出现图 9.22 所示的注册信息填写界面。

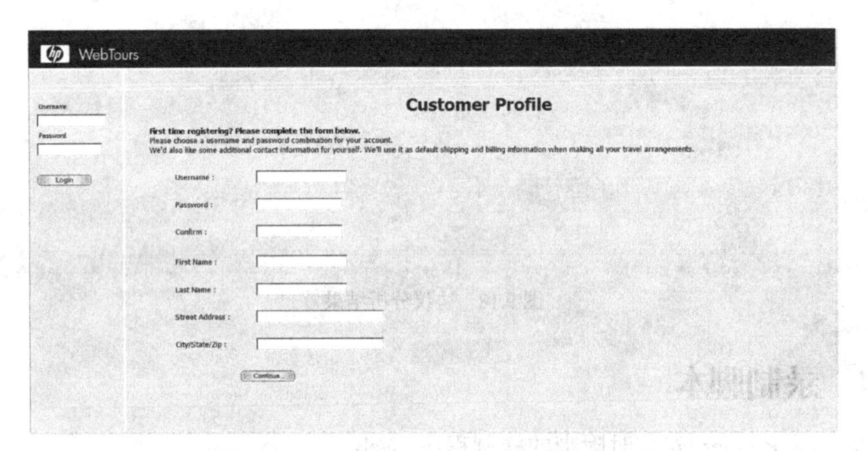

图 9.22　HP Web Tours Application 的注册界面

④ 在这个界面中输入相应的信息，例如，在“Username”中填入“chennengji”，“Password”中填入“123”等。然后单击“Continue…”按钮，则出现图 9.23 所示的界面。

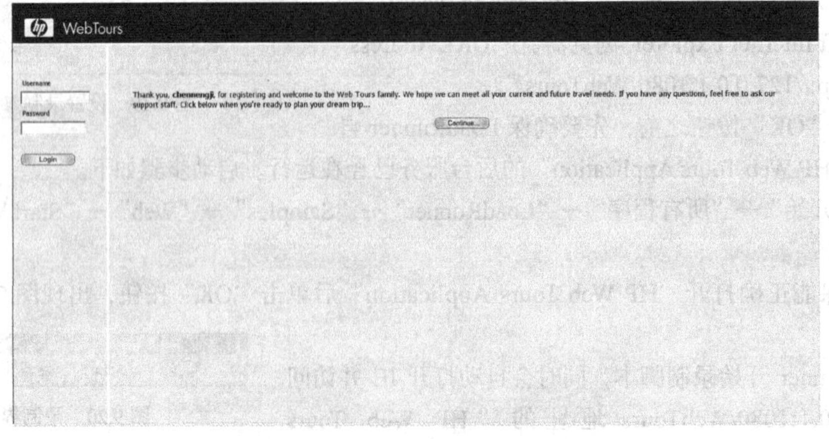

图 9.23　HP Web Tours Application 的注册成功界面

⑤ 在这个界面中提示用户“chennengji”注册成功。此时，在 LoadRunner 的录制界面上按“停止”按钮，停止录制脚本。LoadRunner 会把刚才操作过程中所有录制的 HTTP 协议内容转换成脚本。在 LoadRunner 主界面上选择“View”菜单，然后选择“Script View”子菜单，则出现图 9.24 所示的脚本编辑界面。

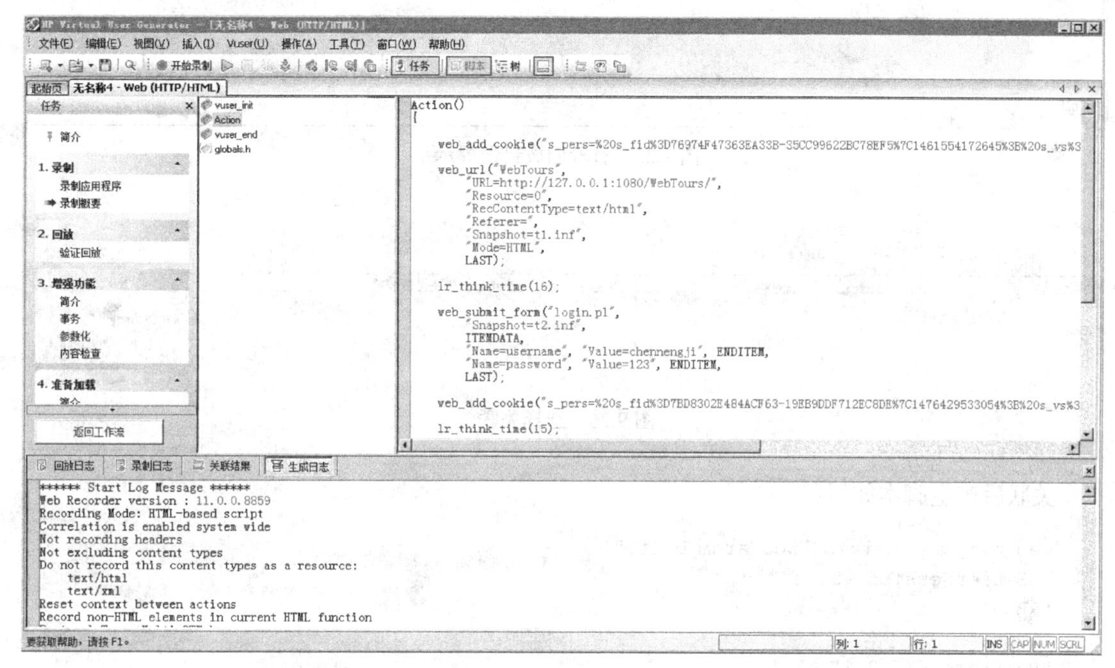

图 9.24　脚本编辑界面

9.2.5　常见脚本回放问题解决

录制回放脚本过程中常见的一个问题是关联的处理问题，为了模拟这样的问题，我们先按以下步骤设置 HP 的 Web Tours 网站。

1. 打开 Web Tours

选择“开始”→“程序”→“LoadRunner”→“Samples”→“Web”→“HP Web Tours”选项，在浏览器中打开 Web Tours 的页面。

2. 修改服务器设置

单击 Web Tours 页面中的 administration 链接打开管理员页面，选择第 3 个选项框“Set LOGIN form's action tag to an error page”然后单击“Update”按钮更新设置，然后单击“Return”返回主页面。这个设置让服务器不允许重复的 Session ID。

3. 关闭浏览器

设置之后，用 VUGen 重新录制脚本，然后回放脚本的时候查看回放信息，将提示图 9.25 所示的错误。

这是由于回放过程中，服务器接收到的 Session ID 与录制时服务器接收到的 Session ID 不一致，导致在回放脚本时服务器不能返回预期的页面。解决的办法是通过扫描关联（选择菜单“Vuser ”→“Scan Script for Correlations”），在图 9.26 所示的界面中选择需要关联处理的数据，单击“Correlate”按钮即可进行关联。

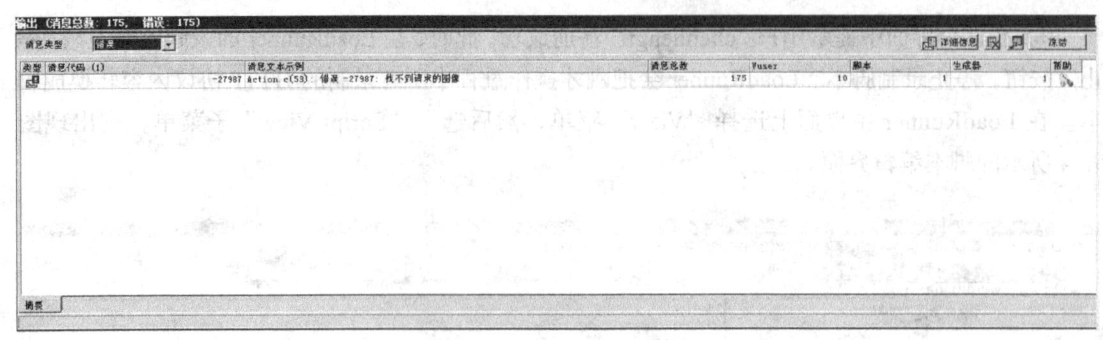

图 9.25　查看回放错误提示

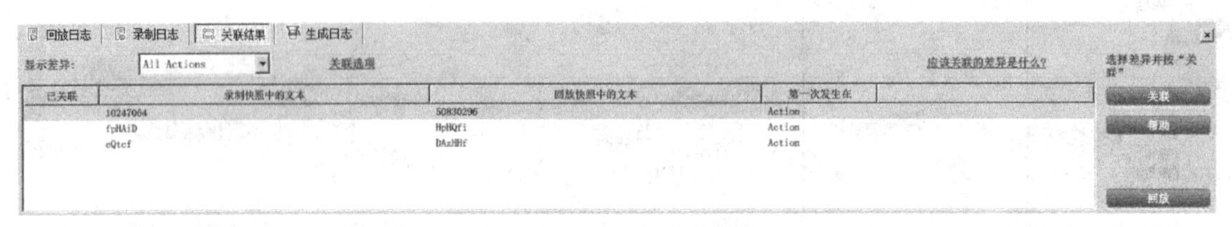

图 9.26　选择关联

关联后产生脚本如下：

```
web_reg_save_param ("WCSParam_Diff1",
"LB=userSession value=",
"RB=>",
"Ord=1",
"RelFrameId=1.2.1",
"Search=Body",
LAST);
```

在该脚本中用 web_reg_save_param 查找服务器返回的 HTTP 页面中左边界是“userSession value=”、右边界是“>”的字符串，并把该字符串保存到“WCSParam_Diff1”变量中，且在后面的脚本中替换使用该变量。

web_reg_save_param 函数是先注册再使用的函数，需要在预期返回的页面请求之前使用该函数，这样 LoadRunner 在回放脚本时，就会一边获取服务器返回的数据，一边查找符合 web_reg_save_param 所定义的左边界、右边界规则的字符串并返回给参数变量。

9.2.6 修改和完善脚本

录制完成后，LoadRunner 会自动形成基本的测试脚本代码，但是这些测试脚本代码还不能马上用于测试，因为还需要对其进行参数化等方面的设置，让其可以更好地模拟现实用户使用软件系统时的情形。

录制过程中，通常会产生很多停顿的时间，LoadRunner 默认会如实地把停顿的时间也录制下来，加入到脚本中，例如：

```
lr_think_time(115);
```

这行脚本表示停顿了 115s 的时间，也就是说用户在某些操作之间“思考”了 115s 的时间，在这里需要根据实际情况，以及想要的效果来决定这个时间的值。如果录制过程忠实地反映了一般用户的操作习惯，则这个值不一定要修改。如果录制过程中无意识地停顿了一段很长的时间，则可能需要修订这个值，因为在回放过程中，以及场景执行过程中，这些“思考”时间都会如实地反映出来。

在本例中，这个思考时间的值这么大可能是不合理的，因为这个“思考”时间发生在用户浏览欢迎界面和做出注册的决定之间，由于欢迎界面的信息非常少，用户很快就能阅读完毕，然后进行注册的操作。

如果想模拟一个注册的高峰情形的话，则可以把这个值设得很小，然后把这行代码屏蔽掉，认为在这种情况下大部分用户会进入欢迎界面后立即进行注册的操作。当然，也可以对这个值进行参数化，以便模拟不同用户的“思考”时间。

9.2.7　脚本参数化

下面是一个变量参数化的过程，以之前录制下来的脚本为例，其中的几个位置是需要参数化的。例如对于录制下来的注册信息填写过程的脚本：

```
"Name=username", "Value=chennengji",ENDITEM,
"Name=password", "Value=123",ENDITEM,
```

应该把“chennengji”和“123”的值进行参数化，因为希望模拟不同的用户并发注册账号的情形，不同的用户会采用不同的用户名和密码。

① 在代码编辑区域中选中“chennengji”后，用鼠标右键单击选择“Replace with a Parameter”选项，则出现图 9.27 所示的界面。

② 在这个界面中，可以看到，即将被替换成变量的值是“chennengji”，参数化类型选择以文件存储的方式。单击“Properties…”按钮，可进行参数化属性的编辑，则出现图 9.28 所示的界面。

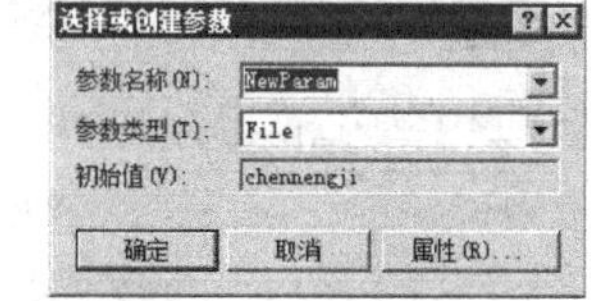

图 9.27　创建参数

③ 在这个界面中，单击“Create Table”按钮，创建参数化表格并输入参数数据。默认会调出记事本编辑器，在记事本中输入参数化数据，如图 9.29 所示。

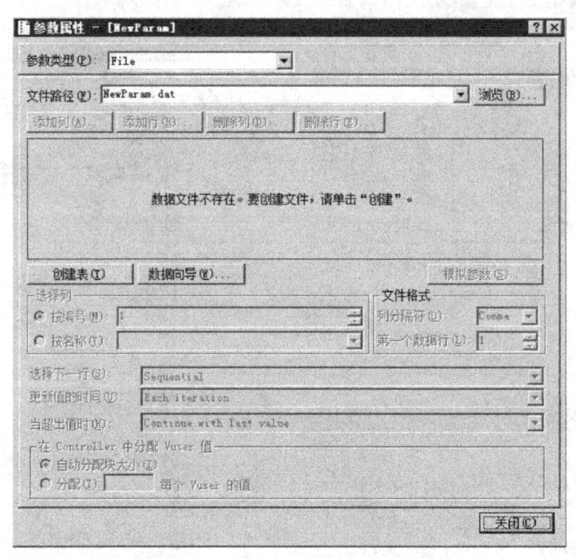

图 9.28　参数化属性设置

图 9.29　编辑参数化文件

9.2.8 添加事务

事务是用于模拟用户的一个完整业务操作的过程，LoadRunner 提供了可视化添加事务的方式。添加的步骤如下。

① 首先在任务向导界面的第 3 个步骤，单击“Transactions”按钮，则出现图 9.30 所示的界面。

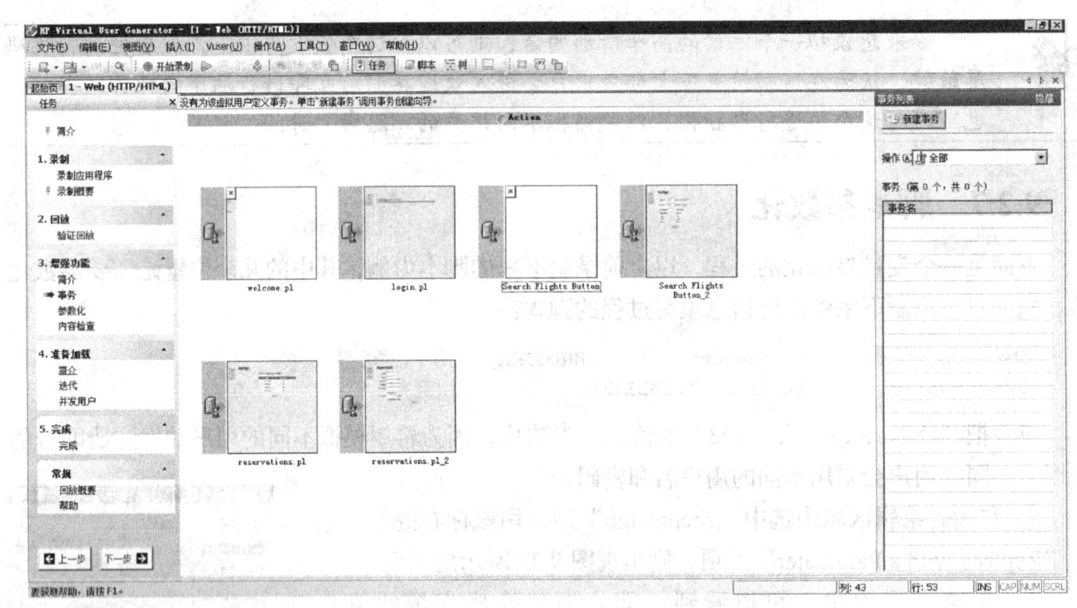

图 9.30 事务编辑界面

② 在这个界面中，LoadRunner 把录制过程中发生的动作以截获界面的方式列出来。单击右边的“New Transaction”按钮，则可进行事务的添加和编辑，如图 9.31 所示。

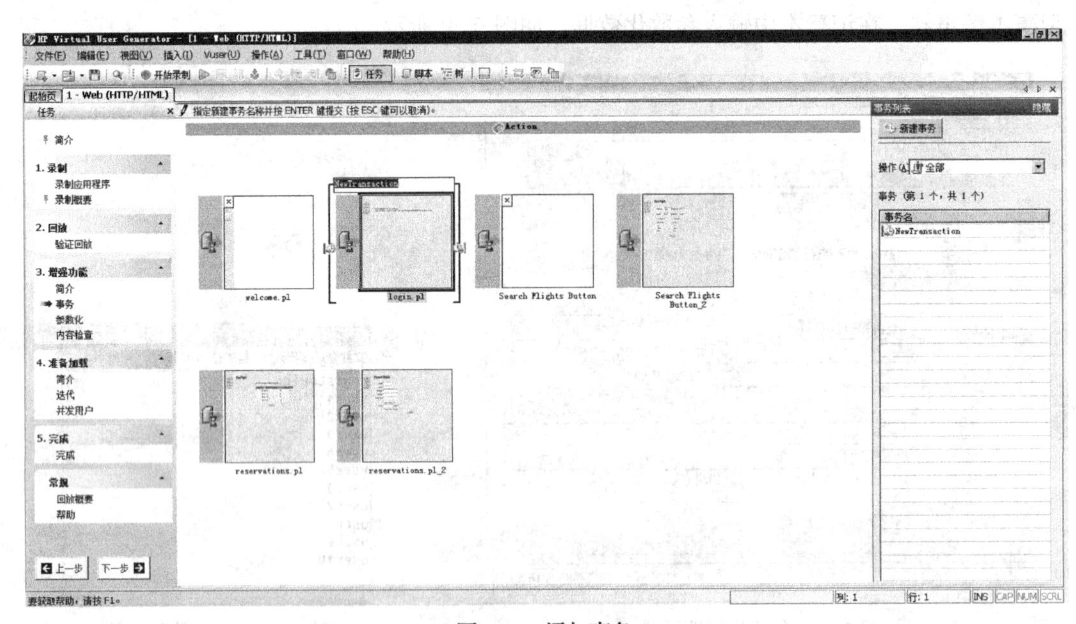

图 9.31 添加事务

③ 添加事务是一个可视化的编辑过程，只需要把事务动作所涉及的 Web 界面的左右括起来就可以了。

9.2.9　添加内容检查点

有些时候，仅仅看脚本还不能确定是否模拟了现实的某个业务过程，LoadRunner 提供了一个直观的视图用于在浏览窗口中检查内容是否符合要求。在“Tasks”界面的第 3 步，单击“Content Checks”按钮，则切换到图 9.32 所示的界面。

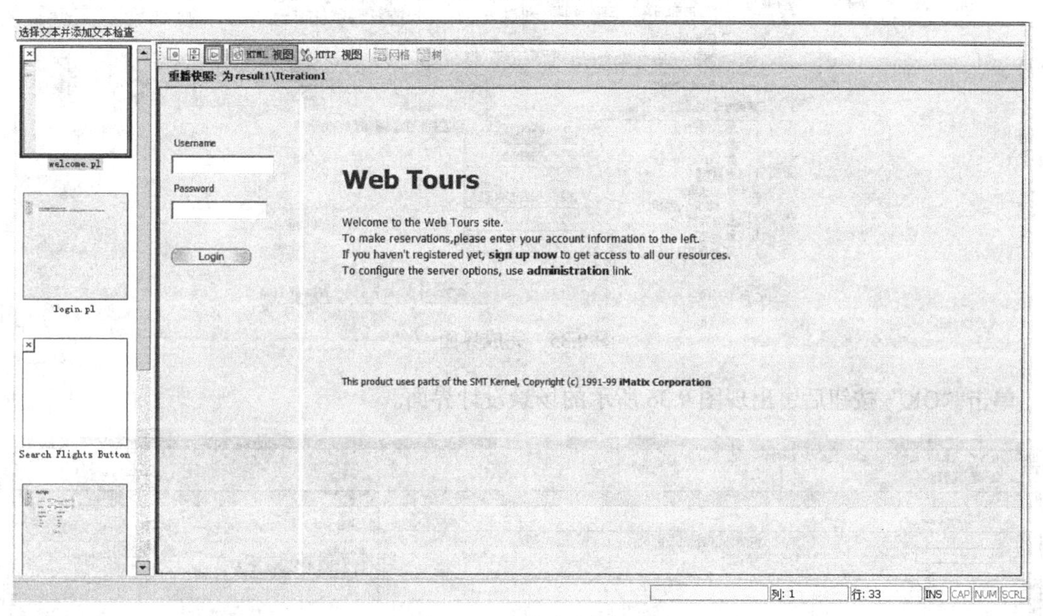

图 9.32　内容检查界面

注意添加检查点之前，需要在“Run-Time”设置（选择“Vuser”→“Run-Time Settings”选项）中把“Enable Image and text check”选项勾选上，如图 9.33 所示。

接下来就可以通过添加步骤（选择“Insert”→“New Step”选项）的方式，选择图像检查或文本检查来插入内容检查点，如图 9.34 所示。

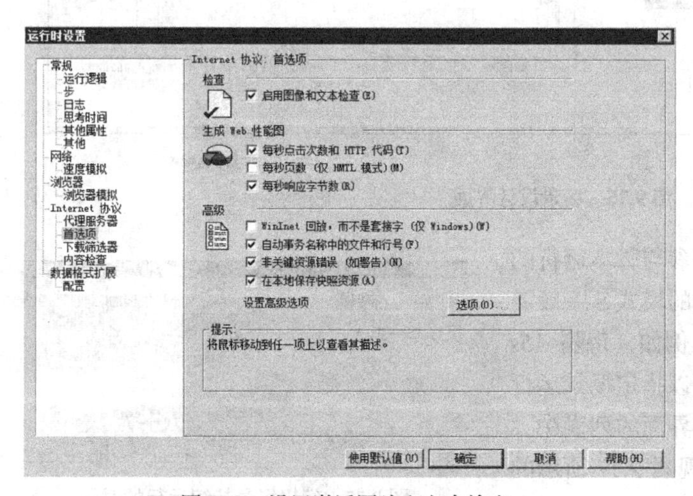

图 9.33　设置激活图片和文本检查

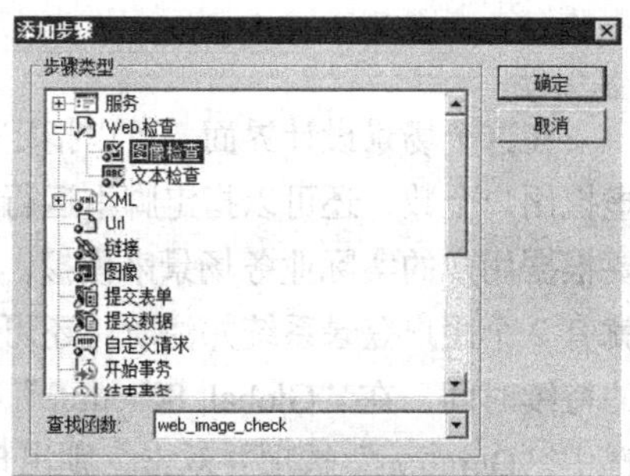

图 9.34　添加检查点步骤

9.2.10 性能参数的选择和监视

在完成了测试脚本的开发后，就可以开始设计测试的场景来调用测试脚本，添加需要监控的客户端或服务器端的各种对象的性能参数。

打开 Controller，在图 9.35 所示的界面选择参与场景运行的脚本。

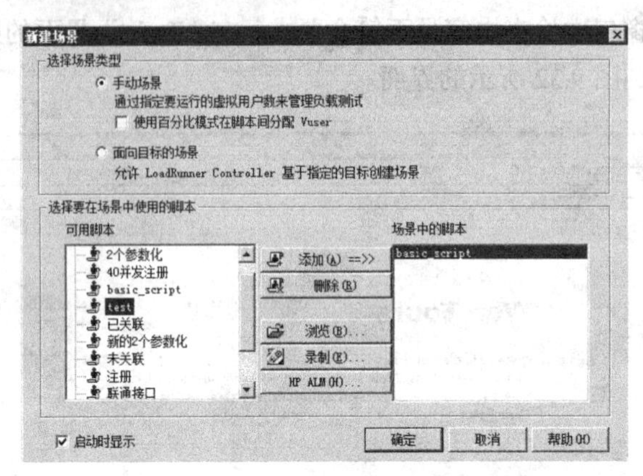

图 9.35　完成界面

单击“OK”按钮后，出现图 9.36 所示的场景设计界面。

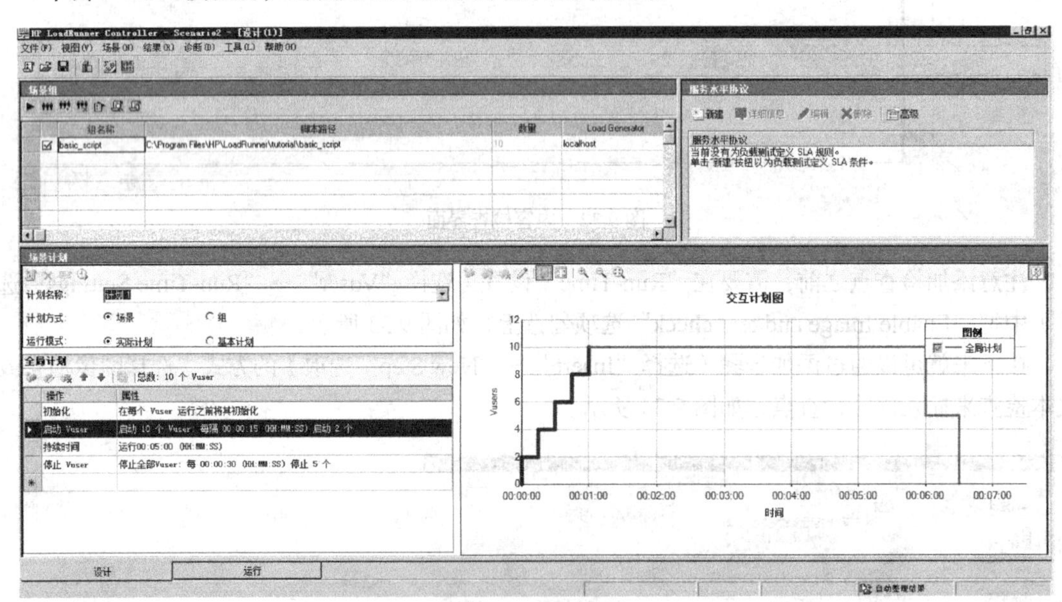

图 9.36　场景设计界面

在这个场景设计界面，可以指定参与脚本运行的虚拟用户个数，还可以指定脚本运行的模式，一般需要根据用户的实际业务场景来模拟。例如，每隔 15s 就有 2 个用户登录系统并注册。还可以指定场景运行的持续时间，在“Global Schedule”界面的列表中，选中“Duration”选项并双击，则出现图 9.37 所示的界面。

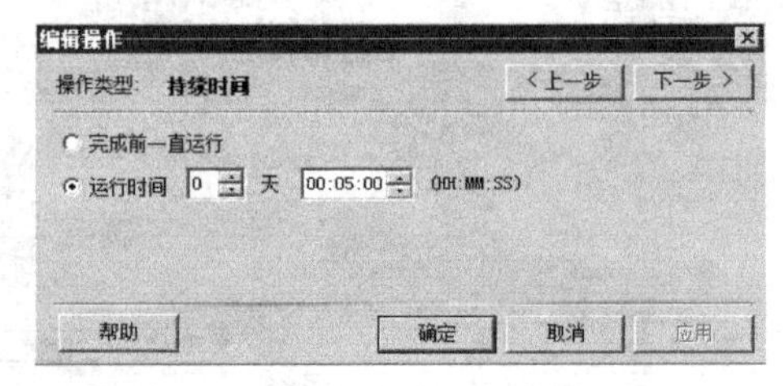

图 9.37　编辑场景持续运行的时间

9.2.11　运行场景

在这里，设定场景的运行时间为 3 分钟。然后按 F5（场景运行的快捷键）即可开始按照设计的场景运行脚本。出现图 9.38 所示的界面。

在这个界面中，会显示所有场景运行的当前状态，使用状态图动态展示各种性能指标。例如，当前运行的虚拟用户个数、事务响应时间、每秒单击率等。

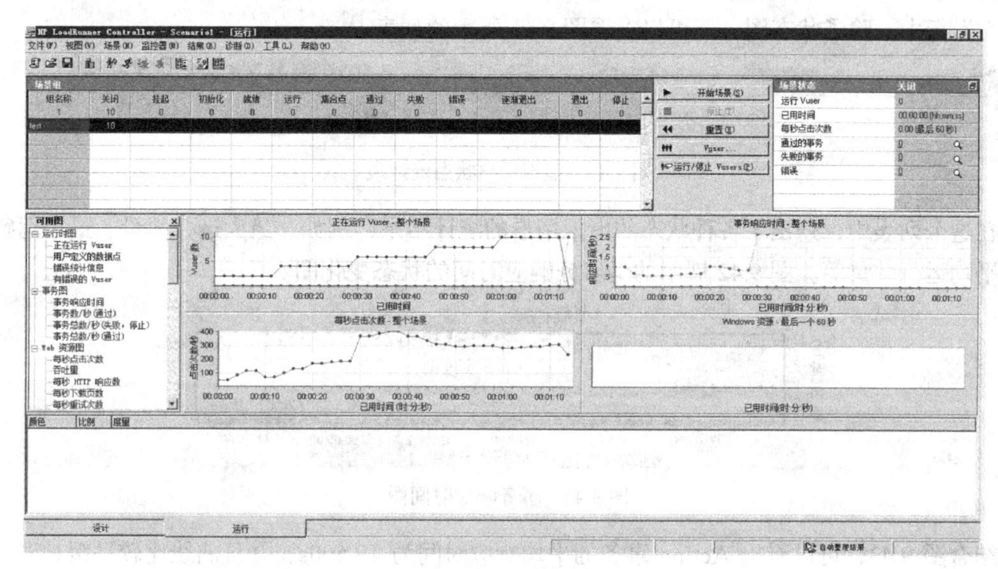

图 9.38　运行场景

9.2.12　选择需要监控的性能参数

在左边的“Available Graphs”中挑选测试所关注的性能参数。选择需要记录和监控的性能参数应该根据运行的软件系统的特点来选取，例如，如果是 C/S 结构的系统，则需要关注后台服务器的数据库的性能表现。如果是 B/S 结构的系统，则需要关注 Web 服务器的性能表现。

通常除了需要监控服务器端的数据库、各种服务组件的性能表现外，还要监控操作系统层面的各种性能参数的情况。例如，CPU、内存、磁盘等。可通过选择“Monitors”菜单下的“Add Measurements”选项来添加对各种性能参数的监控，如图 9.39 所示。

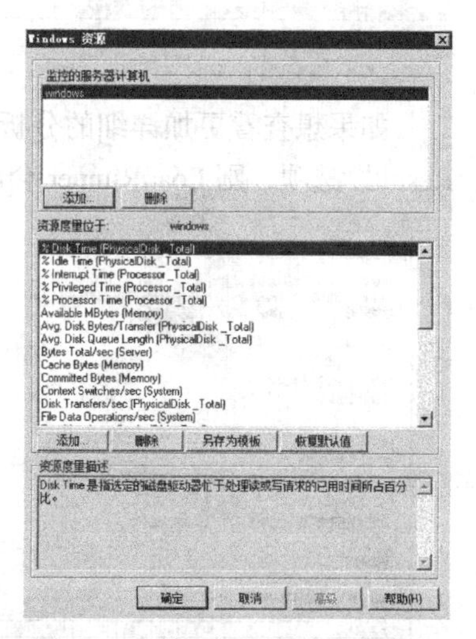

图 9.39　添加需要监控的性能参数

9.2.13　性能测试报告与性能瓶颈分析

LoadRunner 提供了专门的性能测试报告和分析工具“Analysis”，用于对测试过程中收集到的数据进行整理分析，汇总成测试报告，并用各种图表展现出来。

场景运行完毕后，LoadRunner 会自动收集运行过程的所有监控数据，并用图表的方式展现出来。例如图 9.40 展示的是随着运行的时间而变化的虚拟用户数。

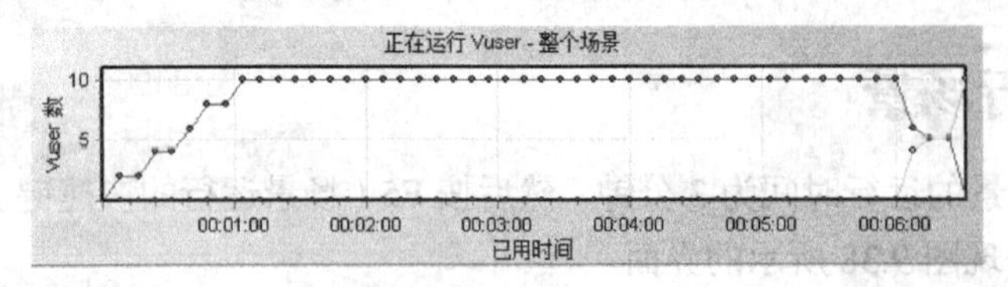

图 9.40 运行的虚拟用户数

由图 9.39 可看到，虚拟用户在运行 1 分钟后达到了峰值，也就是说设定的 10 个虚拟用户都同时在运行中。除了状态图，还可以查看图 9.41 所示的列表。

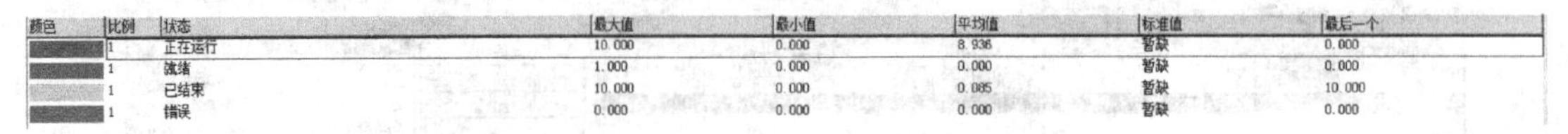

颜色	比例	状态	最大值	最小值	平均值	标准值	最后一个
	1	正在运行	10.000	0.000	8.936	暂缺	0.000
	1	就绪	1.000	0.000	0.000	暂缺	0.000
	1	已结束	10.000	0.000	0.085	暂缺	10.000
	1	错误	0.000	0.000	0.000	暂缺	0.000

图 9.41 虚拟用户状态统计表

在这个列表中，列出了各种状态的虚拟用户的统计结果，例如，最大运行数量、最小运行数量、平均运行数量等。图 9.42 展示的是事务响应时间的状态变化图。

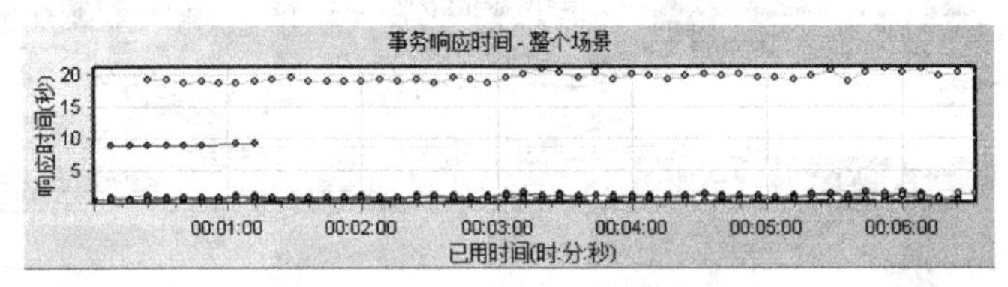

图 9.42 事务响应时间图

结合图 9.43，可以看出 Action 事务的平均响应时间为 19.500s，并且曲线比较平缓，对各个虚拟用户的事务响应比较均匀。

颜色	比例	事务	最大值	最小值	平均值	标准值	最后一个
	1	S01_T05_PaymentDetails	1.354	0.206	0.448	0.243	0.658
	1	S01_T06_CheckItinerary	3.027	0.433	0.987	0.350	1.225
	1	Action_Transaction	21.818	17.877	19.500	0.904	20.106
	1	vuser_end_Transaction	1.482	0.430	1.080	0.412	1.449
	1	S01_T07_SignOff	1.482	0.430	1.080	0.412	1.449

图 9.43 事务响应时间统计表

如果想查看更加详细的分析图表并产生测试报告，则可选择“Result”菜单下的“Analyze Result”选项，则 LoadRunner 会调出“Analysis”模块，如图 9.44 所示。

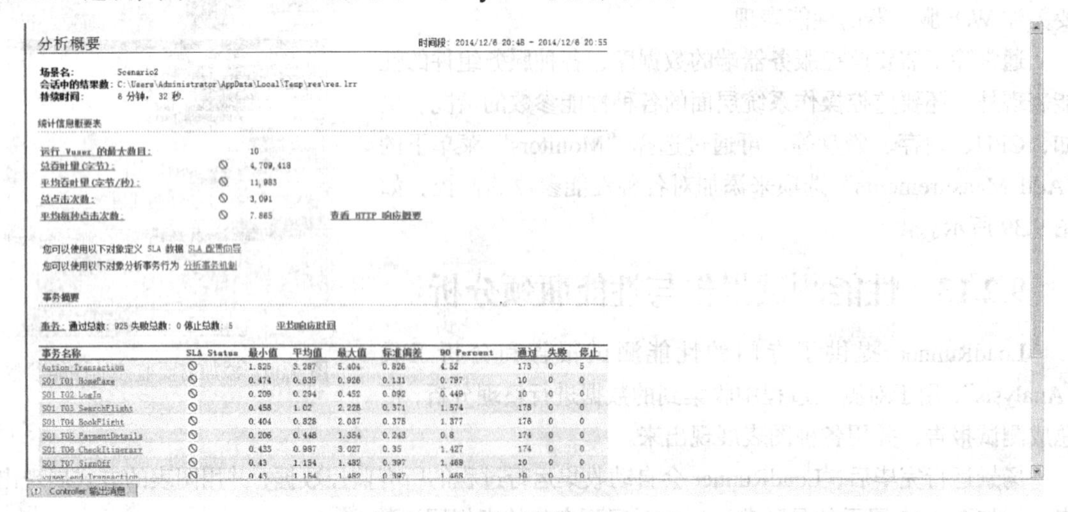

分析概要　　时间段：2014/12/6 20:48 - 2014/12/6 20:55

场景名：Scenario2
会话中的结果数：C:\Users\Administrator\AppData\Local\Temp\res\res.lrr
持续时间：6 分钟，32 秒.

统计信息概要表

运行 Vuser 的最大数目：10
总吞吐量(字节)：4,709,418
平均吞吐量(字节/秒)：11,983
总点击次数：3,091
平均每秒点击次数：7.865　　查看 HTTP 响应概要

您可以使用以下对象定义 SLA 数据 SLA 配置向导
您可以使用以下对象分析事务行为 分析事务机制

事务摘要

事务：通过总数：925 失败总数：0 停止总数：5　　平均响应时间

事务名称	SLA Status	最小值	平均值	最大值	标准偏差	90 Percent	通过	失败	停止
Action_Transaction		1.825	3.287	5.404	0.826	4.52	173	0	5
S01_T01_HomePage		0.474	0.635	0.926	0.131	0.797	10	0	0
S01_T02_LogIn		0.209	0.294	0.452	0.092	0.449	10	0	0
S01_T03_SearchFlight		0.458	1.02	2.228	0.371	1.574	178	0	0
S01_T04_BookFlight		0.404	0.828	2.037	0.375	1.377	176	0	0
S01_T05_PaymentDetails		0.206	0.448	1.354	0.243	0.8	174	0	0
S01_T06_CheckItinerary		0.433	0.987	3.027	0.35	1.427	174	0	0
S01_T07_SignOff		0.43	1.154	1.482	0.397	1.468	10	0	0
vuser_end_Transaction		0.43	1.154	1.482	0.397	1.468	10	0	0

Controller 输出消息

图 9.44 测试报告

在这个界面中，包括概要测试报告以及各种图表报告。测试人员按需要整合成一份完整的测试报告。

9.3　小　结

LoadRunner 是一款很好的性能测试工具，能够多方面地反映被测系统的性能指标。它强调的是整个企业系统，通过模拟实际用户的操作行为和实施实时性能监测，来帮助更快地确认和查找问题的所在。使用 LoadRunner 的 VirtualUser Generator 引擎，能够很简便地模拟应用系统的负载量。该引擎能够生成代理和虚拟用户来模拟业务流程和真正用户的操作行为。

LoadRunner 可以在新系统或升级部署之前找出瓶颈所在，从而帮助防止在生产过程中出现代价高昂的应用程序性能问题。能够测量端对端性能、诊断出应用程序及系统瓶颈并让其发挥更好的性能。在学习过程中，应注重实践，多研究脚本的录制、整理、图表的选择等关键功能。

优秀的性能是软件系统质量的体现，是为用户提供持续可靠、稳定一致的服务的保障。不论是网站服务还是 C/S 结构的系统，都应当达到需求规定的或人们通常期望的性能指标。

9.4　习　题

一、选择题

1. 性能测试工具 LoadRunner 主要由哪些部件组成________。

A. Virtual user generator　　B. Controller

C. Analysis　　D. Load User

2. 测试某个 Web 系统的性能，用户登录，客户端发送请求，服务器端验证正确性后，按一定的规则生成 SessionID 后发送给客户端，在这种情况下，使用 LoadRunner 进行性能测试脚本的开发时需要注意做________。

A. 关系（relationship）　　B. 关联（correlation）

C. 联系（contact）　　D. 调试（debug）

二、实践题

1. 安装 LoadRunner，以附带的 Web Tours 网站为例，练习性能测试脚本的开发和性能测试场景设计、运行、分析报告。

2. LoadRunner 提供 IP 欺骗功能，用于在一台机器上模拟多个 IP 地址，请读者参考帮助文档和相关资料进行实践。

3. LoadRunner 处理可以监控 Windows 资源，还可以监控 Linux 的系统资源，但是需要在 Linux 上安装一个 rpc.rstatd 的组件并作相应的设置，请读者参考帮助文档和相关资料进行实践。

第10章 安全漏洞的分析与测试

安全性测试是用于验证应用程序的安全等级，以及识别潜在安全性缺陷的过程。应用程序级安全测试的主要目的是查找软件自身程序设计中存在的安全隐患，并检查应用程序对非法侵入的防范能力。

本章结合当前流行的安全测试工具AppScan讲解软件安全测试的基本知识、漏洞分析和测试技术。

10.1 常见安全漏洞分析

黑客往往都喜欢研究开锁技术，因为他们对很多技术的实现原理和里面的细节非常感兴趣，并且愿意深入研究。软件安全测试人员在某种程度上需要扮演黑客的角色对软件系统进行攻击，因此，也需要深入了解常见的安全漏洞。

10.1.1 缓冲区溢出

缓冲区溢出是一种非常普遍、非常危险的漏洞，在各种操作系统、应用软件中广泛存在。利用缓冲区溢出攻击，可以导致程序运行失败、系统宕机、重新启动等后果。更为严重的是，可以利用它执行非授权指令，甚至可以取得系统特权，进而进行各种非法操作。缓冲区溢出攻击有多种英文名称：buffer overflow、buffer overrun、smash the stack、trash the stack、scribble the stack、mangle the stack、memory leak、overrun screw，它们指的都是同一种攻击手段。第一个缓冲区溢出攻击——Morris蠕虫，发生在20年前，它曾造成了全世界6000多台网络服务器瘫痪。

通过往程序的缓冲区写超出其长度的内容，造成缓冲区的溢出，从而破坏程序的堆栈，使程序转而执行其他指令，以达到攻击的目的。造成缓冲区溢出的原因是程序中没有仔细检查用户输入的参数。例如下面程序：

```
void function(char *str) {
char buffer[16];
strcpy(buffer,str);
}
```

上面的strcpy()将直接把str中的内容copy到buffer中。这样只要str的长度大于16，就会造成buffer的溢出，使程序运行出错。存在像strcpy这样的问题的标准函数还有strcat()、sprintf()、vsprintf()、gets()、scanf()等。

例如，下面是某个登录程序的C语言代码：

```
bool check_login( char *name )
{
    int x = 0;
    char small_buffer[10];

    if (strcmp(name,"admin") ==0  )
        x=1;
    strcpy(small_buffer,name);

    if (x>0)
    {
        printf("login as admin!\n");
        return true;
    }
    else
    {
        printf("login as common user!\n");
        return false;
    }
}

int main(int argc, char* argv[])
{
    char *name="123456789aaaa";
    //char *name=argv[1];
    int res = check_login(name);
    printf("%d\n",res);
    return 0;
}
```

检查登录的函数 check_login 根据输入的用户名来判断是否是管理员，通过使用 strcmp 来比较，期间使用了 strcpy 函数来复制用户名字符串到指定的一个大小为 10 的缓冲区中。而正是这个 strcpy 函数导致了潜在的缓冲区溢出漏洞。

如果输入的用户名大小大于缓冲区，例如“123456789aaaa”，则会导致写入的字符串超出缓冲区的边界，后面的字符“a”的 ASCII 码值将被写入变量 x 中，这个可以通过调试代码查看中间状态看到，如图 10.1 所示。

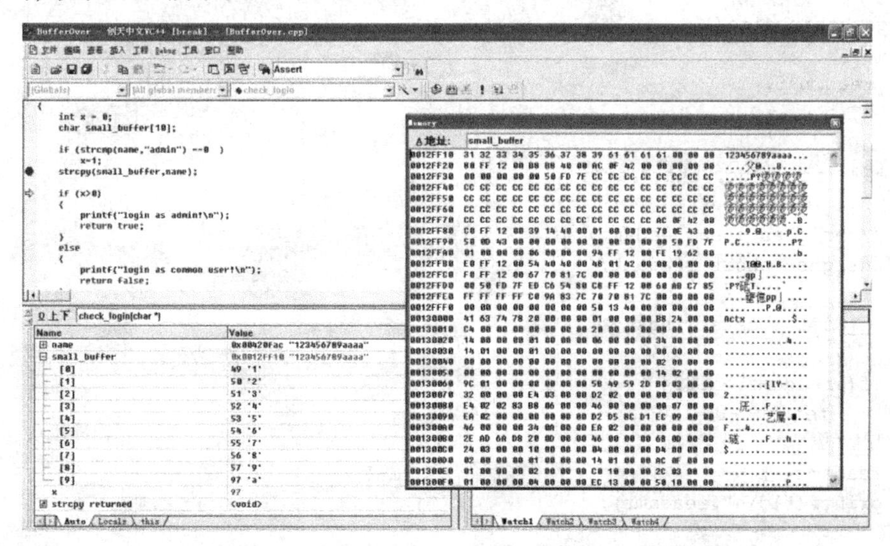

图 10.1　在 VC 中调试代码

而代码中 x 变量的值恰好被用于判断是否为管理员，当 x 的值大于 0 时就认为是管理员。这样，当缓冲区越界，x 变量值被篡改后，一个非管理员的账号就被认为是管理员登录系统了，从而造成权限的提升。

10.1.2 整数溢出

整数溢出是另外一种常见的由于忽略编码安全而造成的漏洞。数据类型整数存储的是一个固定长度的值，它能存储的最大值是固定的，应尝试去存储一个大于这个固定最大值的数据时，将会导致一个整数发生“溢出”现象。

当一个整数值增长超过了其最大可能的值并循环到成为一个负数的时候，就会发生整数溢出。例如，下面的代码在 VC 编译器编译并执行输出的结果是-32767，而不是 32769：

```
short a=32768;
short b=1;
short c=a+b;
printf("%d\n",c);
```

这是由于当一个整数值大于或者小于其范围时，就会产生整数溢出错误（integer overflow），这种现象被称为整数的“回绕”现象，如图 10.2 所示。

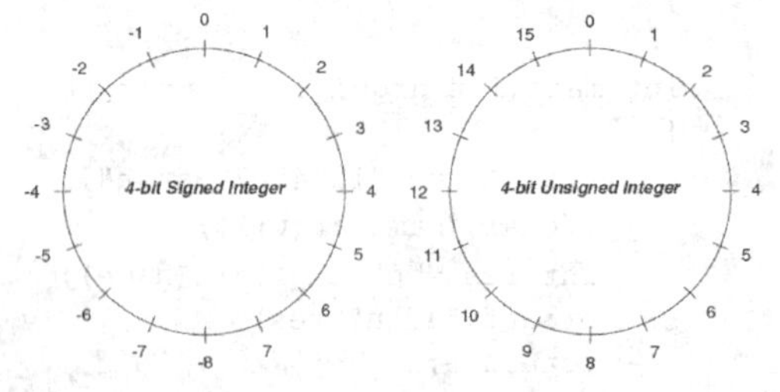

图 10.2　整数的“回绕”

当一个有符号的整数大于其最大值时，就会变成负数的最小值。

整数溢出往往出现在数值运算过程中，例如两个整数相加、自加、自减等，在下面的代码中，如果 getstringsize 返回 0，则 readamt-1 将等于 4294967295（无符号 32 位整数的最大值），这个操作可能会因为内存不足而失败，造成程序的崩溃：

```
#include "stdafx.h"
#include <stdio.h>
#include <string.h>
#include <malloc.h>

int getstringsize()
{
     return 0;
}

int main(int argc, char* argv[])
{
    //unsigned long readamt;
    unsigned short readamt;

    readamt = getstringsize();

    if( readamt > 1024 )
        return -1;

    readamt--;
    printf("%d\n",readamt);

    malloc( readamt );
```

```
    // ...

    return 0;
}
```

10.1.3　命令注入

命令注入（Command Injection）攻击最初被称为 Shell 命令注入攻击，是由挪威一名程序员在 1997 年意外发现的。第一个命令注入攻击程序能随意地从一个网站删除网页，就像从磁盘或者硬盘移除文件一样简单。

命令注入的原理是被攻击的程序没有对用户输入参数进行分析和过滤，导致执行了用户输入参数中混入的命令、代码等，从而导致恶意的攻击。

例如，下面的名为 sendmail.pl 的 Perl 脚本实现了邮件发送的功能，由于没有对输入参数进行有效的检查，当恶意用户输入"perl sendmail.pl root;rm –rf /;"命令调用这个 Perl 脚本时，发生了命令注入的攻击行为，这样就让 Perl 脚本在执行邮件发送的同时，还执行了删除文件的 rm 命令。

```
#!/usr/bin/perl -w

#print "$ARGV[0]";
$to=$ARGV[0];
$MAIL = "SENDMAIL";

open ($MAIL, "| /usr/lib/sendmail -oi -t") || die "Errors with Sendmail:$!";
print $MAIL <<"EOF";
From:root
To:$to
Subject: Testing mail from perl script

Testing body
EOF
close($MAIL)

#END
```

10.1.4　SQL 注入

SQL 注入（SQL Injection）可以说是命令注入攻击的一种，SQL 注入攻击利用的是数据库以及 SQL 语言的漏洞。利用 SQL 注入方法的漏洞攻击是一种广泛的攻击类型，这种攻击方法可以穿过防火墙和入侵检测系统，破坏服务器后台数据，甚至控制服务器。SQL 注入可能发生在 C/S 结构或 B/S 结构的软件系统中。因此，测试员需要特别注意这种类型的漏洞检测。

例如，在下面的 C#代码中，实现了一个数据库查询功能，接收用户的输入，但是没有对输入进行分析和安全检查，导致可以利用 SQL 注入漏洞进行数据的恶意操作：

```
    SqlConnection sqlcon = new SqlConnection(@"Data Source=.;Initial Catalog=NorthWind;
User ID=sa;PassWord=sa");
    sqlcon.Open(); // 打开连接
    string CustomerID= this.textBox1.Text; // 接收来自界面的输入数据
    // 使用字符串连接来组成 SQL 查询命令
    SqlCommand sqlcomd = new SqlCommand("select * from Orders Where CustomerID ='"+
CustomerID +"'");
```

```
    SqlDataAdapter adpt = new SqlDataAdapter(sqlcomd.CommandText, sqlcon);
    DataSet ds = new DataSet("Orders");
    adpt.Fill(ds);
    sqlcon.Close(); // 关闭连接
    // 读取并显示数据
    for (int i = 0; i < ds.Tables[0].Rows.Count; i++)  {
         string displayData="";
         for(int j=0;j<ds.Tables[0].Rows[i].ItemArray.Length;j++)  {
              displayData += ds.Tables[0].Rows[i].ItemArray[j].ToString() + "  ";
         }
         this.listBox1.Items.Add(displayData);
    }
```

对于上面的代码，如果在TextBox1中输入的字符串类似如下语句，则能成功地把恶意的SQL语句注入：

```
';Delete from Table1 Where '1'='1
```

在这里，先用单引号和分号把前一个语句结束，然后加入删除语句“Delete from Table1 Where '1'='1”，这样就把一条语句注入原先的SQL语句中，让数据库执行修改后的语句：

```
select * from Orders Where CustomerID ='';Delete from Table1 Where '1'='1'
```

一旦恶意用户能够访问数据库，他们可能会使用xp_cmdshell、xp_grantlogin、xp_regread等高权限、高危险的命令来对数据库进行恶意操作。如果用户拥有足够的权限，那么他将能够访问服务器上所有的数据库。

如果利用SQL注入漏洞，还可能绕过权限控制，例如下面的登录功能的代码：

```
public void OnLogon( object src, EventArgs e )
{
   SqlConnection con = new SqlConnection( "server=(local);database=myDB;uid=sa;pwd;" );

   string query = String.Format( "SELECT COUNT(*) FROM Users WHERE " +
                                 "username='{0}' AND password='{1}'",
                                  txtUser.Text,textPassword.Text );
   SqlCommand cmd = new SqlCommand( query, con );
   conn.Open();
   SqlDataReader reader = cmd.ExecuteReader();
   try
   {
      if( reader.HasRows() )
          IssueAuthenticationTicket();
      else
          TryAgain();
   }
   finally
   {
     con.Close();
   }
}
```

由于查询用户的SQL语句直接使用了界面输入框的txtUser和textPassword的文本，没有对输入字符串进行检查，因此可以混入SQL脚本，并且在后面判断查询结果的时候，仅仅用HasRows判断是否返回了数据行，而没有判断返回的数据是否正确，因此可以利用这些漏洞绕过权限认证的限制。

对于正常的输入，例如用户名是“abc”，密码是“passwd”，则通过代码格式化后出来的 SQL 语句如下：

```
SELECT COUNT(*) FROM Users WHERE username='abc' and password='passwd'
```

这样的 SQL 语句发送到数据库能正常执行，并且返回预期的结果，但是，如果用户在界面输入恶意字符串，将用户名输入“' OR 1=1 --”，密码输入为空，则通过代码格式化组合而成的 SQL 语句就变成下面的语句：

```
SELECT COUNT(*) FROM Users WHERE username='' OR 1=1 -- and password=
```

由于“--”在 SQL Server 数据库中表示把后面的内容注释掉，并且“OR”关键字在 SQL 中表示任意一个条件成立了即成立，因此数据库编译器会把 Users 表中所有数据返回，返回数据行数大于 1，因此前面代码中的判断 HasRows 返回 True，从而实现了空密码或错误密码也能通过权限认证的恶意攻击。

10.1.5 XSS – 跨站脚本攻击

Cross-Site Scripting 为跨站脚本攻击，原本缩写为 CSS，但是由于与层叠样式表单（Cascading Style Sheets）的缩写冲突了，所以将跨站脚本攻击缩写为 XSS。

XSS 是目前互联网应用中广泛存在的漏洞，据著名的白帽子黑客组织的调查，目前 67%的网站存在跨站脚本攻击的漏洞，如图 10.3 所示。

XSS 攻击的目的是盗走客户端 cookies，或者任何可以用于在 Web 站点确定客户身份的其他敏感信息。手边有了合法用户的标记，黑客可以继续扮演用户与站点交互。图 10.4 是一个 XSS 攻击过程的示意图。

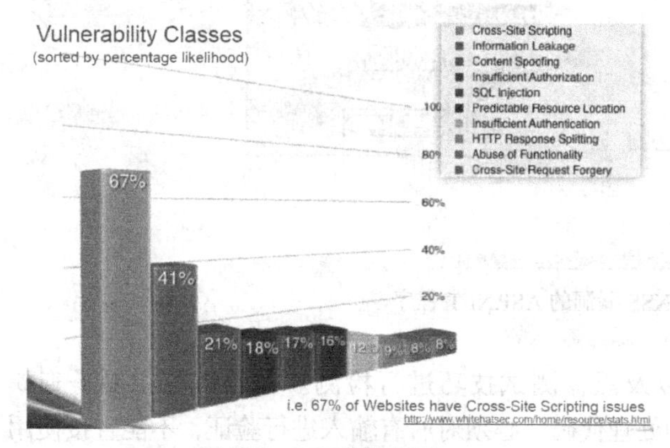

图 10.3　XSS 漏洞调查

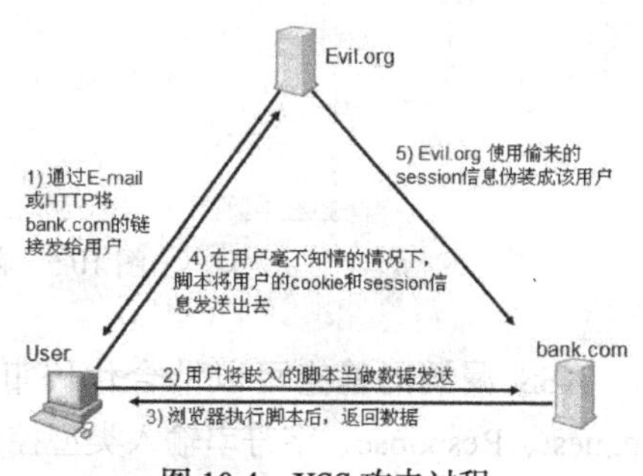

图 10.4　XSS 攻击过程

为了加深对 XSS 攻击过程和基本原理的认识，读者可参考一些网站中的动画演示。

http://www.virtualforge.de/vmovie/xss_lesson_1/xss_selling_platform_v1.0.html

http://www.virtualforge.de/vmovie/xss_lesson_2/xss_selling_platform_v2.0.html

跨站脚本攻击的漏洞主要存在于 Web 应用程序从用户处获取的输入，对输入的字符串没有进行验证就直接在 Web 页面上显示了。例如，下面的 ASP.NET 程序就存在着跨站脚本攻击的漏洞：

```
public partial class _Default : System.Web.UI.Page
{
```

```
    protected void Page_Load(object sender, EventArgs e)
    {
        // …
    }
    protected void Button1_Click(object sender, EventArgs e)
    {
        // 如果 TextBox1 中输入的内容含有恶意脚本，则下面代码将执行这些脚本
        this.Label1.Text = this.TextBox1.Text;
    }
}
```

对于这段 ASP.NET 程序的页面输入，如果输入的是普通的字符串，则不会有任何问题，但是如果是包含脚本的字符串，例如 JavaScript，则脚本会被目标浏览器解析，从而触发脚本的执行，完成恶意用户希望的功能，例如插入如下脚本：

```
<script>alert('Hello World');</script>
```

上述语句被浏览器解析执行后，将弹出图 10.5 所示的对话框。可以想象，如果插入的不是简单的弹出 JavaScript 对话框会有什么后果，例如一段获取 Cookie 的脚本，发送邮件的脚本，请求某个 Web 页面的脚本，或者插入恶意的链接：

```
<a href="http://www.site.test.com">
Click here
</a>
```

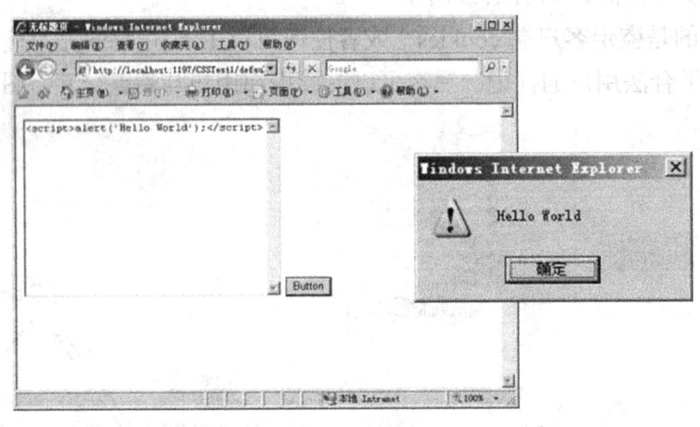

图 10.5　存在 XSS 漏洞的 ASP.NET 程序

XSS 漏洞的检查可以结合代码审查以及黑盒测试技巧进行检测。代码审查主要是查找 Request、Response、字符串输入类型控件的处理代码。必须对所有输入进行验证，不能直接使用输入的字符串。XSS 的代码审查可以结合一些白盒测试工具来进行，例如对于.NET 的应用程序，可考虑采用 XSSDetect Add-In for Visual Studio 2005、Microsoft Code Analysis Tool .NET 等。

除了进行严格的代码审查外，测试员还可以进行相应的黑盒测试，在所有用户可输入的地方输入特殊字符串，包含脚本的字符串，来检验 Web 程序是否进行了解释和处理，是否会引发异常。

测试跨站脚本漏洞很容易，只需在输入框中输入一个 HTML JavaScript 代码块，然后观察这段代码是否被执行即可。记录下 Web 应用程序的所有入口点，包括 Form 中的域、QueryString、HTTP 头、Cookie 和数据库数据跟踪应用程序中的每个数据流，检查数据流是否会反映到输出上，如果会被输出，输出内容是否干净与安全。

10.2 使用 AppScan 进行安全测试

IBM Rational AppScan 是一个面向 Web 应用安全检测的自动化工具，使用它可以自动化检测 Web 应用的安全漏洞，比如跨站点脚本攻击（Cross Site Scripting Flaws）、注入式攻击（Injection Flaws）、失效的访问控制（Broken Access Control）、缓存溢出问题（Buffer Overflows）等。这些安全漏洞大多包括在 OWASP（Open Web Application Security Project，开放式 Web 应用程序安全项目）所公布的 Web 应用安全漏洞中。

10.2.1 AppScan 简介

Appscan 主要扫描的是最容易发生缺陷的 Web 应用和 Web 服务层面，并且对 Web 服务器层面也执行安全扫描的操作，如图 10.6 所示。

在扫描完成以后，AppScan 会针对找到的缺陷显示出一系列详细的信息，包括问题的描述、修复问题的建议，而这些信息可以为开发人员和管理员修复缺陷提供帮助。

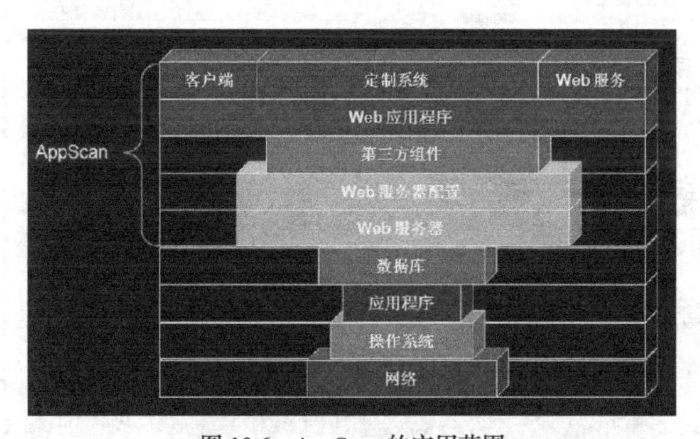

图 10.6　AppScan 的应用范围

AppScan 工具的官方下载地址是：
http://www.ibm.com/developerworks/cn/rational/products/appscan/
读者可登录网站下载试用版进行实践。

10.2.2 利用 AppScan 进行 Web 安全测试

Web2.0、Ajax、RIA 这些技术给我们带来更好的用户体验，给我们的网络生活带来更多精彩的同时，也给黑客们更多攻击的机会，如图 10.7 所示。

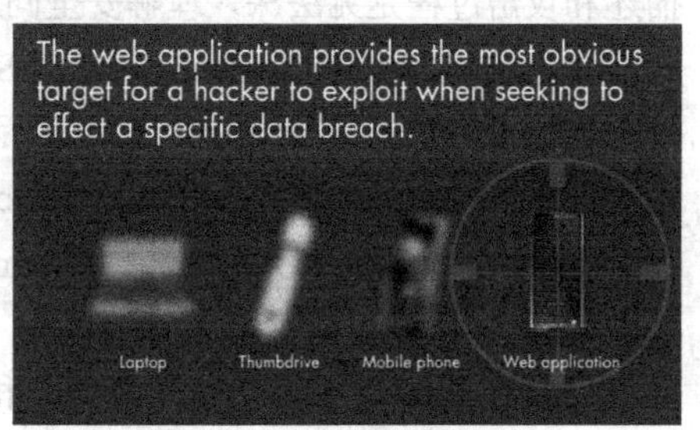

图 10.7　黑客的攻击目标

Billy Hoffman 认为近年来越来越多针对 Web 应用程序展开的攻击，其实与人们过度追捧这些新技术有很大的关系。他认为 Web 2.0 几乎就像又一场“泡沫”，大量的热钱投入。Web 2.0 的很多技术是很优秀的，然而很多人因为错误的原因（追赶潮流）把客户端的程序换成基于 Web 的应用程序。

这种过度追捧导致很多缺乏 Web 开发经验的人

进入这个领域，就像20世纪90年代的“tech boom”一样，很多人在读完几本类似《24小时精通ASP.NET》这样的书之后，开发了一大堆“拷贝、粘贴”式的Web应用程序。然而，这些入门材料的例子并不包含最佳实践，里面的例子往往过于简单，尤其是在安全方面过于草率处理。

由此带来的近年广泛出现的Web安全问题也就不奇怪了。最近Web应用程序的安全开发和质量保证被提高到新的高度，IBM、HP、Fortify都纷纷推出新的软件安全测试工具，誓要与黑客们展开“大斗法”，究竟“魔高一丈”还是“道高一尺”呢？也许永远也得不到答案。

作为软件测试人员和质量保证者，我们唯有及时补充自己的安全知识，才能有效保证应用程序的安全，适当借助合适的工具也许能助我们一臂之力。最近IBM发布的AppScan 7.8中就包含一个名为“Result Expert”的新特性，其中的Advisory和Fix Recommendation页（见图10.8）会详细解释漏洞的相关知识，可指导缺乏软件安全意识的开发人员，其中的修复建议可以详细到代码层。而测试人员则可以从Request/Response页中学习到安全测试的一些技巧。

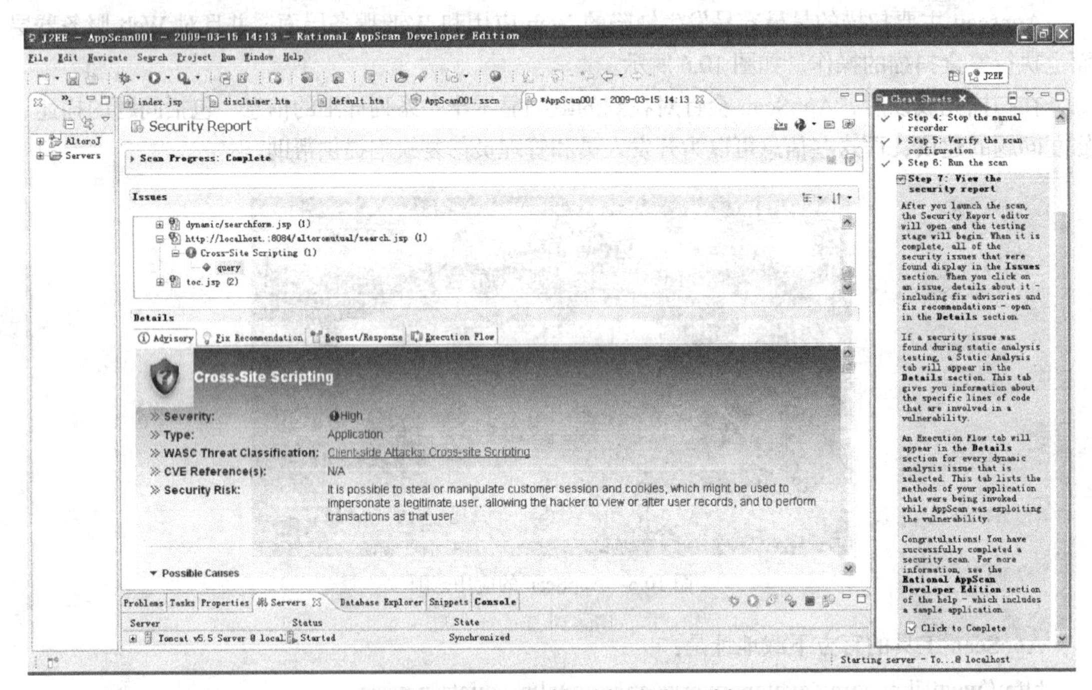

图10.8　AppScan提供了详细的漏洞分析

10.2.3　使用AppScan测试AltoroJ项目

初学软件安全测试的人都会为缺乏实践的环境而烦恼，仅仅看一下书，或简单地看一下漏洞描述和攻击过程是无法深入理解安全问题的来龙去脉的，所以最好能结合一些存在漏洞的软件和WEB站点进行实践。AppScan附带的Sample是一个名为AltoroJ的J2EE项目，Altoro Mutual是一个包含了一些安全漏洞的Web应用程序，可运行在Tomcat 5.5的服务器上。

打开Developer版的AppScan（与Eclipse绑定，现在很多工具都可以插到Eclipse这个平台上），在Eclipse的Welcome页面中选择“Samples”，进入“Rational AppScan Developer Edition sample”，如图10.9所示。

在导入Sample项目之前需要安装和配置好Tomcat，步骤如下。

① 在Eclipse中选择“Window”→“Show View”→“Servers”选项打开Server视图。

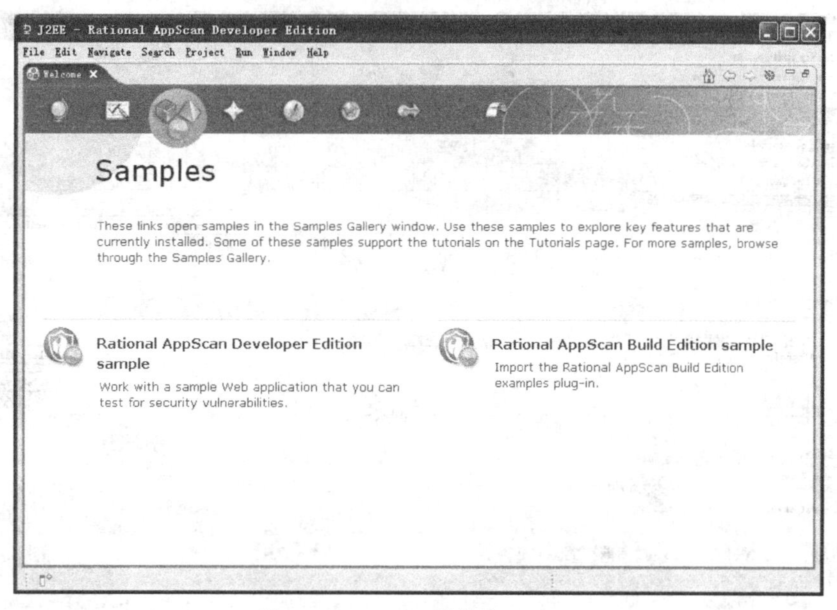

图 10.9　AppScan 附带的 Samples

② 若在 Server 视图中定义一个新的 Tomcat 5.5 服务器，可单击鼠标右键，然后选择“New”→“Server”选项。在接下来的 New Server 向导中选择 Apcahe tomcat v 5.5 服务器。

③ 在添加和移除项目页中选择 AltoroJ。

导入项目后，可以针对这个 Sample 项目新建一个安全测试，方法是选中 AltoroJ 项目，然后单击鼠标右键，选择“New”→“AppScan security scan”选项，如图 10.10 所示。

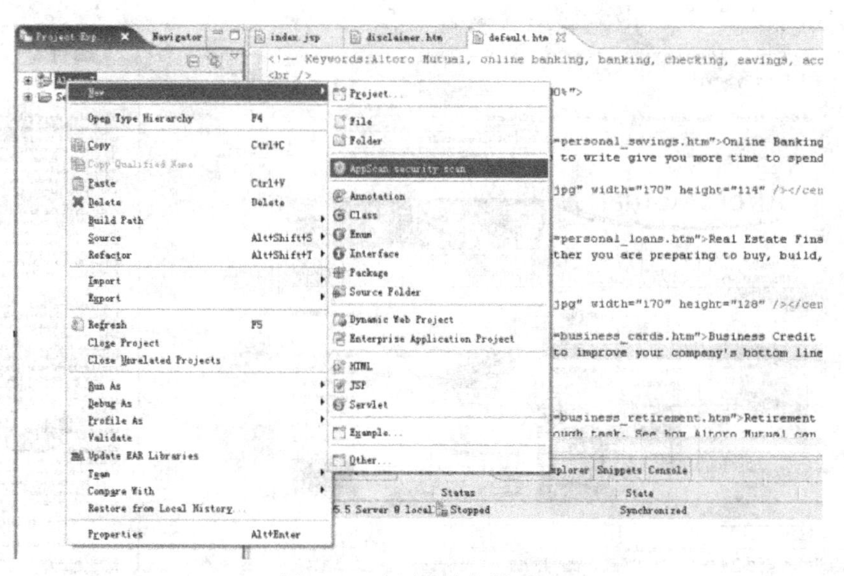

图 10.10　新建安全扫描项目

在出现的设置界面中（见图 10.11），“Test Connection”按钮可用于测试“Application URL”中的页面是否可以访问到。“View licensed targets”按钮用于查看可扫描的对象是哪些，这与 license 有关，试用版的 license 可以扫描 host 在本机的页面。如果要同时扫描源代码，可以选中“source code scan”选项。

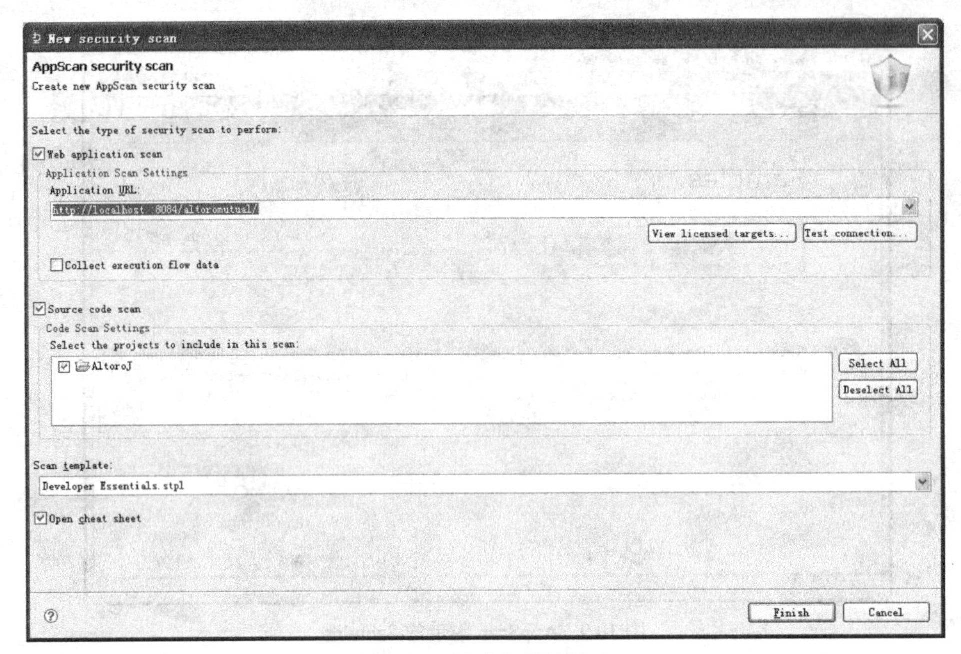

图 10.11　安全扫描的设置

接下来的操作可以参照右边的“Cheat Sheets”视图中的步骤指示来逐步完成，在录制登录网站的过程中输入用户名“jsmith”，密码“demo1234”。可在 Eclipse 界面中直接打开 AltoroJ 的页面，如图 10.12 所示。

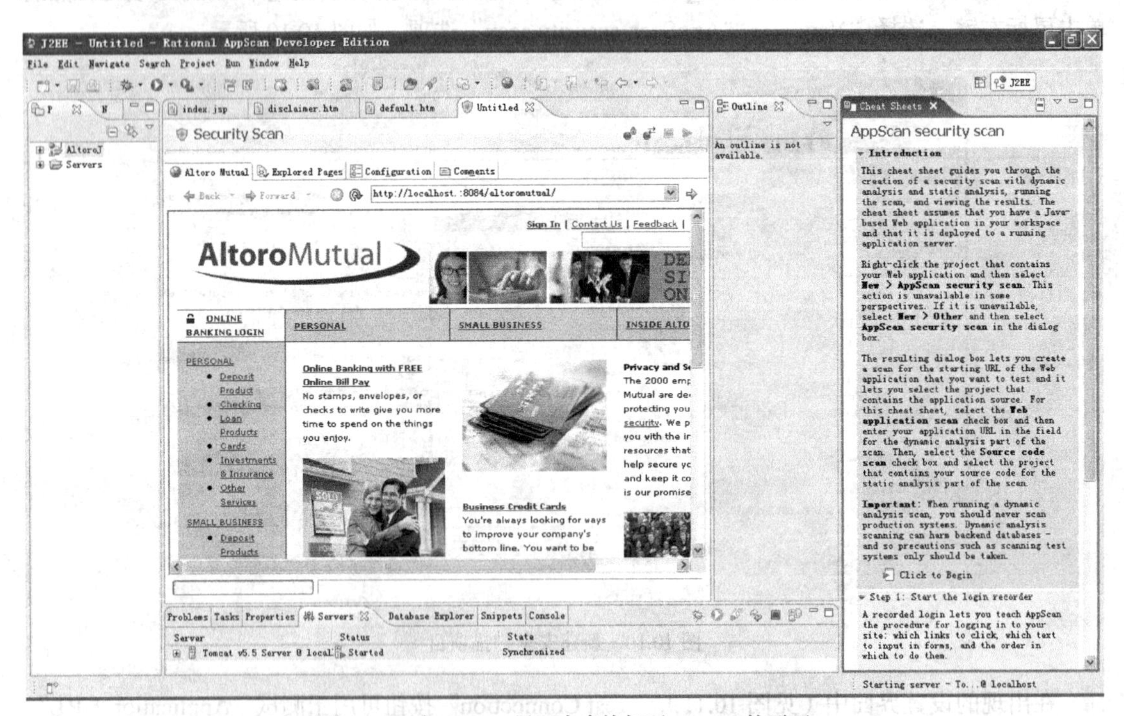

图 10.12　在 Eclipse 界面中直接打开 AltoroJ 的页面

对 AltoroJ 网站的查询功能进行简单的扫描之后，就发现了 4 种类型的安全漏洞，包括跨站脚本攻击漏洞（XSS）、Include Injection、SQL 注入和信息泄露，如图 10.13 所示。

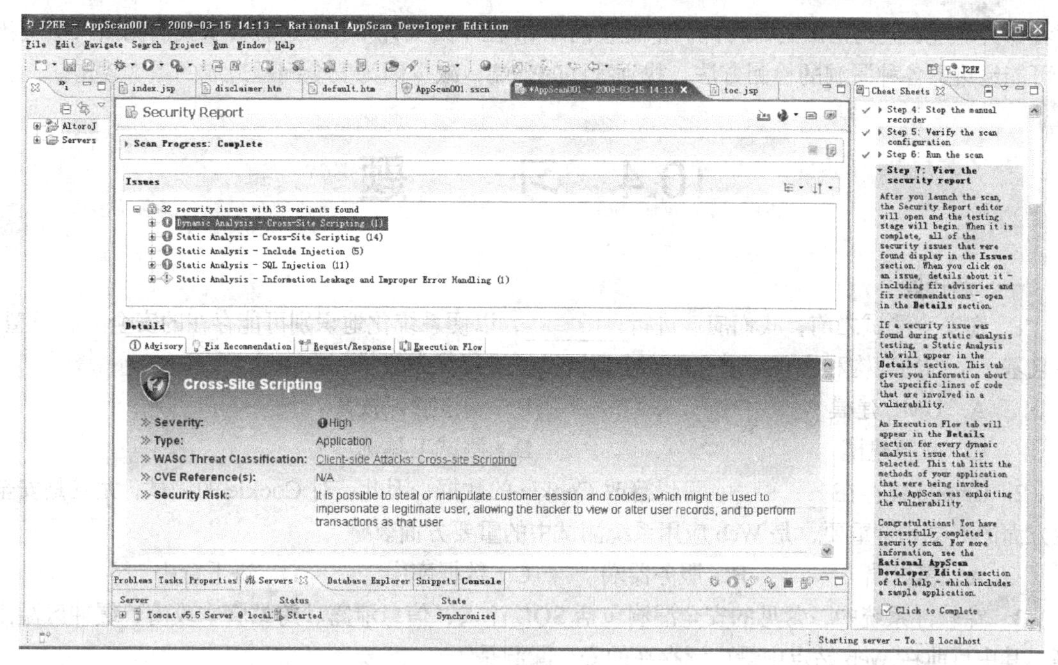

图 10.13　扫描 AltoroJ 的结果

对于 SQL 注入和 XSS 大家可能比较熟悉，对于 Include Injection 大家可能就比较陌生了，幸好 AppScan 在 Advisory 中给出了详细的解释：

It is possible to view the contents of any file (for example, databases, user information or configuration files) on the web server (under the permission restrictions of the web server user)

翻译过来就是：这个漏洞可能导致 Web 服务器上的数据库、用户信息或配置文件等文件内容的泄漏（即使是那些权限被 Web 服务器加以限制的用户也可以浏览到这些文件内容）。

AppScan 还告诉我们可能导致这个漏洞的原因是：没有很好地验证用户的输入。而且还给出一个 JSP 的例子，告诉我们漏洞是怎样在代码中引入的：

```
<html>
<head>
    <meta http-equiv="Content-Type" content="text/html; charset=windows-1255">
    <title>Vulnerable JSP</title>
</head>
<body>
    <jsp:include page='<%= request.getParameter("val") %>' />
</body>
</html>
```

有如此详尽的漏洞成因分析，相信对于软件开发团队形成安全开发最佳实践而言是非常有帮助的。

10.3　小　　结

在对 Web 应用所执行的测试中，安全测试可能是最重要的，但它却常常是最容易被忽略的。如何去检查最常见的 Web 安全问题，就是本章一直在探讨的内容。本章的每一个安全漏洞，可能读者都听说过，但真正做到每种漏洞都检查的Web程序其实并不多，这就要求我们测试人员应该尽可能地熟悉各种漏洞的检测方法，找到程序的弊端，减少因为安全问题造成的黑客攻击。

10.4 习　题

一、选择题

1. 在安全测试之前，我们应该进行________，以便系统化地识别可能存在的安全漏洞类型，并且基于系统的架构和实现对潜在的安全漏洞类型进行优先级排列。

A. UML 建模　　B. 安全意识教育
C. 威胁建模　　D. 测试工具选型

2. Cookie 保存在________，可以篡改 Cookie 的数据，因此，对 Cookie 的测试，尤其是安全性方面的测试非常重要，是 Web 应用系统测试中的重要方面。

A. 客户端　　B. 服务器端　　C. 数据库中　　D. 饼干盒中

3. 在软件系统中，常见的安全漏洞包括 SQL 注入、信息泄露、跨站脚本攻击、缓冲区溢出等，其中目前在 Web 站点中最广泛存在的安全漏洞是________。

A. SQL 注入　　B. 信息泄露
C. 跨站脚本攻击　　D. 缓冲区溢出

4. SQL 注入攻击方法可以穿过防火墙和入侵检测系统，破坏服务器后台数据，甚至控制服务器。SQL 注入可能发生在以下结构的软件系统中________。

A. C/S 结构　　B. B/C 结构　　C. A/S 结构　　D. B/S 结构

二、填空题

1. 作为软件测试员很重要的一点是要了解为什么有人要攻击你的软件。黑客想获得系统的________的 5 个动机是：挑战/成名、好奇、使用/借用、恶意破坏和偷窃。

2. 威胁模式分析（threat modeling）的分析目的是由评审小组查找产品特性设置方面可能会引起________的地方。根据这些信息，小组可以选择对产品做修改，花更多的努力设计特定的功能，或者集中精力测试潜在的故障点，最终使产品更加安全。注意：除非产品开发小组的每个人（包括项目经理、程序员、测试员、技术文档写作员、市场人员、产品支持）都理解和认同可能存在的安全威胁，否则小组不可能开发出安全的产品来。

三、实践题

1. 安装安全测试工具 AppScan 7.8，并安装 Tomcat、部署 AltoroJ 应用到 Tomcat 服务器，进行 AltoroJ 项目的安全测试实践。

2. 安装 Discuz !NT 论坛系统，尝试查找该论坛系统中存在的安全漏洞，例如 Discuz!NT 2.5 版本中的 SQL 注入漏洞、Discuz !NT 3.1 中的 XSS 漏洞等。

第 11 章 单元测试工具 MSTest 的应用

生产电冰箱的工厂在组装一台电冰箱之前,都要先对组成电冰箱的各个组件或零件进行检验。软件的单元测试与此类似,是对将要集成的软件模块进行单独的隔离测试的过程。单元测试是一个值得投入的测试环节,因为它把很多质量问题控制在初始阶段,做好单元测试对于产品质量的提高,以及减缓后续的测试压力都有非常重要的意义。

在前面的章节,多次讲到单元测试,包括单元测试的技术、单元测试的方法等。在本章,将要讲解单元测试在一个测试项目中该如何进行、管理、度量,以及如何应用微软的 Visual Studio 中的单元测试工具 MSTest。

11.1 单元测试范围管理

单元测试的范围可以很广,也可以很小。广到涉及某个功能模块的测试,小是指专注在某个函数或算法的验证上,甚至专注于某行代码的写法上。在组织单元测试的同时,需要注意到单元测试的成本分析问题,控制好单元测试的范围,并不是所有单元测试都要进行得很完美、面面俱到。

单元测试在很多人眼里就是编写测试代码对单元模块中的类或函数进行测试,也正因为这样,很多人觉得单元测试很难开展,需要很强的编码能力。而实际上,单元测试可以分成很多种。

11.1.1 单元测试的分类

① 按照单元测试的范围来分类,可分成狭义类型的单元测试和广义类型的单元测试。

狭义的单元测试是指编写代码进行某个类或方法的测试,在实际中由于一个类作为整体进行测试的复杂性,很多人还是以函数为测试的单元居多。而广义的单元测试则可以是编写单元模块的测试代码、代码标准检查、注释检查、代码整齐度检查、代码审查、单个功能模块的测试等。

② 按照单元测试的方式划分,则可分成静态的单元测试和动态的单元测试。

静态的单元测试主要指代码走查这一类的检查性测试方式,它不需要编译和运行代码,只针对代码文本进行检查。动态的单元测试则是指写测试代码进行测试,它需要编译和运行代码,需要调用被测试代码运行。动态的单元测试和静态的单元测试都可人工或自动地进行,如图 11.1 所示。

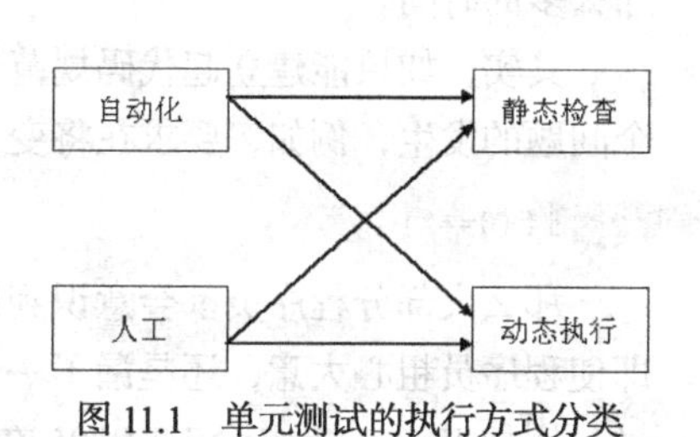

图 11.1 单元测试的执行方式分类

自动化的单元测试可以是动态执行的方式，也可以是静态检查的方式。

人工的静态检查主要是代码走查、代码审查，人工的动态单元测试则是指通过编写单元测试代码并执行的方式。人工的单元测试是传统的单元测试方式，而目前的趋势是自动化地实现单元测试。

自动化的静态检查主要根据代码的语法和词法特征来识别潜在的错误。测试工具把这些错误特征归纳成为规则库，扫描代码时自动与规则库进行匹配比较，如果不匹配则提示错误。而自动化的动态单元测试则是通过执行那些实现了测试用例的测试代码的方式来进行测试，测试工具动态生成某些测试用例，然后自动转换到测试代码并执行。

11.1.2 静态单元测试

静态的单元测试的好处是不需要浪费编译运行的时间，可随时进行。程序员可能都有这种感觉，在编写完代码后，没有检查一下就马上编译运行，但是往往编译了很长一段时间后提示某个低级的语法错误，程序员不得不又修改一下，再次编译运行。如果项目文件比较多，编译比较慢的话，则在这个过程中耗费的时间是非常可观的。而实际上，很多错误其实是可以在编译运行前通过简单的代码检查而避免的。例如，下面的简单代码：

```
int X;
X=0;

//…

if(X=0)
{
    //…
}
```

对于 if(X=0)这行代码，Visual Studio.NET 2005 在编译时会提示错误：无法将类型“int”隐式转换为“bool”。但是无论如何，如果在编译前没有检查和纠正这个错误的话，编译的时间肯定就要浪费了。

更糟糕的是，有些编译器允许这种代码通过，那么这个错误就只能等到编译后，提交测试人员测试，测试人员执行某些测试用例，才能发现错误，然后录入 Bug，发送给开发人员。开发人员查看 Bug 现象，尝试重现 Bug，通过调试，定位到这行代码，这时才检查出来这个错误。而实际上，这些错误如果能在开发人员编译之前就检查一下，那么很可能就已经发现了，而不会浪费那么多的时间。

其实，如果能建立起代码规范性检查和编码规范，完全可以通过设定一个编码规则来避免这个问题的发生，例如，要求在将变量与值进行判断时，先写值，再写变量，具体代码如下：

```
if(0==X)
```

那么大部分程序员都会意识到应该使用“==”而不是“=”，因为不可能给一个值赋一个变量，即使程序员粗心大意，还是漏了一个等号，那么基本上大部分的编译器也不会让这行代码编译通过。例如 Visual Studio.NET 2005 在编译时会提示：赋值号左边必须是变量、属性或索引器。

11.1.3　动态单元测试

但是很多编译时和运行时的错误很难通过静态的单元测试来发现，因此，动态的单元测试还是非常有必要的。由于动态测试需要编写测试代码对被测试对象进行测试，因此要求被测试对象的可测试性要比较强。如果被测试代码的依赖关系比较强，则很难对一个单独的类或方法进行测试。如果被测试代码写成了像“意大利面条”一样的铁板程序，那么单元测试则会难上加难。

有人说，单元测试是最好的设计，这句话有一定的道理。因为只要在编写代码的时候，考虑到单元测试的话，则写出来的代码一定是“高内聚、低耦合”满足面向对象设计要求的代码。否则单元测试的难度会非常大。

11.1.4　单元测试的要求

单元测试需要“广专结合”和“动静相宜”。

① “广专结合”是指广义的单元测试与狭义的单元测试要结合起来，不能仅仅做狭义的编写测试代码的单元测试，还要注意代码规范性检查、单个功能模块的功能测试。适当分工，让最合适的人做最合适的测试，例如让开发人员做编写测试代码类型的狭义单元测试，让测试人员做代码规范性检查、单元功能测试等广义的单元测试。

② 还要注意“动静相宜”，不仅仅要编写单元测试代码进行单元测试，还要考虑如何进行代码审查、代码规范性检查等静态的单元测试。但是要注意成本分析，结合项目的实际来选取合适的单元测试方式，选择合适的单元测试范围。

11.1.5　单元测试的效果

单元测试看上去虽然有点麻烦，但是它为程序员提供了一个安全的观点，让程序员对自己的程序更加有信心。在减少开发后期进行频繁的 Bug 修改和调试所耗费的时间的同时，也为软件系统提供了第一道安全防护网，因此，单元测试是提高开发效率和软件质量的一个重要手段。

频繁进行的单元测试，让人感觉程序是得到确认的，但是正是由于这些频繁进行的单元测试，可能会让人过于信任程序，从而忽略了后续的测试。而实际上单元测试能解决的问题是有限的，能发现的错误也是有限的，很多性能问题、集成的问题、界面问题、用户体验问题都需要额外的测试来覆盖。

注意

应付式的单元测试代码会给人虚假的安全感。

如果为了通过单元测试，而挑选过于简单的测试用例，或者覆盖简单的被测试代码，则单元测试即使能通过，也没有体现出太多的价值。然而，由于结果是单元测试通过了，因此给人的感觉是一种虚假的安全感。

11.1.6　单元测试的范围

大范围的单元测试能使程序得到相对全面的测试覆盖，换来可观的质量提高，改善代码质量和设计的质量。但是如果范围选择过大，则会在单元测试阶段耗费过多的时间，容易忽略了后期的测试，而事实上换来的单元测试的价值提高不大。

有些模块的代码是不适宜做单元测试的，或者不适宜投入太多的测试资源，例如界面层的代码的单元测试应该留给集成测试或系统测试阶段进行，因为对界面层的测试相对复杂，而换来的效果不明显。另外，对于不常被调用的代码，或者是对用户来讲不是重点的功能模块的代码，也可适当减少单元测试的投入。反之，对于那些重点模块的代码、包含复杂的业务逻辑或算法的代码、可能需要经常进行重构和修改的代码，则要投入精力建立起单元测试。

11.2 单元测试的过程管理

单元测试的开展，尤其是在一个尚未组织过单元测试的公司进行单元测试，需要注意单元测试的组织策划和过程管理。否则只能是“竹篮子打水一场空”。

11.2.1 单元测试的过程策划

一个成功的单元测试实施，必须取得管理层的重视，投入一定的成本，让开发人员改变开发的习惯，选择合适的单元测试范围和方式。

11.2.2 单元测试的组织

在基本解决了上面的两个问题后，才能进行单元测试的组织开展工作，包括单元测试范围的选择、单元测试类型的选择、单元测试工具的选择、单元测试方法的培训等。

选择合适的单元测试范围，确定需要进行单元测试的功能模块代码，最好能细到类和方法。确定参与单元测试的人员，以及参与的方式。选择合适的单元测试工具和单元测试类型，决定是否需要代码标准检查、是否需要建立代码审查机制，以及确定单元测试代码的编写方式、测试方式等。

11.2.3 单元测试模式的选择

例如，是采用测试驱动的方式还是代码先行的开发方式。

① 测试驱动的本质是把测试提前了，因为提前到代码还没生产出来之前进行测试，所以强迫开发人员对即将编写的程序进行需求方面的详细考虑和代码思路的设计。正因如此所以开发习惯也跟着改变了。也因为提前了，所以不惧怕重构。

测试驱动还有另外一个好处是能保持代码的精简，不会有冗余的代码，因为写代码的目的是让测试代码运行通过，除此以外，不会写多余的代码。

② 代码先行的好处则是容易实施，能挑选需要测试的重要代码进行单元测试，对开发习惯的改变没有那么剧烈。代码先行的缺点是容易造成先把代码都写得比较完整，再进行测试代码的编写，这时候容易让人感到难以入手，面对复杂的代码关系，不知道从哪里开始。

11.2.4 单元测试的策略

制定单元测试的策略指引，指导开发人员和测试人员对测试的范围进行选择，例如，逻辑复杂的类、方法是最适宜进行单元测试的，涉及过多界面交互的代码不适宜投入太多的单元测试。

尽量保持单元测试代码的简洁。尽量不依赖外部环境，如果要依赖，则需要把外部环境的内容也管理起来。例如，尽量做到存储无关，在测试中不使用过多的外部文件、数据库，如果要使用，则应该把这些文件和数据库也纳入配置管理的范围，对数据环境进行维护，确保测试能在其他机器上运行。

11.2.5　单元测试用例的设计

制定单元测试用例的设计指引，例如，规定单元测试的用例必须包括“冒烟”测试用例，即用于保证类或方法的基本正确性的测试用例。

测试用例应该考虑边界、特殊值和异常情况。开发人员通过参与测试用例的设计，与测试人员一起设计，反思程序的质量（是否足够简洁、完整），有没有提供足够的可测试性，如果没有，则应该先把代码重构好。

11.2.6　代码标准和规范

如果考虑进行静态的单元测试，则需要制定代码标准和规范。很多公司在项目开始的时候都会制定很多的代码编写规范，但是缺乏有效的落实和检查，究其原因是因为没有细细地考虑规范可执行性，没有遵循循序渐进的方式去落实。

正确的做法应该是先制定不多于 10 条的标准，需要附带正面和反面的例子加以解释，然后给开发人员宣讲和贯彻这些规范的理解，然后严格要求开发人员遵循。等到开发人员都习惯于遵循这些标准后，再添加其他的标准。

代码标准和规范可包括以下方面的内容。

- 变量、类、方法的命名规范。
- 类型使用原则。
- 错误异常的抛出和处理原则。
- 注释的原则。
- 代码换行、空行、缩进的原则。

11.2.7　代码审查制度

代码审查是有效监督代码标准规范的落实的机制，也是提高程序员代码能力、改进代码质量的好方法。建立一个完整的代码审查制度应该包括以下方面的内容。

- 制定检查单。
- 建立审查小组，任命审查人员。
- 建立审查流程。

① 检查单是审查人员用于检查代码时的参考依据，检查单应该根据具体审查内容做出相应的调整。例如，针对性能方面的代码审查，则应该重点列出性能方面的代码规范和要点，而不要过多地纠缠在代码的命名规范和注释等方面。

② 应该设立一个审查小组，任命各项目的项目经理、高级开发工程师等为常任的审查人员。负责对各项目的代码进行审查，要注意的是审查人员不能审查自己编写的代码。

③ 制定一个可持续执行的审查流程。

- 审查小组提前一周通知被审查人员，被审查人员负责准备好代码及相关材料，并于审查前

2 天发给审查小组。

- 在审查过程中，由代码作者介绍代码的业务背景、设计思路、功能和实现细节，审查小组挑选代码进行现场走读，发表意见，参与讨论。
- 审查结束后，由审查小组提出修改意见，代码负责人按要求进行整改，由被审查人员总结出代码的优点和缺点，在适当的时候以讲座的形式把代码经验分享出来。

11.2.8 单元测试的流程

如何确保单元测试能有效地进行，单元测试不流于形式呢？制定一个正确的、规范的单元测试流程，制定单元测试与其他测试的结合方式，是单元测试得以持续开展并取得预期效果的唯一渠道。例如，可以制定一个类似于图 11.2 所示的单元测试流程。

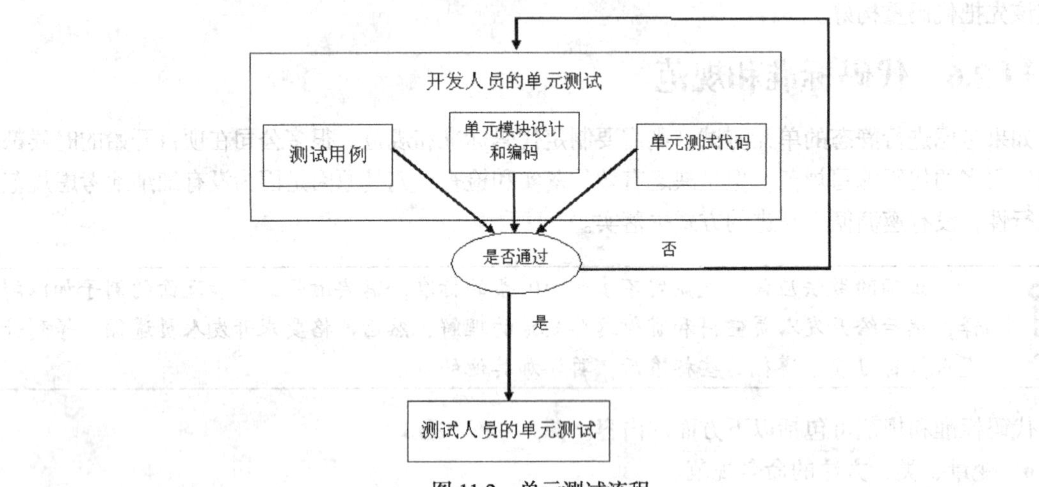

图 11.2 单元测试流程

这个流程把单元测试划分成了开发人员的单元测试和测试人员的单元测试，重点关注从开发人员的单元测试到测试人员的单元测试的移交需要满足的条件。

- 单元模块的审计和编码已经完成。
- 已经设计了单元测试的测试用例并通过评审。
- 单元测试代码已经完成并执行测试通过。

如果这些条件未满足，则需要重新设计、编码、测试，直到满足条件。移交测试人员进行功能模块的单元测试时，应该把测试用例、测试代码，以及测试结果、被测试代码一起提交。

技巧

判断是否满足移交要求的职责可由 QA 来担当，几乎每个组织都假设软件开发人员在做适当的单元测试。但是，不同的人对“适当”的测试倾向于采用不同的理解。因此需要有一个 QA 组织来要求开发人员文档化他们的测试，同时对那些测试进行交叉的同行评审以确保有适当的覆盖率，并且提交测试代码用于评审。

11.2.9 单元测试与每日构建的结合

由于单元测试具备自动化的很多有利条件，因此可以考虑建立单元测试的自动化框架。让单元测试自动化进行的好处是能节省测试的时间，最重要的是能让单元测试持续执行，建立起一个代码的自动监测机制以及错误的预防机制。

11.2.10　单元测试的自动化方面

并不是所有单元测试的方面都可以自动化进行，例如单元测试的测试用例设计大部分就需要靠人来进行。可以自动化进行的单元测试包括以下内容。

- 代码规范的自动检查。
- 单元测试代码的自动产生。
- 单元测试代码的自动运行。

① 代码规范的自动检查是自动化测试的一个持续发展的结果。很多优秀的开发工程师、程序语言学者们把他们的经验总结成了“最佳实践”，这样可以避免很多可能导致严重错误的代码问题。代码规范的自动检查工具应用这些“最佳实践”的代码模式来匹配被检查的代码，如果发现不匹配的情况，则提醒开发人员注意可能存在的代码错误。例如，在 C#中，判断字符串是否为空可使用下面的代码：

```
if (strSomeString != "")
{
    //…
}
```

这也是很多程序员喜欢使用的一种方法。还有一种方法是：

```
if (strSomeString != String.Empty)
{
    //…
}
```

但是这两种方法都是字符串对象的比较，执行速度都没有直接判断字符串长度是否为零那么快，例如下面代码所示：

```
if (strSomeString.Length != 0)
{
    //…
}
```

因此，代码规范自动检查工具会查找代码，看是否出现影响性能的代码编写方法，如果出现则提示程序员进行修正，改用另外一种更加高效率的代码编写方法。

② 另外一些软件工程师和单元测试专家则深入地研究单元测试的各项技术，实现了单元测试代码的自动化产生。例如，对于一个方法的单元测试，可依据方法的参数类型、个数和返回值的类型来自动产生多个测试代码，有些测试代码用于验证被测试代码是否正确处理了空类型的参数输入，有些测试代码用于验证被测试代码是否正确处理了参数的最大取值、最小取值时的情况等。

虽然单元测试变得越来越自动化了，还是应该清醒地认识到单元测试自动化的局限性，不能完全替代人工的单元测试、人的智慧、人的全面思考的能力。

③ 单元测试代码自动运行的目的主要是节省单元测试执行的时间，定时对整个项目的单元测试代码进行执行。

整个项目的测试代码执行可能要耗费很多的时间，因此可以考虑在每天的晚上进行。

如果单元测试代码编写后不经常运行，则会失去单元测试的很多有用的价值，例如，失去了持续监视代码质量的能力，失去了代码错误预防的能力，失去了及早发现错误的能力。一个有效的策略是让单元测试自动化进行，并且与每日构建结合在一起，持续进行，如图 11.3 所示。

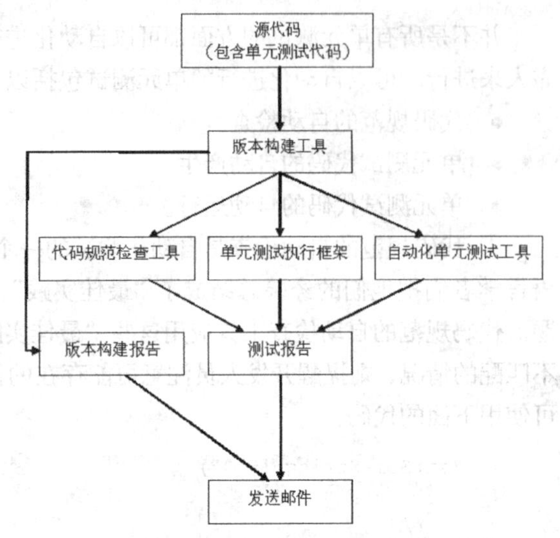

图 11.3　自动化单元测试与每日构建的结合

① 在这个自动化框架中，版本构建工具每天晚上会定时从源代码控制库获取最新版本的源代码，以及单元测试代码进行编译。

② 代码规范检查工具对最新版本的源代码进行自动化的标准规范检查，可利用的工具有.TEST、DevPartner 等。根据代码语言进行检查工具的选择。

③ 单元测试执行框架则获取单元测试代码并执行，可以使用的工具有 NUnit、MSTest 等工具的命令行模式。根据单元测试代码语言的不同，应该选择不同的执行框架。

④ 自动化单元测试工具则自动对设定部分的单元代码进行测试，自动产生单元测试代码，自动执行测试并报告结果，这方面的代表性工具是 Parasoft 公司的.TEST。

这样就建立了一个持续运行的自动化单元测试机制，同时也建立起一个代码错误检测机制，一旦测试报告表明某些单元测试没有通过，则几乎可以断定是由于当前的某些代码改动或重构引起的，开发人员需要修正代码或添加和修改单元测试代码来确保错误得到纠正且测试通过。因此，也就建立起了一个代码错误预防机制，在单元阶段将错误得到控制。

11.3　单元测试的质量度量

单元测试体现出来的对质量的改进可能是不明显的，因为单元测试发现的缺陷可能马上就被开发人员修改了，并且进行了单元测试，之后还是需要进行大量的集成测试和系统测试，这样就没有带来太多的成本节省。那么如何衡量单元测试做得好坏，如何评估单元测试开展的效果呢？

11.3.1　单元测试覆盖率

单元测试的效果与单元测试对代码的覆盖面有重大的关系。如果覆盖面过小，则给代码质量改进带来的效果是很少的，甚至可以忽略掉。只有投入一定量的单元测试、覆盖足够多的代码区域，才能起到单元测试应有的作用。

衡量单元测试覆盖率可结合代码覆盖率统计工具进行，图 11.4 所示的是 Visual Studio.NET 2005 的单元测试代码覆盖率统计结果界面。

可以要求某些重点模块代码的覆盖率要达到的百分比，否则认为单元测试不通过。

代码覆盖率结果

user@A1NB013S 2007-11-14 16:03:26

层次结构	未覆盖 (块)	未覆盖 (% 块)	已覆盖 (块)	已覆盖 (% 块)
user@A1NB013S 2007-11-14 16:03:26	96	47.52%	106	52.48%
SQLCompatibilityTester.exe	28	24.35%	87	75.65%
{} SQLCompatibilityTester	11	11.22%	87	88.78%
Form1	6	6.45%	87	93.55%
.ctor()	0	0.00%	3	100.00%
Add(int32, int32)	0	0.00%	2	100.00%
Dispose(bool)	3	37.50%	5	62.50%
InitializeComponent()	0	0.00%	77	100.00%
button1_Click(object, class System.EventArgs)	3	100.00%	0	0.00%
Program	5	100.00%	0	0.00%
{} SQLCompatibilityTester.Properties	17	100.00%	0	0.00%
TestProject1.dll	68	78.16%	19	21.84%
{} TestProject1	68	78.16%	19	21.84%
BaseAccessor	22	88.00%	3	12.00%
Form1Test	2	25.00%	6	75.00%

错误列表 | 输出 | 查找符号结果 | 代码覆盖率结果 | 测试结果 | 测试运行

图 11.4　单元测试代码覆盖率统计

11.3.2　单元测试评审

如果不进行单元测试的评审，则很难提高开发人员的单元测试水平，也很难知道单元测试取得的效果。单元测试评审应该包括以下方面。

- 单元测试效率的评审。
- 单元测试结果的评审。
- 单元测试能力的评审。

① 对单元测试效率的评审主要评估单元测试是否足够高效率地进行，测试人员与开发人员之间有没有很好地配合；测试用例设计的数量是否足够多，是否覆盖了单元测试的各个方面，是否满足需求和设计的要求，测试用例设计的效率是否足够高，每天能设计多少个测试用例；开发人员是否高效地完成测试代码的编写，单元测试执行的次数是否足够。

② 对于单元测试结果的评审，则主要体现在对单元测试覆盖率的统计上，已实现代码编写的单元测试用例比例是否足够高，已执行单元测试代码的比例是否足够高，单元测试的执行频率是否足够高、次数是否足够多。

③ 对单元测试能力的评估主要体现在检查单元测试的测试用例和测试代码的编写质量上，测试人员和开发人员是否拥有足够的单元测试技术。例如，单元测试代码的编写技巧是否掌握、单元测试工具是否熟练使用等。

单元测试还应该做好测试的过程记录，包括记录测试用例设计的个数、所耗费的时间；统计单元测试代码行数、测试方法个数、测试代码编写耗费时间；收集单元测试执行次数、单元测试结果、发现缺陷的个数等。做好测试记录有利于分析和统计测试效率、单元测试的效果，以及单元测试的成本效益分析。

11.4　单元测试工具 MSTest 的应用

在 Visual Studio.NET 2005 中，微软把单元测试框架 MSTest 整合到了开发工具中，使得单元测试变得更加简单和方便。MSTest 利用反射机制可以访问 private 类型的属性和方法，并且可以自动创建基础的测试代码框架，节省了很多时间。

下面介绍如何利用 MSTest 进行 C#代码的单元测试。首先准备一个简单的被测试项目，新建一个 Windows 项目，在 Form1 类中添加如下一个简单的加法运算方法：

```
private int Add(int a,int b)
{
    return a + b;
}
```

11.4.1 建立单元测试项目

下面逐步介绍如何建立一个简单的单元测试项目来对前面的被测试项目进行单元测试。

① 可直接在需要测试的某个方法的代码行中，通过单击鼠标右键，选择“创建单元测试”选项的方式来建立一个新的单元测试项目，如图 11.5 所示。

② 在图 11.6 所示的界面中，可以选择用哪些类、哪些方法创建单元测试代码。

图 11.5 创建测试项目

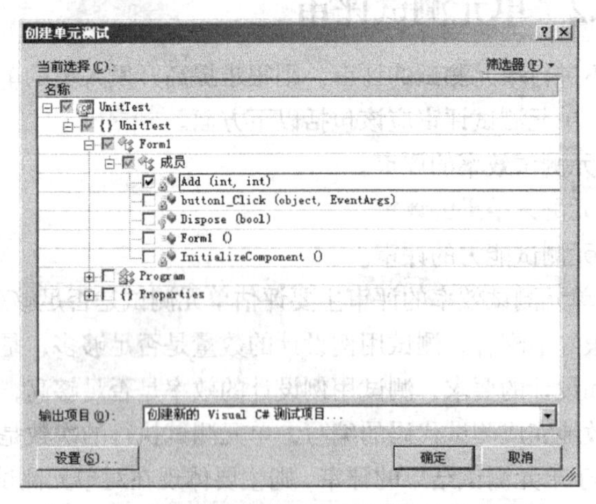

图 11.6 选择需要创建单元测试代码的类或方法

③ 在这里，选择刚才编写的“Add”方法，输出项目选择“创建新的 Visual C#测试项目”选项，然后单击“确定”按钮，弹出“新建测试项目”对话框，如图 11.7 所示。

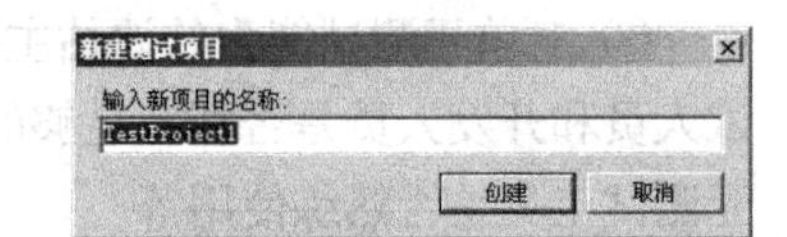

图 11.7 输入测试项目名称

④ 在这个界面中输入新建的测试项目的名称，例如“TestProject1”，然后单击“创建”按钮。则创建一个新的测试项目，并且为“Add”方法产生如下名为“AddTest”的单元测试代码：

```
/// <summary>
///Add (int, int) 的测试
///</summary>
   [DeploymentItem("UnitTest.exe")]
   [TestMethod()]
public void AddTest()
{
       Form1 target = new Form1();

        TestProject1.UnitTest_Form1Accessor accessor = new TestProject1.UnitTest_
Form1Accesso r(target);
```

```
            int a = 0; // TODO: 初始化为适当的值

            int b = 0; // TODO: 初始化为适当的值

            int expected = 0;
            int actual;

            actual = accessor.Add(a, b);

            Assert.AreEqual(expected, actual, "UnitTest.Form1.Add 未返回所需的值。");
            Assert.Inconclusive("验证此测试方法的正确性。");
    }
    }
```

默认为输入的参数设定初始化的值为 0，然后通过 accessor 调用 Add 方法传入参数，再通过 Assert 的 AreEqual 方法来比较经过 Add 方法计算的结果是否与期待值相等，从而判断测试是否通过。

⑤ 可进一步修改测试代码，使其能验证更加复杂的输入组合，实现更有效的测试用例。例如，把测试代码修改成如下：

```
    /// <summary>
    ///Add (int, int) 的测试
    ///</summary>
      [DeploymentItem("UnitTest.exe")]
      [TestMethod()]
    public void AddTest()
    {
            Form1 target = new Form1();

            TestProject1.UnitTest_Form1Accessor accessor = new TestProject1.UnitTest_Form1
Accessor(target);

            int a = -1; // TODO: 初始化为适当的值

            int b = 1; // TODO: 初始化为适当的值

            int expected = 0;
            int actual;

            actual = accessor.Add(a, b);

            Assert.AreEqual(expected, actual, "UnitTest.Form1.Add 未返回所需的值。");
    }
```

11.4.2　巧用 NMock 对象

在单元测试过程中，有时候会碰到很多无法测试的情况（例如，被测试代码所调用的接口尚未实现），或者测试要求一些很难出现的异常情况（如网络异常）等。

11.4.3　对缺乏接口实现的类的方法进行测试

如果要对于下面代码中的 getNum 方法进行单元测试的话，由于缺乏对接口 ITest 的实现，则

生成的测试代码无法运行成功：

```
public interface ITest
{
    int num { get;set;}

    void SetInfo(int num);

}

public class MUT
{
    public ITest test;

    public MUT(ITest test)
    {
        this.test = test;
    }

    public int getNum()
    {
        return test.num + 1;
    }
}
```

这时候就需要使用NMock对象来动态模拟接口。

11.4.4 使用NMock对象

在测试代码中使用NMock对象，使用方法如下面的代码：

```
/// <summary>
///getNum () 的测试
///</summary>
[DeploymentItem("UnitTest.exe")]
[TestMethod()]
public void getNumTest()
{
    NMock.IMock MyTest = new NMock.DynamicMock(typeof(ITest));
    MyTest.ExpectAndReturn("num", 100);

    MUT target = new MUT((ITest)MyTest.MockInstance);

    int expected = 101;
    int actual;

    actual = target.getNum();

    Assert.AreEqual(expected, actual, "UnitTest.MUT.getNum 未返回所需的值。");
}
```

首先,使用NMock的动态模拟方法创建一个接口类型的一个实现,然后使用ExpectA ndReturn方法设置接口定义的属性值。然后再创建被测试类的实例，调用被测试的方法，比较结果与预期值是否相等，从而判断测试是否通过。

11.4.5　使用 NMock 的场合

在以下情况下，可以考虑使用 NMock 对象辅助进行单元测试。

- 实际对象的行为还不确定。
- 实际的对象创建和初始化非常复杂。
- 实际对象中存在很难执行的行为（如网络异常等）。
- 实际的对象运行起来非常慢。
- 实际的对象是用户界面程序。
- 实际的对象还没有编写，只有接口。

11.4.6　单元测试的执行

在 Visual Studio.NET 2005 中，提供了专门的测试管理器界面，用于管理单元测试的执行过程，包括选择参与测试的单元测试方法，运行或调试单元测试代码，查看测试结果。

11.4.7　测试管理

在完成单元测试的代码设计和编写后，就可以运行单元测试代码来检查被测试代码的正确性。在 Visual Studio.NET 2005 的主界面选择“测试”菜单下的“窗口”子菜单，然后选择“测试管理器”选项，则出现图 11.8 所示的界面。

在这个界面中，列出了所有测试项目的测试方法，包括之前创建的“AddTest”方法和“getNumTest”方法。

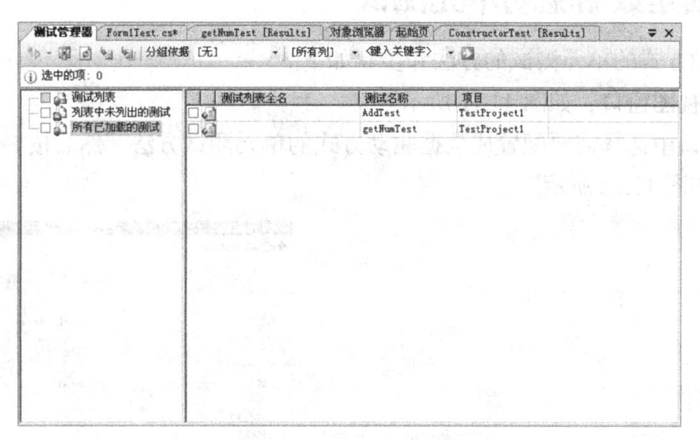

图 11.8　测试管理器

11.4.8　运行测试代码

在测试方法列表前选择需要进行测试的项，然后在图 11.9 所示的测试运行控制工具栏中选择调试测试代码，或者直接运行测试代码。

图 11.9　测试运行控制工具栏

11.4.9　查看测试结果

运行结束后，可在图 11.10 所示的测试结果界面查看到所有测试的通过情况。

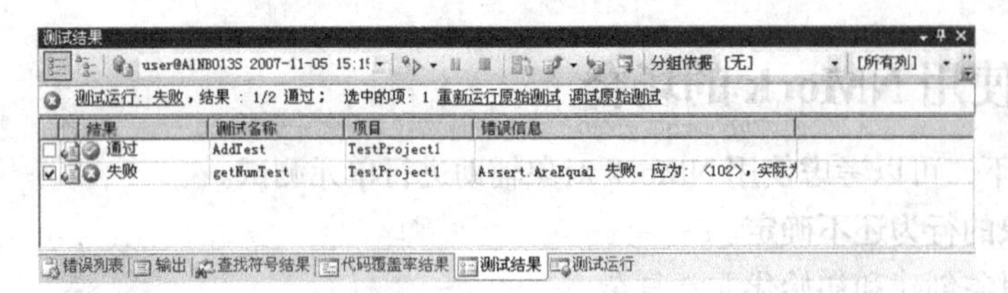

图 11.10 测试结果

11.5 数据驱动的单元测试

数据驱动的单元测试是指单元测试的输入数据遍历一个数据源中的所有行，从数据源的每一行读入数据并传入测试方法使用。本节介绍如何使用数据驱动的方式来创建单元测试。

11.5.1 为什么要使用数据驱动的方式

假设需要测试的是一个 API，需要使用很多的组合数据来验证 API 的正确性。可以有多种测试组织方法，一种是创建多个单元测试，每个单元测试使用不同的数据；另一种是创建一个数组，在单元测试中使用循环体，每次读取数组中的下一个值。

但是这两种方法都未必是最好的，此时可考虑使用数据驱动的方式，只需要编写一个测试方法来测试 API，从数据库表或其他数据源中读取测试数据，然后传递给这个测试方法。

11.5.2 创建数据驱动单元测试

创建数据驱动方式的单元测试的方法和步骤如下。

① 打开测试视图窗口，如图 11.11 所示。

② 在这个窗口中选择需要配置成数据驱动方式的单元测试方法，然后按 F4 键，打开单元测试的属性窗口，如图 11.12 所示。

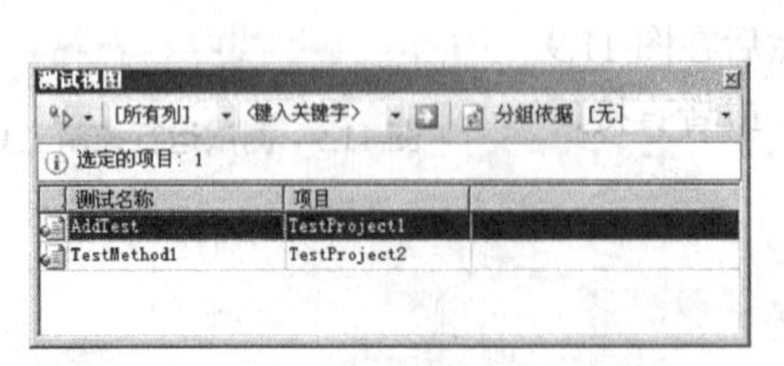

图 11.11 测试视图

图 11.12 单元测试的属性窗口

③ 在该窗口中，选中“数据连接字符串”选项，单击右边列的按钮，则出现图 11.13 所示的“选择数据源”界面。

④ 可选择各种类型的数据源，例如 Access 数据库、SQL Server 数据库、Oracle 数据库等，在这里选择“ODBC 数据库”选项，单击“继续”按钮，出现图 11.14 所示的界面。

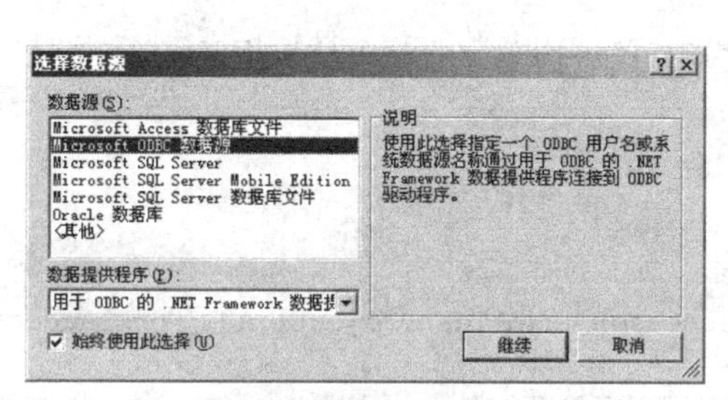

图 11.13　选择数据源

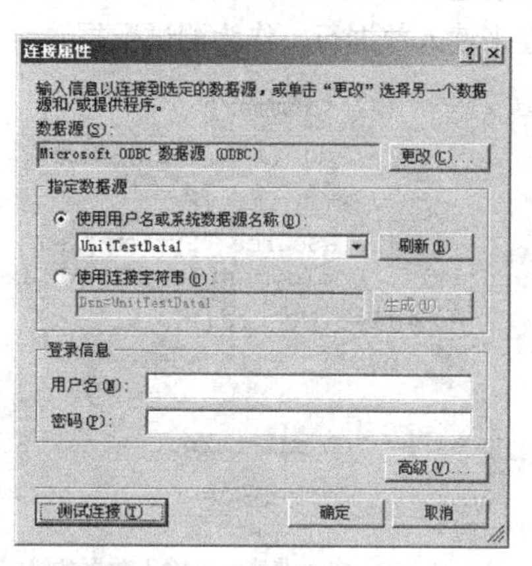

图 11.14　配置连接属性

⑤ 在这个界面中，选择一个连接到某个 Excel 表的 ODBC 数据库，单击“确定”按钮完成设置。返回“单元测试属性”窗口，此时数据源已经设置好，如图 11.15 所示。

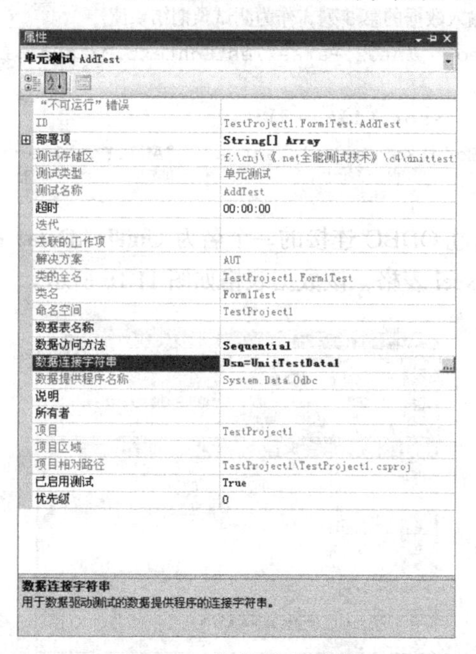

图 11.15　成功配置数据源

⑥ 在该界面中，选中“数据表名称”选项，在下拉框中选择存储了测试数据的 Excel 表中的表单名，例如“Sheet1$”，在“数据访问方法”中可选择顺序访问（“Sequential”）或随机访问的方式（“Random”）。这时切换到测试方法所在的代码，可以看到，在测试方法前面已经添加了一行：

```
    [DataSource("System.Data.Odbc", "Dsn=UnitTestData1", "Sheet1$", DataAccessMethod.
Sequen t - ial), DeploymentItem("AUT.exe")]
```

11.5.3 使用数据源

创建好数据驱动的单元测试定义好数据源后，就可以在测试方法中使用数据源提供的数据，主要通过 TestContext 类来实现测试数据的读取，例如下面的代码使用 TestContext 类的 DataRow 属性来读入数据行，作为测试数据：

```
        /// <summary>
        ///Add (int, int) 的测试
        ///</summary>
        [DataSource("System.Data.Odbc", "Dsn=UnitTestData1", "Sheet1$", DataAccessMethosdd.
Sequential), DeploymentItem("AUT.exe")]
        [TestMethod()]
        public void AddTest()
        {
            Form1 target = new Form1();
            TestProject1.AUT_Form1Accessor accessor = new TestProject1.AUT_Form1Accessor
(target);
            // 获取测试输入数据的第 1 列，作为被测试方法的输入参数
            int i = Int32.Parse(TestContext.DataRow.ItemArray[0].ToString());
            // 获取测试输入数据的第 2 列，作为被测试方法的输入参数
            int j = Int32.Parse(TestContext.DataRow.ItemArray[1].ToString());
            // 获取测试输入数据的第 3 列，作为测试预期结果值
            int expected = Int32.Parse(TestContext.DataRow.ItemArray[2].ToString());
            int actual;
            actual = accessor.Add(i, j);
            Assert.AreEqual(expected, actual, "AUT.Form1.Add 未返回所需的值。");
        }
```

DataSource 定义的是通过 ODBC 连接的一个名为 UnitTestData1 的数据源，这个数据源是自己定义的包含测试数据的 Excel 表格，该数据表格如图 11.16 所示。

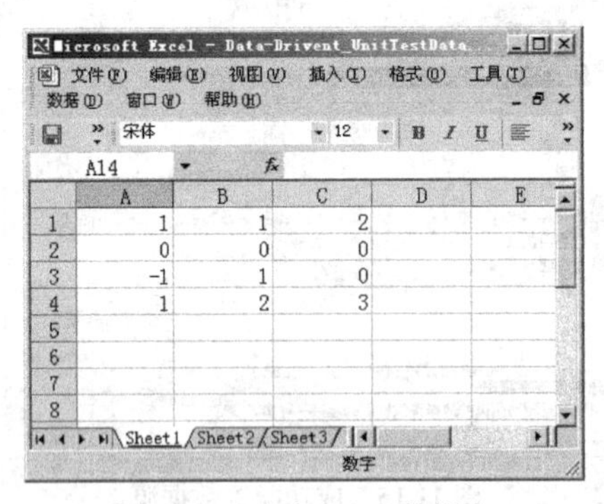

	A	B	C	D	E
1	1	1	2		
2	0	0	0		
3	-1	1	0		
4	1	2	3		
5					
6					
7					
8					

图 11.16　定义 Excel 数据表

11.5.4 使用配置文件定义数据源

除了通过在单元测试项目属性窗口配置数据源的方式外，还可以在测试项目的配置文件中配置数据源。方法是首先在测试项目中添加一个应用程序配置文件（“App.Config”），其 XML 文件内容类似如下：

```
<?xml version="1.0" encoding="utf-8" ?>
<configuration>
  <configSections>
    <section  name="microsoft.visualstudio.testtools"  ype="Microsoft.VisualStudio.
TestTools.  UnitTesting.TestConfigurationSection,  Microsoft.VisualStudio.QualityTools.
UnitTestFramew ork, Version=8.0.0.0, Culture=neutral, PublicKeyToken=b03f5f7f11d50a3a"/>
  </configSections>
  <connectionStrings>
    <add  name="MyExcelConn"  connectionString="Dsn=Excel  Files;dbq=Data-Drivent_
UnitTes tData1.xls;defaultdir=.; driverid=790;maxbuffersize=2048;pagetimeout=5" providerName=
"Sys tem.Data.Odbc" />
  </connectionStrings>
  <microsoft.visualstudio.testtools>
    <dataSources>
      <add  name="MyExcelDataSource"  connectionString="MyExcelConn"  dataTableName=
"Sheet1$" dataAccessMethod="Sequential"/>
    </dataSources>
  </microsoft.visualstudio.testtools>
</configuration>
```

可以看到，在“connectionStrings”的 XML 节点中，定义了名为“MyExcelConn”的连接，使用的是 ODBC 的连接方式访问 Excel 文件（“Data-Drivent_UnitTestData1.xls”），在“dataSources”的 XML 节点中，定义了名为“MyExcelDataSource”的数据源，使用 MyExcelConn 连接，访问其中的“Sheet1$”表单，访问方式是顺序访问（“Sequential”）。

11.5.5　编写单元测试代码使用配置文件定义的数据源

在配置文件中配置好连接的数据源后，就可在单元测试代码中使用该数据源，例如下面的测试方法中，使用配置文件中的“MyExcelDataSource”数据源，用在 Form1 类的 Add 方法的测试中：

```
private TestContext testContextInstance;
/// <summary>
///获取或设置测试上下文，上下文提供有关当前测试运行及其功能的信息
///</summary>
public TestContext TestContext
{
        get
        {
                return testContextInstance;
        }
        set
        {
                testContextInstance = value;
        }
}
 /// <summary>
///Add (int, int) 的测试
///</summary>
[TestMethod()]
[DeploymentItem("Data-Drivent_UnitTestData1.xls")]
[DataSource("MyExcelDataSource")]
public void MyTestMethod2()
{
```

```
            // 数据驱动的方式(使用 App.Config 定义的数据源)
            Form1 target = new Form1();
            TestProject1.AUT_Form1Accessor accessor = new TestProject1.AUT_Form1Accessor
(target);
            // 获取测试输入数据的第 1 列，作为被测试方法的输入参数
            int i = Int32.Parse(testContextInstance.DataRow.ItemArray[0].ToString());
            // 获取测试输入数据的第 2 列，作为被测试方法的输入参数
            int j = Int32.Parse(testContextInstance.DataRow.ItemArray[1].ToString());
            // 获取测试输入数据的第 3 列，作为测试预期结果值
            int expected = Int32.Parse(testContextInstance.DataRow.ItemArray[2].ToString());
            int actual;
            actual = accessor.Add(i, j);
            Assert.AreEqual(expected, actual, "AUT.Form1.Add 未返回所需的值。");
        }
```

11.6 小　　结

单元测试是最好的设计，单元测试能减少很多低级的代码错误，如果把 Bug 比喻成会进化的怪物，那么单元测试则是把 Bug 消灭在“萌芽状态”的 X 光武器。单元测试让代码质量得以改进，单元测试可让代码的耦合度降低，让代码的可测试性更强。

① 对于开发人员来说，运行单元测试和每日构建，每天都能清楚地知道自己的代码是否能够正常工作，从而增强了代码重构的信心。

② 对于管理者来说，通过单元测试的结果和每日构建的结果，每天都能清楚地知道项目的质量和真实的开发进度。

③ 对于测试人员来说，单元测试意味着可以抽出更多的时间来进行其他类型的测试，发现更多隐蔽的 Bug。

11.7 习　　题

1. 按照单元测试的方式划分，则可分成________。
   A. 狭义类型的和广义类型的　　B. 静态的和动态的
   C. 代码走读和代码审查　　D. 注释检查和代码整齐度检查
2. 下面哪种________适宜进行单元测试。
   A. 逻辑复杂的类　　B. 涉及过多界面交互的代码
   C. 逻辑简单的类　　D. 涉及多个环境的代码
3. 代码标准和规范包括以下方面的内容________（多选）。
   A. 变量、类、方法的命名规范　　B. 类型使用原则
   C. 对数据环境进行维护　　D. 注释的原则

第 12 章 开源测试工具

开源软件是指软件的源代码是公开发布的，通常由志愿者开发和维护的软件。开源测试工具是测试工具的一个重要分支，越来越多的软件企业开始使用开源测试工具。但是开源不意味着完全的免费，开源测试工具同样需要考虑使用的成本，并且在某些方面可能要比商业的测试工具的成本还要高。

本章将介绍一些常用的开源测试工具，并讲解如何在项目中引入开源的测试工具。

12.1 开源测试工具简介

“Open Source”象征着开放、自由、共享的软件名词，凭借着它独有的优势正在迅猛发展，极有可能改变将来的软件生产格局。

12.1.1 开源的背景

1997 年，自由软件社团的一些领导者们聚集到美国加利福尼亚州，他们讨论的结果是产生了一个新的术语，用来描述他们所推进的软件，即 Open Source。他们制定了一系列的指导原则，用来描述哪些软件可以有资格被称为“开源软件”。

开源软件的出现让人们多了一种选择的渠道，也让人们意识到某些商业软件的高额垄断利润。从这层意义上说，有人把开源软件的内涵定义为挑战权威和垄断。

开源软件的开发者们都是敢于挑战自我的人，这些人对技术有狂热的追求，对软件有自己独特的理解，通过开源软件来挑战自己的能力和突破技术的局限。开源软件的开发者们是一群有着共同追求和爱好的群体，他们通过互联网联系在一起，共同创造和实现理想。

12.1.2 开源测试工具的发展现状

开源测试工具作为开源软件的重要组成部分，目前也正在蓬勃发展。根据 OpenSou- rcetesting 的数据，目前已有的开源测试工具超过 300 个。

12.1.3 开源测试工具的分布

在 OpenSourcetesting 网站上公布的各类开源测试工具已经覆盖了测试工具领域的各个方面，如图 12.1 所示。

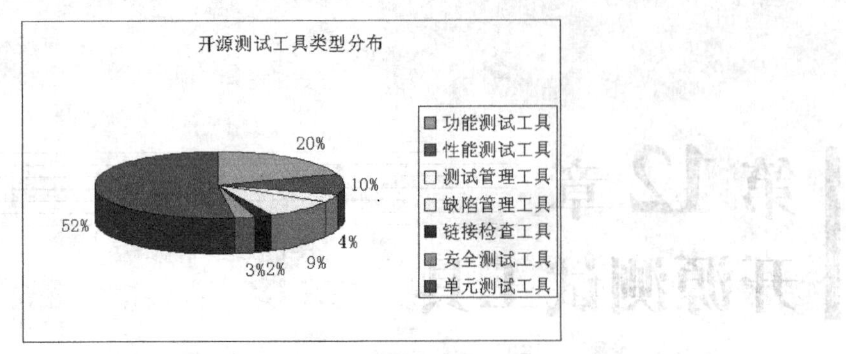

图 12.1　开源测试工具的类型分布图

开源测试工具已经覆盖了单元测试、性能测试、自动化功能测试、移动端测试、测试管理等主要的测试方面。目前主要集中在单元测试工具、功能测试工具、性能测试工具和缺陷管理工具方面。但是，目前在软件企业中，开源测试工具的应用比例还比较低。很多测试组织把开源测试工具作为商业测试工具的补充。

12.1.4　开源测试工具的来源

- 开发者个人兴趣。
- 研究性的项目，通常得到一定的资助。
- 部分公司以开源模式实现盈利。

大部分开源测试工具是出于开发者的个人兴趣而出现的，有些则是某个研究领域的研究性项目，得到政府或公司机构的资助，有些则是为了占领市场而开源，然后依靠为软件提供服务和技术支持而实现盈利。

12.1.5　开源测试工具的优势

商业工具的价格在不断地提高，图 12.2 所示为 WinRunner 近几年的价格变化图。

可以看到价格在不断地增长。这对于那些中小型软件企业而言，无疑加大了测试的成本。开源测试工具相对于商业测试工具拥有以下优势。

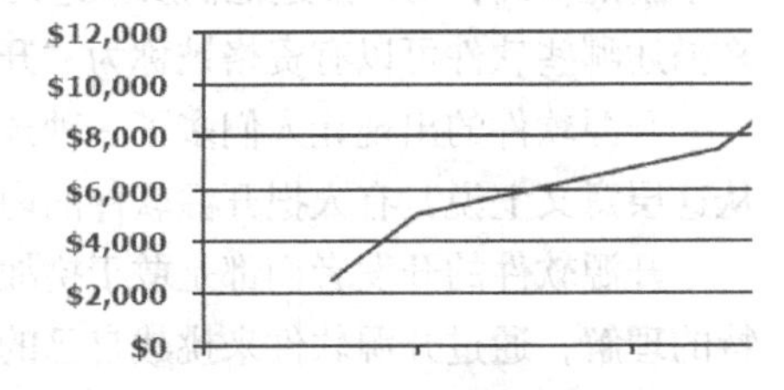

图 12.2　WinRunner 近几年的价格变化

- 相对低的成本：大部分开源测试工具可免费使用，只要不做商业用途即可。
- 更大的选择余地：可以打破商业测试工具的垄断地位，给测试人员更多的选择空间。
- 可自己改造：源代码开放，意味着可对其进行修改、补充和完善，可对其进行个性化改造。

12.1.6　开源测试工具的不足

虽然开源测试工具拥有一定的优势，但是同时也存在很多不足之处，包括以下方面。

- 安装和部署相对困难：大部分开源测试工具的安装配置过程比较烦琐，需要测试人员付出一定的努力。
- 易用性：开源测试工具在易用性、用户体验方面做得不够完善。
- 稳定性：部分开源测试工具的稳定性不够强。

- 学习和获取技术支持的难度：大部分开源测试工具不提供培训指导和技术支持服务，联机帮助和用户手册不够完善，使用者少，网上能找到的学习资料较少，增加了测试人员的学习难度。

12.2　常用开源测试工具介绍——测试管理类

管理类的开源测试工具有很多，其中比较流行的有 Bugzilla、Mantis、BugFree、TestLink 等。本节介绍这几款常用的、各具特色的开源测试管理工具。

12.2.1　Bugzilla

Bugzilla 是一个 Bug（或问题）跟踪系统，Bug 跟踪管理系统能有效地跟踪产品的问题。大部分商业的缺陷跟踪管理工具需要花上可观的费用购买，而 Bugzilla 的出现迅速成为开源团体的最爱，当然，这与它跟开源的浏览器项目 Mozilla 的亲缘关系也有一定的关系。Bugzilla 目前已经成为事实上的缺陷跟踪系统的度量标准。

当 Mozilla.org 于 1998 年出现的时候，它的第一个发布的产品就是 Bugzilla，使用已有的开源工具实现的 Bug 管理系统。Bugzilla 最早是由 Terry 用 TCL 语言编写的。在 Mozilla.org 发布成开源之前，Terry 决定把 Bugzilla 转到 Perl 语言，希望有更多的人可以做出自己的贡献（因为 Perl 看起来更流行些）。

转成 Perl 的结果就成了 Bugzilla 2.0 版本。从此，很多商业或免费的软件都把 Bugzilla 作为他们的软件缺陷跟踪的首要考虑。截至 2007 年 10 月，根据 Bugzilla 网站上统计结果，已经有超过 777 个公司、组织和项目被确认正在使用 Bugzilla。

Bugzilla 包括以下主要功能特性。

- 高级的查询功能：提供两种方式的 Bug 搜索，一种是为新用户设计的像 Google 一样容易使用的 Bug 文本搜索。另外一种是高级查询系统，可组合时间、历史状态等进行搜索，例如，“show me Bugs where the priorty has changed in the last 3 days”。
- Email 通知：可根据个人喜好定制邮件通知的规则，定制当对 Bugzilla 做了什么更改时通知相关人员。
- 多种格式的 Bug 列表：从基本的 HTML 格式到 CSV、XML 格式，甚至日历　　格式。
- 计划的报告：可定时通过邮件发送缺陷报告。
- 报告和图表：提供可定制的报表功能。
- 通过邮件添加或修改 Bug：除了通过 Web 接口访问 Bugzilla 外，还可以通过发送邮件给 Bugzilla 来创建一个新的 Bug 或修改现有的 Bug。
- 时间跟踪功能：可以估计一个 Bug 需要花多长时间修改，然后跟踪花在这个 Bug 上的时间。还可以指定某个 Bug 修改的最后期限。
- 请求功能：可以针对某个 Bug 请求其他人来做某些事情，例如请求别人做代码评审。别人可以答应请求，也可以拒绝请求。
- 私有的附件和注释：对于某些不想让别人知道的附件信息或注释信息，可以设置为“Private”，则别人将看不到这些信息。

Bugzilla 目前的最新稳定版本是 3.0.2，Bugzilla 的版本号以 aa.bb 或 aa.bb.cc 的形式出现。稳定的发布版本中 bb 是以偶数出现的。在 cc 中如果出现任何数字，则表示稳定版本的 Bug 修正或更新；开发版本则总是以奇数的形式在 bb 中出现，cc 中的数字表示距离上一个版本的时间。

Bugzilla 提供了一份本地化的指南，用于指导如何制作 Bugzilla 的本地化复制，目前中文汉化版本有 2.22.1、2.20、2.18、2.16.1 等版本。Bugzillar 可以在 MySQL 和 PostgreSQL 数据库上运行。Bugzilla 在 Windows 操作系统下的安装和配置过程略为复杂，需要了解很多 MySQL 和 Perl 的相关知识。

12.2.2 Mantis

Mantis（http://www.mantisbt.org/）是一个基于 Web 的缺陷跟踪系统，是用 PHP 语言编写的，能在 MySQL、MS SQL、PostgreSQL 数据库上运行，支持 IIS、Apach 服务器，能与源代码工具整合，可方便地与内容管理和项目管理结合。最新稳定的版本是 1.2.3。

Mantis 的 Bug 跟踪管理流程如图 12.3 所示。

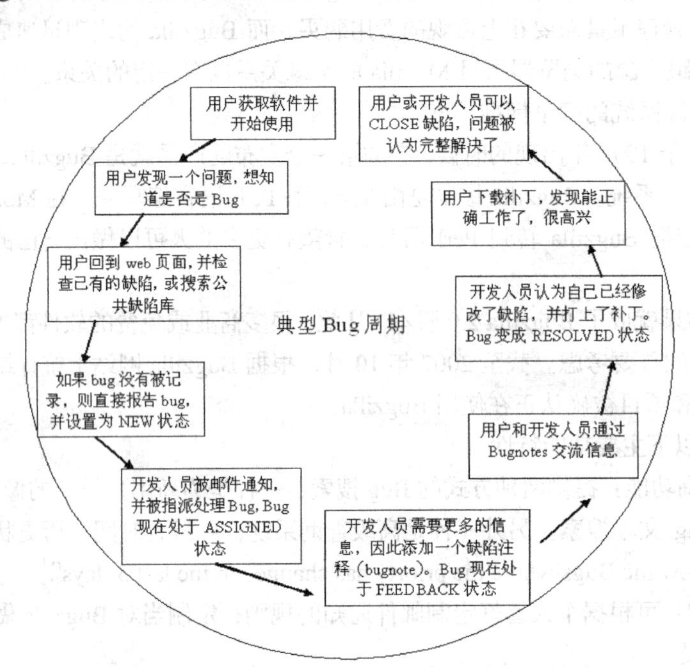

图 12.3　Mantis 的 Bug 跟踪管理流程

Mantis 的默认用户类型及其权限如表 12-1 所示。

表 12-1　Mantis 的默认用户类型及其权限

	查看 Bug	报告 Bug	更新 Bug	分派 Bug	处理 Bug	关闭 Bug	重新打开 Bug	删除 Bug
Viewer	Y	N	N	N	N	N	N	N
Reporter	Y	Y	N	N	N	N	N	N
Updater	Y	Y	Y	Y	Y	Y	Y	N
Developer	Y	Y	Y	Y	Y	Y	Y	Y
Manager	Y	Y	Y	Y	Y	Y	Y	Y
Administrator	Y	Y	Y	Y	Y	Y	Y	Y

Mantis 是个轻量级的缺陷跟踪管理工具，具有以下特点。

- 容易安装：支持在 Windows、Linux、Mac、OS、OS/2 等操作系统上安装，支持几乎任何 Web 浏览器。
- 用户体验比较好。
- 基于 Web。
- 支持项目（Projects）、子项目（Sub-Projects）和分类（Categories）。
- 附件可以保存在 Web 服务器，也可保存在数据库，还可以上传到某个 FTP 服务器。
- 可定制的缺陷工作流。
- 可扩展性强：可通过 hook 函数扩展功能。
- 与源代码控制集成（SVN、CVS）。
- 整合了讨论功能。
- 支持多种数据库：MySQL、MS SQL、PostgreSQL、Oracle、DB2。

12.2.3 BugFree

BugFree 是国内开源测试工具中广为人知的一个测试管理工具。BugFree 是借鉴微软的研发流程和 Bug 管理理念，用 PHP + MySQL 写的一个缺陷管理系统。如何有效地管理软件产品中的 Bug，是每一家软件企业必须面临的问题。遗憾的是很多软件企业还是停留在作坊式的研发模式中，其研发流程、研发工具、人员管理不尽如人意，无法有效地保证质量、控制进度，并使产品可持续发展。

BugFree 的含义是希望软件中的缺陷越来越少直到没有，另外也有免费的意思。BugFree 虽然没有微软的 Bug 管理系统（以前叫做 Raid，现在叫做 Product Studio）的功能那么强大，但是 Bug 管理思想和方式是一致的。从创建 Bug 到关闭 Bug 的整个处理过程，BugFree 都参考了 Raid 的处理流程和处理方法，甚至很多命名都和 Raid 一样。

和 Raid 比较起来，BugFree 有以下特点。

- Raid 是 Windows 客户端软件，BugFree 是基于浏览器的。Raid 有强大的编辑和显示功能，BugFree 则更加简便、易用。
- Raid 可以进行复杂的组合查询，BugFree 的查询功能相对弱一些。
- BugFree 在把 Bug 指派给某个开发人员的时候，还会自动发送邮件告诉开发人员。
- BugFree 的 Bug 统计功能：每天早上 8 点每位开发人员都会收到一封 E-mail，告诉其待处理的 Bug 有几个；每周一的中午则会给所有人发一封邮件，公布上周 Bug 的处理情况和到目前为止所有 Bug 的统计数据。

BugFree 是个轻量级的测试管理工具，由于源代码是开放的，熟悉 PHP 语言的人可以根据需要对其进行相应的修改和定制。BugFree 能详细地记录每个问题的处理过程，不断提醒存在的问题。对于大型的软件项目或产品的研发也适用，而且研发的规模越大，BugFree 的作用就会越大。

另外，使用 BugFree，项目组可以体验到微软的缺陷管理精髓，不断完善项目组的缺陷管理和质量管理能力。

12.2.4 综合比较

这里讲到的 3 个测试管理工具是目前开源测试管理工具里比较有代表性的。

Bugzilla 以其悠久的历史、强大的功能，受到很多企业用户的欢迎，但是其缺点是安装配置比较麻烦。相比之下，Mantis 的简单易用、安装容易、扩展性强等优势，使其非常适合中小型的项目和软件企业使用。而 BugFree 的特点是轻量级、借鉴了微软的缺陷跟踪管理流程的思想，并且由于是中国人的开源项目，拥有先天的本土优势。

测试人员应该结合自己的测试项目和项目组实际情况，选择需要的缺陷跟踪管理工具。

12.3 常用开源测试工具介绍——单元测试类

自从 Kent Beck 在《测试驱动开发》一书中详细描述了 TDD 的开发模式后，掀起了一股学习和使用单元测试工具的热潮。单元测试这个很早就出现的测试类型再度被人们追捧，开源的单元测试工具也层出不穷，目前已经占据了开源测试工具的半壁江山。

以支持 Java 的单元测试 JUnit 为开端，发展到各种语言的版本，成为著名的“XUnit”系列。目前，这个系列的单元测试工具还在不断地扩展中。XUnit 是单元测试框架，另外一种类型的单元测试工具是定位在辅助单元层面的测试，例如模拟对象的库、单元级别的界面测试工具等。

12.3.1 NUnit

NUnit（http://www.nunit.org/）是一个专门针对.NET 开发的单元测试框架，从 JUnit 移植过来，最初是由 James W. Newkirk, Alexei A. Vorontsov 和 Philip A. Craig 开发和维护，后来逐渐扩大，还得到了 Kent Beck 和 Erich Gamma 的很多帮助。

NUnit 目前的最新版本是 2.6.4，完全用 C#语言编写，进行了重新设计，充分利用了.NET 的很多特性，例如反射、客户属性等。NUnit 适用于对所有.NET 语言的代码进行单元测试。NUnit 的一般使用步骤如图 12.4 所示。

与很多其他的单元测试框架一样，NUnit 用绿色的进度条表示运行的测试通过，黄色表示某些测试被忽略了，红色则表示所执行的测试失败。用这种直观的方式让用户能马上知道测试的结果，如图 12.5 所示。

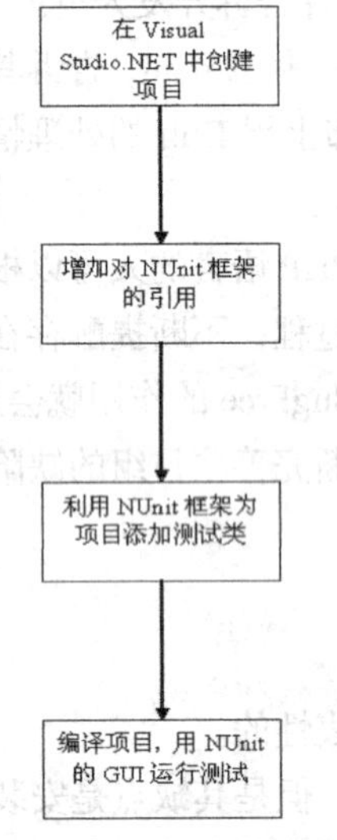

图 12.4　NUnit 的使用步骤

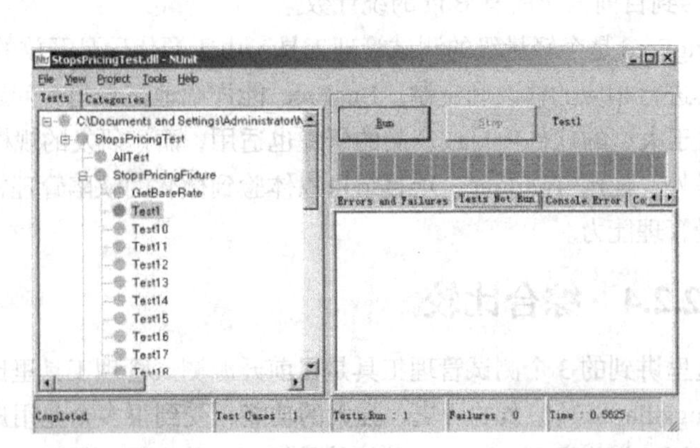

图 12.5　NUnit 的运行界面

在底部的状态栏实现各种测试的状态和统计数据。

- 状态：用 Completed、Running 来分别表示现在的运行测试状态是完成还是运行中。
- Test Cases：显示加载的程序集中测试用例的总个数。
- Tests Run：显示已经执行完成的测试用例个数。
- Failures：显示测试失败的个数。
- Time：显示测试执行的时间。

12.3.2　NMock

在做单元测试的时候，通常会碰到一些类或方法难以测试的情况，因为这些类依赖其他类或系统组件，而那些类或组件尚未被实现。

通常用来解决这种问题的技术称为对象模拟（Mock Objects）技术。Mock Object 允许用模拟的“假”对象来代替测试对象所依赖的类，使用这些模拟出来的对象让测试对象调用后，依赖关系就被模拟的“假对象”所代替，而被测试对象则仍然会以为自己所调用的是真实的对象，如图 12.6 所示。

模拟对象可以让测试单一组件变得更容易，是某个组件的测试不需要依赖其他对象的真实实现。意味着可以单独测试一个类，而不需要测试整个对象树，并且可以让 Bug 的诊断更加清晰。模拟对象技术在 TDD 开发中经常被使用到。

以前需要通过编码的方式实现模拟对象，需要耗费很多的时间，现在在 Java 平台和.Net 平台都出现了很多工具和框架，可用于方便地创建模拟对象。NMock 就是其中一个专门用于模拟.NET 对象的库。NMock 是一个.NET 的动态模拟对象库。目前的最新版本是 2.0。最早的版本是从基于 Java 的 DynaMock 移植到.NET 平台的。而 2.0 则受到更新的 jMock 的启发，有了更多的改进。

使用 NMock 的一般步骤如图 12.7 所示。

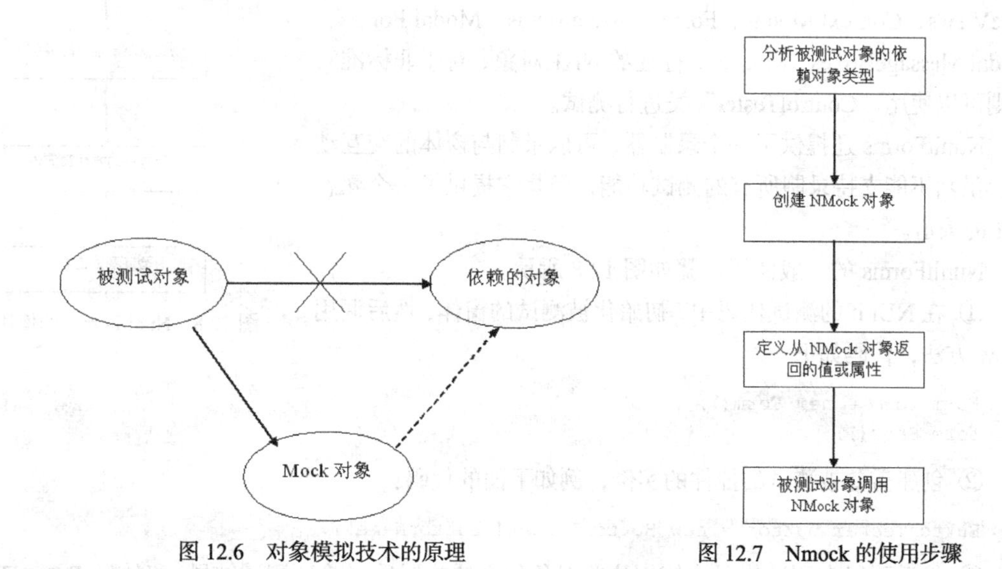

图 12.6　对象模拟技术的原理　　图 12.7　Nmock 的使用步骤

① NMock 的使用非常简单，例如模拟一个接口的实现代码如下：

```
Mockery mocks = new Mockery();
InterfaceToBeMocked aMock = (InterfaceToBeMocked) mocks.NewMock(typeof(InterfaceToBe
Mocked));
```

② 让模拟对象返回值的使用方法如下：

```
Expect.Once.On(aMock)
    .Method( ... )
    .With( ... )
    .Will(Return.Value( ... ));
```

③ 让模拟对象返回属性的使用方法则如下。

```
Expect.Once.On(aMock)
    .GetProperty( ... )
    .Will(Return.Value( ... );
```

12.3.3 NUnitForms

单元测试的一个让人头疼的问题是界面层的代码很难被测试，尤其对于那些界面层代码与逻辑业务层代码耦合比较紧密的代码，NunitForms 是用于解决这类问题的工具。NunitForms 是 NUnit 的扩展，是专为 Windows Forms 应用程序的单元测试和接受测试而设计的。它让 UI 层的类的自动化测试代码变得更容易编写。

NunitForms 让 NUnit 的测试可以打开窗口并与窗口中的控件进行交互，可以操作 GUI 界面并验证界面控件的属性。NunitForms 自动处理模式对话框，验证结果。通常单元测试被认为是测试窗体背后的代码，并且由模拟对象来替代对 GUI 的依赖。而接受性测试（有时候也叫做故事测试）则是通过 GUI 界面来对应用程序进行测试的方法。NunitForms 支持两种测试方法。

目前支持的界面元素包括 Buttons、CheckBoxes、ComboBoxes、Labels、ListBoxes、Radio Buttons、TabControls、TextBoxes、TreeViews、Context Menus、Forms、MenuItems、Modal Forms、Modal MessageBoxes、Mouse 等标注的.NET 对象，对于非标准对象则可以使用“ControlTester”类进行测试。

NunitForms 还提供了一个录制器，可以录制与窗体的交互动作。虽然不能支持录制所有的测试功能，但是它提供了一个熟悉 API 的渠道。

NunitForms 的一般使用步骤如图 12.8 所示。

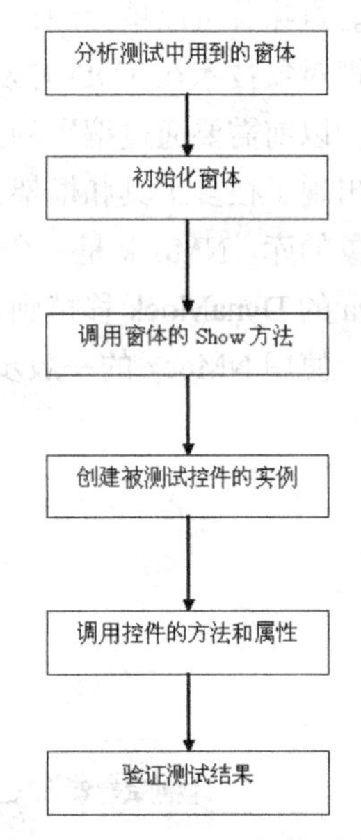

图 12.8 NunitForms 的使用步骤

① 在 NUnit 的测试代码中，初始化被测试的窗体，然后调用 Show 方法，代码如下：

```
Form form = new Form();
form.Show();
```

② 创建需要被测试的控件的实例，例如下面的代码：

```
ButtonTester button = new ButtonTester("buttonName");
```

③ 然后可以在测试代码中使用这些对象的方法或属性来验证测试结果，例如，ButtonTester 的 Click 方法、TextBoxTester 的 Enter（string Text）方法。

④ NunitForms 提供了对键盘的模拟，例如，在下面的测试代码中，NunitForms 模拟键盘的输入：

```
[Test]
public void TextBox()
{
  new TextBoxTestForm().Show();
  TextBoxTester box = new TextBoxTester( "myTextBox" );
  Assert.AreEqual( "default", box.Text );

  Keyboard.UseOn( box );

  Keyboard.Click( Key.A );
  Keyboard.Click( Key.B );
  Keyboard.Press( Key.SHIFT );
  Keyboard.Click( Key.C );
  Keyboard.Release( Key.SHIFT );
  Assert.AreEqual( "abC", box.Text );
}
```

⑤ NunitForms 提供了对鼠标的模拟，这对于那些希望测试某些特定控件对鼠标事件响应的人会非常有用，下面是一个模拟鼠标使用的测试代码：

```
[Test]
public void MouseClickingSimplifiedAPI()
{
  new ButtonTestForm().Show();

//鼠标位置移到 myButton 上
  Mouse.UseOn( "myButton" );

  //在 myButton 的横坐标为 1，纵坐标为 3 的位置上按下鼠标
Mouse.Click( 1, 3 );
  Mouse.Click( 1, 3 );

  AssertEquals(new ControlTester( "myLabel" )["Text"], "2" );
}
```

12.4 常用开源测试工具介绍——性能测试类

目前开源的性能测试工具主要集中在 Web 性能测试方面，例如 OpenSTA、TestMaker、Jmeter 等，还有一些则定位在辅助性能方面，例如能往数据库插入大量数据的 DBMonster 等。

12.4.1 JMeter

Apache Jmeter（http://jakarta.apache.org/jmeter/）是 100%的 Java 桌面应用程序，用于对软件做压力测试（例如 Web 应用）。它可以用于测试静态和动态资源，例如静态文件、Java 小服务程序、CGI 脚本、Java 对象、数据库和 FTP 服务器等。JMeter 可以用于对服务器、网络或对象模拟巨大的负载，来在不同压力类别下测试它们的强度和分析整体性能。

另外，JMeter 能够对应用程序做功能/回归测试，通过创建带有断言的脚本来验证程序是否返回了预期的结果。为了最大限度的灵活性，JMeter 允许使用正则表达式创建断言。

在设计阶段，JMeter 能够充当 HTTP PROXY（代理）来记录 IE/NETSCAPE 的 HTTP 请求，

也可以记录 apache 等 WebServer 的 log 文件来重现 HTTP 流量。当这些 HTTP 客户端请求被记录以后，测试运行时可以方便地设置重复次数和并发度（线程数）来产生巨大的流量。JMeter 还提供可视化组件以及报表工具把量服务器在不同压力下的性能展现出来。

相比其他 HTTP 测试工具，JMeter 最主要的特点在于扩展性强。JMeter 能够自动扫描其 lib/ext 子目录下.jar 文件中的插件，并且将其装载到内存，让用户通过不同的菜单调用。

可到下面网址下载最新的 2.12 版本：

http://jmeter.apache.org/download_jmeter.cgi

解压后打开 bin 目录下的 ApacheJMeter.jar 启动 JMeter，如图 12.9 所示。

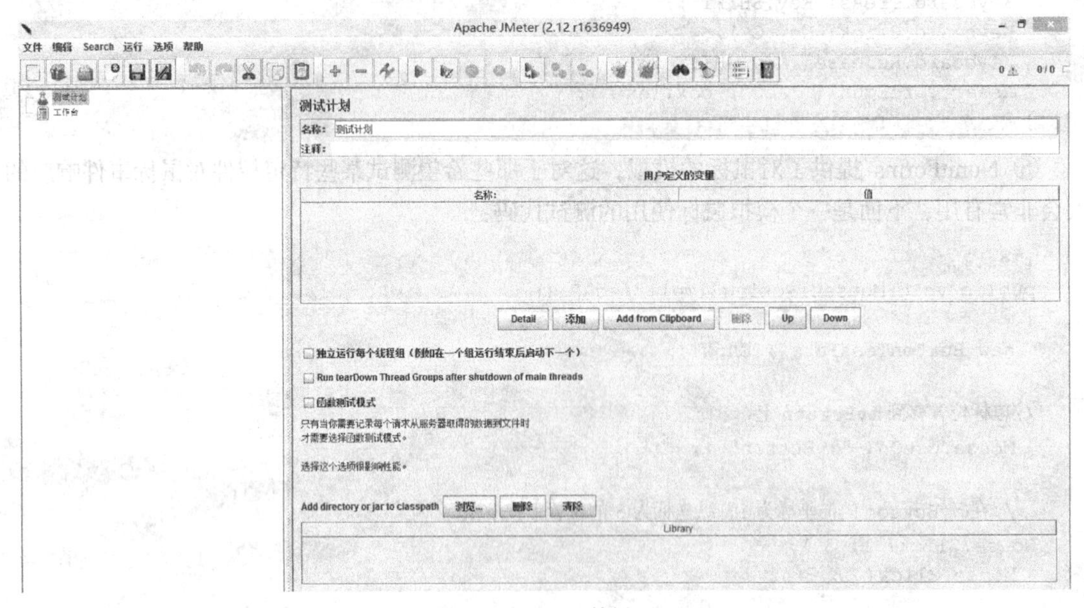

图 12.9　JMeter 的界面

JMeter 也附带有录制脚本的功能，但是不是很好用，一般配合使用 BadBoy 来录制性能测试脚本，如图 12.10 所示。

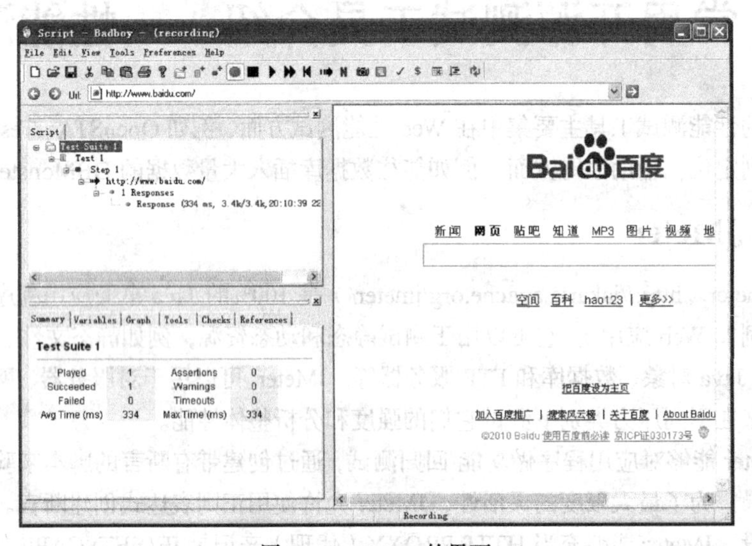

图 12.10　JMeter 的界面

BadBoy 的下载地址是 http://www.badboy.com.au/。

录制脚本后选择"File - Export To Jmeter"可把脚本导出成 Jmeter 的脚本，在 Jmeter 中就可打开并运行脚本了。

12.4.2　TestMaker

TestMaker（http://www.pushtotest.com/comparison）不仅是一个性能测试工具，还是一个测试平台。TestMaker 从 2002 年起就不断地得到持续更新和升级，目前已经是 6.0 版本。拥有超过 13 万个注册用户。TestMaker 的定位是让软件开发人员、质量保证组和 IT 管理者都能进行测试、监视和控制软件系统的信息。同时支持多种类型的测试，包括回归测试、功能测试、压力测试、容量测试、性能测试和服务监测。

开发人员使用 TestMaker 来把单元测试转换到一个自动化的功能测试平台。TestMaker 支持多种语言，包括 Java、Jython、Groovy、PHP、Ruby 等。支持多种协议，如 SOA、Web Service、Ajxa 和使用 HTTP、HTTPS、SOAP、XML-RPC 的 REST Services，还有邮件协议。

TestMaker 支持以各种模型构建的 Web 应用系统的性能测试。包括领域模型、企业服务总线模型（ESB）、企业 Web 2.0 模型和虚化模型等。TestMaker 的一个总体架构如图 12.11 所示。

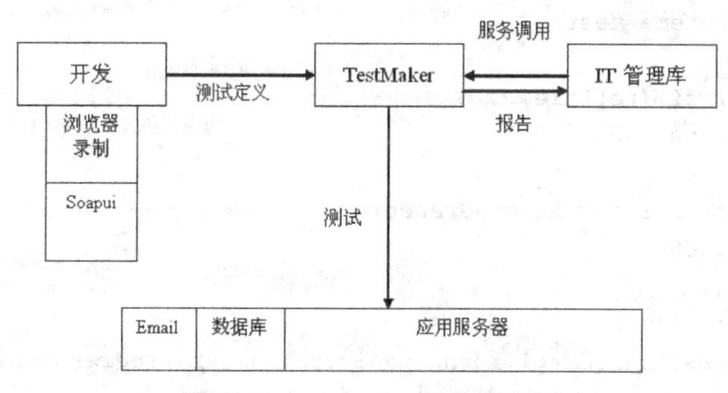

图 12.11　TestMaker 的总体架构

TestMaker 为 QA 人员、IT 管理者和 CIO 们自动地把这些功能测试转换到压力测试、容量测试、性能测试、回归测试和服务监视。TestMaker 提供两种方式录制测试脚本，包括以下内容。

① TestGen4Web：用于录制 Web 浏览器的功能操作。

② MaxQ Proxy Recorder：用于录制浏览器与服务器之间的通信协议。

TestMaker 提供 FireFox 的插件把 TestGen4Web 控制栏安装在 FireFox 浏览器界面上，可以使用这个控制栏来启动、停止和编辑 Web 应用程序的功能测试，然后保存成 XML 文件，用于在 TesMaker 中回放。支持 HTTP、HTTPS 和 Ajax 应用程序。

MaxQ Proxy Recorder 用于录制浏览器与服务器之间的通信过程。录制后生成实现 JUnit 测试用例测试类的 Jython 脚本。支持 HTTP 和 Applets 协议，但是不支持 HTTPS 和 Ajax。

12.4.3　DBMonster

在压力测试过程中，通常分成两大类，一类偏重于模拟大批量的并发访问，看系统的性能表现如何；另一类则偏重于施加大量的数据，看在访问系统时性能是否会出现问题。在某些业务系统，需要查询和处理大量数据的系统，后一种测试是经常要进行的。而测试人员在进行这一类测试时的首要任务是模拟和造出大批量的数据。Quest 公司的 DataFa ctory 是这一类工具的代表作，而开源方面，则要数 DBMonster（http://dbmonster.kern elpanic.pl/）。

DBMonster 是一个用于生成大批量数据库数据的工具，其原本开发目的是帮助数据库开发者优化数据结构、索引的使用而设计的。通过产生大量的随机测试数据插入 SQL 数据库。这样一个工具在测试软件系统在强大的数据库压力下的性能表现也是非常有用的。

DBMonster 开源项目从 2003 年开始，目前的最新版本是 1.0.3。DBMonster 是用 Java 开发的。通过 JDBC 的方式连接数据库。因此理论上支持任何可运行 JDBC 的平台。目前支持的数据库包括 PostgreSQL、MySQL、Oracle 8i、HSQLDB 等。

DBMonster 通过两个 XML 文件（配置文件和 schema 文件）来控制数据产生的行为，配置文件指明需要连接的数据库、连接使用的用户名和口令、需要操作的 sheme 等设置，而 scheme 文件则指明针对每张数据表的每个字段产生数据的规则。一个配置文件的例子如下：

```
dbmonster.jdbc.driver=oracle.jdbc.driver.OracleDriver
dbmonster.jdbc.url=jdbc:oracle:thin:@testdb:1521:Test
dbmonster.jdbc.username=testusername
dbmonster.jdbc.password=testpassword
dbmonster.jdbc.transaction.size=50

# for Oracle and other schema enabled databases
dbmonster.jdbc.schema=test

# maximal number of (re)tries
dbmonster.max-tries=1000

# default rows number for SchemaGrabber
dbmonster.rows=1000

# progres monitor class
dbmonster.progress.monitor=pl.kernelpanic.dbmonster.ProgressMonitorAdapter
```

Schema 文件描述的是数据产生的规则，需要根据数据库表结构的字段属性来设置，一个 Schema 的示例代码如下：

```
<?xml version="1.0" encoding="iso-8859-1"?>
<!DOCTYPE dbmonster-schema PUBLIC
"-//kernelpanic.pl//DBMonster Database Schema DTD 1.1//EN"
"http://dbmonster.kernelpanic.pl/dtd/dbmonster-schema-1.1.dtd">

<dbmonster-schema>
<name>ipnms</name>
<table name="test.test_data" rows="500">
         <column name="int_id">
              <generator type="pl.kernelpanic.dbmonster.generator.NumberGenerator">
                   <property name="nulls" value="0"/>
                   <property name="minValue" value="20"/>
                   <property name="maxValue" value="20"/>
                   <property name="returnedType" value="numeric"/>
                   <property name="scale" value="0"/>
              </generator>
      </column>
      <column name="ipaddr">
```

```
            <generator type="pl.kernelpanic.dbmonster.generator.ConstantGenerator">
              <property name="constant" value="10.1.200.201"/>
            </generator>
             <column name="compress_day">
                 <generator type="pl.kernelpanic.dbmonster.generator.DateTimeGenerator">
                     <property name="nulls" value="0"/>
                     <property name="startDate" value="2006-03-01 00:00:00"/>
                     <property name="endDate" value="2006-03-31 00:00:00"/>
                     <property name="returnedType" value="date"/>
                   </generator>
            </column>
             <column name="disk_dir">
                 <generator type="pl.kernelpanic.dbmonster.generator.ConstantGenerator">
                    <property name="constant" value="/var/mqm"/>
                   </generator>
            </column>
             <column name="disk_device">
                 <generator type="pl.kernelpanic.dbmonster.generator.ConstantGenerator">
                     <property name="constant" value="/dev/c0s0t1"/>
                   </generator>
             </column>
        <column name="disk_used_rate">
            <generator type="pl.kernelpanic.dbmonster.generator.NumberGenerator">
              <property name="nulls" value="0"/>
              <property name="minValue" value="1"/>
              <property name="maxValue" value="80"/>
              <property name="returnedType" value="numeric"/>
              <property name="scale" value="0"/>
          </generator>
        </column>
    </table>
</dbmonster-schema>
```

DBMonster 通过命令行运行，例如下面的代码：

```
dbmonster -s schema.xml
```

其中-s 参数用于指定 schema 文件。

DBMonster 与成熟的同类商业工具相比还有一定的差距，在功能的完整性、界面易用性等方面还有待提高，在自动关联表方面没有得到更多支持。但是 DBMoster 能基本胜任大部分的数据生成情况，并且 DBMonster 提供了一些扩展机制来让用户扩展这些需要的功能。

12.5 常用开源测试工具介绍——自动化功能测试类

在自动化功能测试方面，尤其是基于 GUI 的自动化功能测试方面，开源的覆盖面相对要窄一些。这可能也与 GUI 的控件识别技术和驱动技术的难度有关系。下面介绍几个有代表性的开源自动化功能测试工具，Java 方面的有 Abbot Java GUI Test Framework，.NET 方面的有 White，Web 自动化测试方面的有 Watir、Selenium、Samie 等。

12.5.1 Abbot Java GUI Test Framework

Abbot Java GUI Test Framework 是一个专为 Java GUI 组件和程序的自动化测试而设计的框架，帮助进行 Java 的 GUI 控件的测试。Abbot Java GUI Test Framework 由 Abbot 和 Costello 组成。Abbot 提供了驱动 UI 组件的编程方式。而 Costello 则允许简单地运行、查看和控制一个 Java 程序、录制和回放脚本。Abbot Java GUI Test Framework 目前的最新版本是 1.0.2。

下面是一个测试脚本的示例子代码：

```
//新建一个组件对象
MyComponent comp = new MyComponent();

//显示
showFrame(comp);

//查找 textField 控件
JTextField textField = (JTextField)getFinder().
    find(new ClassMatcher(JTextField.class));

//查找 button 控件
JButton button = (JButton)getFinder().find(new Matcher() {
   public boolean matches(Component c) {

        //控件的 Text 属性为“OK”的 button
        return c instanceof JButton && ((JButton)c).getText().equals("OK");
   }
});

//新建测试类
JTextComponentTester tester = new JTextComponentTester();

//通过 Tester 往 textField 控件中输入文字
tester.actionEnterText(textField, "输入的文字！");

//通过 Tester 单击按钮
tester.actionClick(button);

    //判断测试结果
    assertEquals("错误的控件 ToolTip！", "单击接收收", button.getToolTipText());
```

Abbot Java GUI Test Framework 的测试脚本编写步骤，如图 12.12 所示。

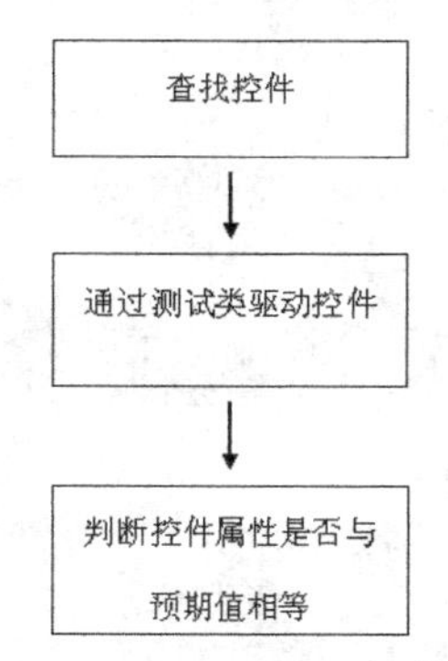

图 12.12 Abbot Java GUI Test Framework 的测试脚本编写步骤

12.5.2 White

White 与 WatiN 类似，它封装了微软的 UIAutomation 库和 Window 消息，可以用于测试包括 Win32、WinForm、WPF 和 SWT（java）在内的软件。ThoughtWorks 的 Vivek Singh 是该项目的 Leader，它已将 White 放在了 CodePlex 上（http://www.codeplex.com/white）。White 具有面向对象的 API，很容易控制一个应用，它也可以与 xUnit.Net、MbUnit、NUnit、MSTest 这样的测试框架结合使用，甚至 Fit.Net 也可以。

White 分层架构图如图 12.13 所示。

到 White 的官网下载并解压 White_Bin_0.18.zip 文件，然后就可以用 Visual Studio 等开发工具新建项目，导入 White 相关 DLL，如图 12.14 所示。

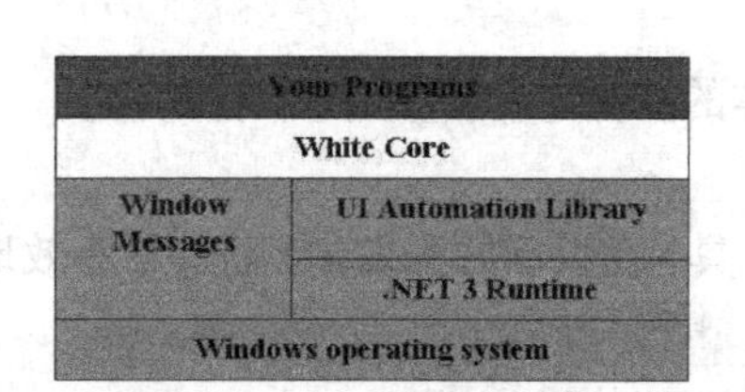

图 12.13 White 分层架构图

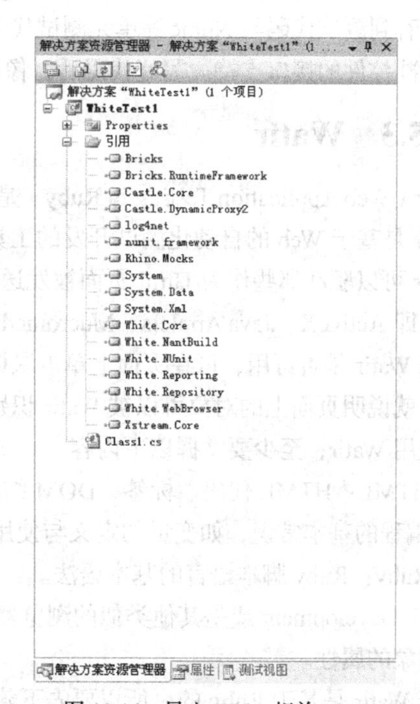

图 12.14 导入 White 相关 DLL

然后就可以开始编写测试代码，具体代码如下：

```
using System;
using System.Collections.Generic;
```

```
using System.Text;
using Core.UIItems.WindowItems;
using Core.UIItems;
using Core;
using NUnit.Framework;
using Core.Factory;

namespace WhiteTest1
{
  [TestFixture]
  public class Class1
  {
     private string path = @"E:\tmp\AutoBuild\Latest\MyProject\MyProject\bin\Debug\
MyPr oject.exe";

      [Test]
      public void ButtonClickable_btnClick1_ChangesText()
      {
         Application application = Application.Launch(path);
         Window window = application.GetWindow("Form1", InitializeOption.NoCache);
         Button button = window.Get<Button>("button1");
         button.Click();
         Label label = window.Get<Label>("label1");
         Assert.AreEqual("OK!", label.Text);
      }
  }
}
```

可以看到测试代码与 Nunit 等单元测试代码比较类似，White 提供了 Window、Button、Label 等常用标准控件的接口支持。写好代码后，像运行 Nunit 测试一样运行 White 测试。

12.5.3 Watir

Watir（Web Application Testing in Ruby）是一款用 Ruby 脚本语言驱动浏览器的自动化测试工具。Watir 是基于 Web 的自动化测试开发的工具箱。

Watir 可以驱动那些作为 Html 页面被发送到 Web 浏览器端的应用程序。Watir 对一些组件不起作用，即 ActiveX、Java Applets、Macromedia Flash 或者其他的应用程序插件。

判断 Watir 是否可用，可在页面上单击鼠标右键，然后查看页面源代码，如果可以看到 Html 源代码，就说明页面上的对象可以被 Watir 识别，来实现自动化。

要使用 Watir，至少要掌握以下内容。

① HTML：HTML 代码、标签、DOM 结构等。

② 编程的基本常识，如变量的定义与使用，基本的控制语句，如 If、for 等。

③ Ruby：Ruby 脚本语言的基本语法。

④ IE Development 或是其他类似的浏览器辅助工具，在以后的开发中，将非常有效地帮你识别页面对象的属性。

由于 Watir 是基于 Ruby 的，所以要先下载 Ruby 安装包进行安装：

http://rubyforge.org/frs/download.php/29263/ruby186-26.exe

然后再下载并安装 Watir：

http://rubyforge.org/frs/download.php/24880/watir-1.5.2.gem

更新 gem：

gem update –system

回到 watir1.5.2 所在的目录，执行：

gem install watir-1.5.2.tar

一个简单的 Watir 测试代码如下：

```
require 'watir'
test_site = 'http://blog.csdn.net/testing_is_believing/'
# open the IE browser
ie = Watir::IE.new
# print some comments
puts "## Beginning of test"
puts " "
puts "Step 1: go to the test site: " + test_site
ie.goto(test_site)
puts " Action: entered " + test_site + " in the address bar."
```

可以看到 Watir 通过控制浏览器导航到指定的页面。对于 Web 页面元素的控制，Watir 也提供了丰富的接口，例如下面是导航到 Google 主页面，然后输入查询关键字进行搜索的 Watir 代码：

```
require 'watir'
ie = Watir::IE.start("http://www.google.com.hk")
ie.text_field(:name,"q").set("Watir")
ie.button(:name,"btnG").click
```

配合使用 WatirRecorder++，可以录制 Watir 的测试脚本，如图 12.15 所示。

WatirRecorder++的下载地址是：

http://www.hanselman.com/blog/content/binary/WatirRecorder_Setup_lite.msi

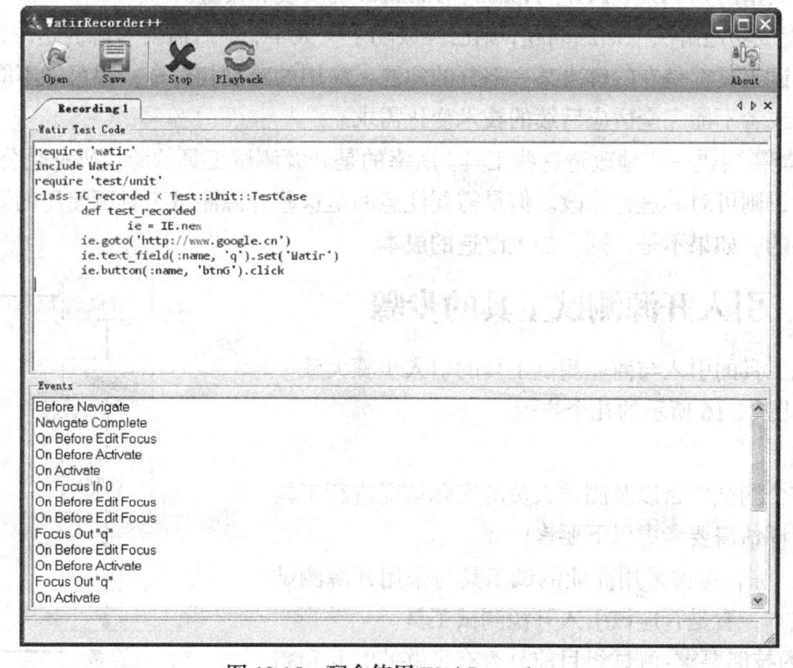

图 12.15　配合使用 WatirRecorder++

12.6 如何在测试组中引入开源测试工具

面对种类繁多的开源测试工具，很多企业也在考虑如何利用这些工具。测试组在考虑引入开源测试工具时需要注意很多问题。开源测试工具的引入与商业测试工具的引入有很多共同点，但是同时也有不少特殊而又值得注意的地方。

12.6.1 开源测试工具的成本考虑

开源测试工具不等于不需要成本的工具，虽然可以免费使用（遵循一定的许可证），但是仍然存在以下方面的成本。

- 学习和培训成本。
- 安装部署成本。
- 改造成本。

① 学习和培训成本是期望引入开源测试工具的组织需要首先考虑的，因为开源测试工具目前的使用范围远远没有一些流行的商业测试工具那么广泛，导致所有使用经验的共享、可找到的指南都相对缺乏，很多开源的测试工具没有形成使用的氛围，缺乏讨论的社区。

很多开源的测试工具没有提供培训的服务和技术支持，培训机构也没有针对开源测试工具开设培训课程。有些开源测试工具的联机帮助和操作手册也比较缺乏。因此，使用开源测试工具的首要问题是如何解决学习和培训成本的问题。

② 很多开源测试工具的安装和部署都相对复杂。一般开源测试工具都是基于其他的开源平台或框架的基础上开发的，在使用这些开源测试工具之前，需要配置很多相关的服务、组件、设置很多的参数。典型的如 PHP、Perl、Apach、Tomacat 的安装和设置。

③ 如果能成功地解决上面的问题，则已经成功了一大半，最后需要考虑的是改造的问题。因为很多开源测试工具都是专门解决某一部分的问题，应用的范围相对窄，很可能不能完全满足测试组的要求，或者不能完全适应后续的技术变化需求。

因此，可能需要进一步地改造这些工具。所幸的是开源测试工具的源代码都是公开的，因此，只要熟悉开发，则可对其进行修改。但是需要注意的是这些开源测试工具所使用的编程语言是否是项目组熟悉的，如果不是，则会加大改造的成本。

12.6.2 引入开源测试工具的步骤

开源测试工具的引入与商业测试工具的引入步骤大致一样，需要经过图 12.16 所示的几个步骤。

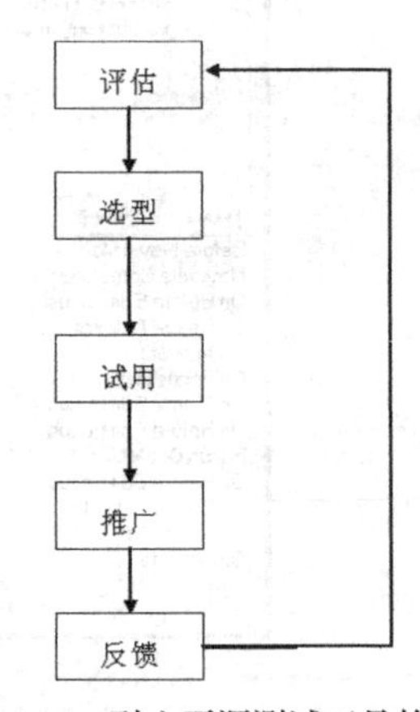

图 12.16 引入开源测试工具的步骤

（1）评估

首先是结合测试项目以及测试人员的实际情况进行工具选择的评估，评估需要考虑以下要素。

① 成本：综合考虑采用商业测试工具与采用开源测试工具的总体成本，看是否应该引入开源测试工具。

② 人员的技能要求：测试组目前是否有足够的时间和精力可以用于开源测试工具的引入带来的相应工作。测试人员

在编程语言、软件部署配置方面的经验怎样。

（2）选型

如果确定了需要采用开源的测试工具，则进入选型阶段。选型阶段是评估开源测试工具是否真正满足测试项目要求的重要阶段，应该投入专人、投入一段专门的时间进行选型。

说明

选型需要耗费一定的工作量，包括收集各种同类型开源测试工具的相关信息，下载最新版本和稳定版本，评价各种版本的优劣，对比同类测试工具之间的优劣，选型还包括收集测试工具的使用指南、培训材料、已知的缺陷等。

（3）试用

通过选型确定采用的测试工具及版本后，就可以进入试用阶段。需要注意的是，不要在一个进度紧迫的项目或者风险较高的大项目进行试用，而应该挑选一个进度相对没那么紧，规模相对小的项目进行试用。

注意

试用过程需要收集各种使用经验，安装和部署的方法，使用的技巧，碰到的问题以及解决办法；另外还要注意收集工具的使用效果方面的数据，例如能减轻测试人员的哪些方面的工作量，能解决哪些测试问题，测试的效率怎样，对人员的技能要求怎样等。

（4）推广

如果试用的效果理想则可以进一步地推广到其他项目组进行使用，然后持续地收集工具的使用经验和反馈信息。对收集的信息进行分析，如果发现工具存在不适用的情况，则看有无新的升级版本可以使用，或者考虑进行改造或更换另外一款测试工具。

注意

改造测试工具需要一定的成本投入，应该把它当成一个开发项目来组织。另外，需要注意的是改造并不一定意味着需要修改测试工具的源代码再重新编译，有些测试工具提供了良好的扩展性，可以充分利用这些扩展接口进行功能的增强。

12.6.3　引入开源测试工具可能碰到的问题

引入开源测试工具可能会碰到很多困难，需要充分估计这些风险，做好信息收集，制定相应的对策，下面是一些可能碰到的问题。

- 中文支持的问题。
- 社区支持的问题。
- 工具的稳定性问题。

① 目前开源测试工具主要是国外的居多，国内还没有形成开源的良好氛围。因此可能碰到引入的测试工具不支持中文的问题。这时候，可以首先查找国内是否有人已经做了汉化的工作；如果没有，则看工具是否提供语言扩展能力或本地化的指南，自己动手解决汉化问题。

② 开源是一个讲究团队精神、共享主义的网络团体，网络上有很多默默无闻的贡献者对开源做出了很多的贡献。因此，可以积极地寻找各方面的支持。首先看有没有别人共享出来的安装、部署配置指南，有则不用自己摸索；再看有没有一些操作手册和使用指南，如果没有则看测试工具本身附带的用户手册、样例，或者看测试工具的网站上是否提供文档下载、论坛讨论、博客等，积极寻求别人的帮助，甚至直接发邮件给工具的作者询问相关的问题解决方法。

面对社区支持比较少的问题，还需要从自身解决，自己多点摸索。注意建立工具使用的知识库，及时记录各种问题及其解决办法。

③ 工具的稳定性问题也是使用开源测试工具经常碰到的问题。解决的办法是选择相对稳定的版本，采用最多人使用的版本。

密切关注网站上公布的缺陷修正公告和问题解决方法。

12.7 小　结

商业测试工具的特点是相对稳定、功能全面、使用方便、帮助和支持服务容易获取，但缺点是价格一般都比较贵，在很多企业中，一般不舍得投入这么多的成本在购买商业的测试工具上。

开源测试工具给测试人员提供了另外一种选择的渠道，最重要的是它不仅是免费的，而且源代码也是公开的。这给了测试人员一些提示：利用开源测试工具来协助进行测试，对开源测试工具进行扩展和改造，以获取需要的测试工具。

12.8 习　题

一、选择题

1. 开源测试工具的优点不包括________。

   A. 相对低的成本　　B. 有更大的选择余地

   C. 提供培训指导和技术支持服务　　D. 可对其进行修改、补充和完善

2. 常用的开源单元测试类工具有________（多选）。

   A. JUnit　　B. NUnit　　C. NunitForms　　D. JMeter

3. 管理类的开源测试工具不包括________。

   A. TestLink　　B. Mantis　　C. BugFree　　D. QTP

4. ________属于开源自动化功能测试工具。

   A. Selenium　　B. Nunit　　C. BugFree　　D. JDK

5. 开源测试工具的成本，不包括________。

   A. 学习和培训成本　　B. 安装部署成本

   C. 改造成本　　D. 购买成本

二、填空题

1. ____________是100%的Java桌面应用程序，用于对软件做压力测试（例如Web应用）。
2. 开源测试工具存在的不足有：____________________。
3. 开源测试工具相对于商业测试工具拥有以下优势：____________。

第 13 章 用户界面测试管理

用户界面，通常称为 GUI（Graphical User Interface），因为现在的软件早已走过了"黑暗"的 DOS 时代，大部分是图形化的用户界面。用户界面也叫人机界面或人机交互，是计算机学科中最年轻的分支之一，是计算机科学和认知心理学两个学科相结合的产物。

界面工程师和研究学者们不断创新，开发出各种新的用户界面交互技术。图 13.1 所示的菜单就采用了 HCIL （人机交互实验室）的研究成果 Fish eye（"鱼眼技术"）的菜单控件。它与传统的菜单界面相比，更注重用户眼睛的感受，为用户更加方便快捷地使用内容较多的菜单提供了一个快速导航和定位的解决方案。

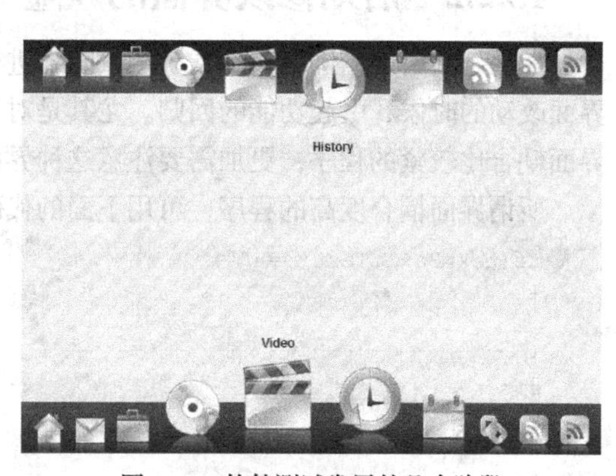

图 13.1　软件测试发展的几个阶段

本章介绍各种用户界面设计的基本原则，这些原则也是界面测试的原则。测试人员应该掌握各种用户界面设计的基本原理和应该遵循的原则，应用在界面的测试过程中。

13.1　用户界面测试的必要性

几乎所有商业网站都认为投资可用性是高回报的。绝大部分成功的软件公司都非常重视对软件界面的设计，因为在激烈的市场竞争中，仅仅有强大的软件功能是远远不够的，必须有一个好用的、易用的、美观的用户操作界面，才能被用户所接受，才能受到用户的青睐。

软件系统在交付使用之前必须进行严格的界面测试，最好能让用户代表参与评价。严格的测试和评审可以促进界面的改进和完善，使界面的可用性、用户体验性更强，从而增强软件系统的竞争力。

另外，界面测试可以降低软件产品培训、技术支持的费用。微软在每次发布一个大型的软件之前，都要发布一个或多个 Beta 版本让全世界的人们试用和参与测试，以便收集修改的意见，据说这项活动每年为微软节省的开发和测试费用高达数十亿美元。此外，界面测试可增强软件的可用性、易用性，缩短了用户熟悉系统的时间，从而降低了对用户培训的费用。

很多界面设计人员和开发人员会对自己的"作品"有所偏爱，从而疏忽了对界面可用性、易用性的充分评估。而有经验的测试人员凭借着对软件的理解和广泛接触软件系统获得的经验，以及善于站在用户的角度看问题的能力，能迅速找到软件系统的界面问题。

13.2 如何进行用户界面测试

测试人员在进行用户界面测试时需要注意测试的时机，以及把握好界面测试的原则。界面测试的原则来源于用户界面设计规范。因此，在制定界面测试规范或界面测试用例之前，应该熟悉用户界面设计的相关理论知识，根据软件产品的特点选择适用的原则。

13.2.1 用户界面测试的时机

用户界面测试应该尽早进行，如果有界面原型，应该在界面原型产生时开始检查界面。界面测试延后到后期进行存在很大的风险和压力。这种风险和压力来源于开发人员修改的风险和测试人员漏测的风险。

13.2.2 后期修改界面的风险

如果延到后期，例如等到系统测试时才进行界面测试的话，可能导致开发人员在进行大量的界面改动的时候，引起功能的回归。尤其是对于那些没有采用类似 MVC 的体系架构的程序、与界面耦合比较紧的程序，更加需要注意这种界面修改导致的风险。

所谓界面耦合度高的程序，可用下面的代码来说明：

```
if(textBox1.Text == "")
{
    //...
}
else
{
    //...
}
```

在这里，程序的逻辑直接依赖于窗体控件的属性，可以想象，当界面需要调整时，这段程序就很可能需要大幅度地重构。

13.2.3 界面测试遗漏

人都有所谓"审美疲劳"的心理特征，也就是说，对于一个事物接触比较久后，会渐渐失去"新鲜感"，会慢慢产生一种"麻木感"。

而对于程序界面是同样的道理，测试人员在重复的测试过程中，不断地重复操作相同的界面、重复执行相同的步骤，渐渐地，原本感觉使用起来很不顺手、操作很不方便的界面也会慢慢被接受，原本感觉界面布局不美观、显示方式不够整齐、不够和谐的界面，现在也会慢慢地接受。因此造成这些问题的漏测。

如果想避免这些风险，则应该在设计时就考虑界面的检查和评审，从界面原型开始进行测试，在软件的早期版本把界面问题提出来，并及时解决。

13.2.4 用户界面测试的要点

用户界面测试是一个需要综合用户心理、界面开发设计技术的测试活动。尤其需要把握一些界面设计的原则，遵循一些设计的要点来进行测试。根据界面设计的原则来制定一份界面设计规范，这份界面设计规范需要得到项目组全体人员的认可，作为设计界面和测试的依据，也是开发人员开发界面和修改界面的依据。

注意

界面规范不能仅仅把规范的条条框框列出来，还应该适当解释为什么要遵循这些设计的规范，给用户带来的好处是什么。最好能添加正、反的例子，用于解释怎样的设计是正确的，怎样的设计是应该避免的。

下面介绍一些基本的界面设计原则，然后在下一节中介绍 IBM 的用户界面架构规范，读者可根据这些原则和规范来制定适合自己的测试项目的界面规范。

13.2.5　减少用户的工作量

界面设计应该尽量减少用户在使用界面操作时的工作量。这种工作量包括以下几种。

- 逻辑工作量。
- 知觉工作量。
- 记忆工作量。
- 物理工作量。

① 逻辑工作量是用户理解界面所要付出的努力，例如对文本标题命名或术语的理解，对界面元素的组织结果的理解。

② 知觉工作量主要是用户在识别形状、大小、颜色和表达的视觉布局等方面要付出的努力。

③ 记忆工作量则主要表现在记忆密码、快捷键、数据对象和控件的名字、位置、对象之间的关系等方面要付出的努力。

④ 物理工作量是指用户在使用界面时敲击键盘、移动鼠标、切换输入模式等方面的工作量。

13.2.6　“少就是多”

好的界面设计应该是最简洁的，没有多余的元素。多余的元素要么会增加用户的工作量，要么会增加用户理解的难度，要么就是纯粹的界面空间的浪费。好的界面设计不是不能再添加一些界面元素，而是不能再减少一个界面元素。每一个界面元素都发挥其最大的作用，缺一不可。

13.3　用户界面测试原则

IBM 用户界面架构，简称 UIA（User Interface Architecture），是 IBM 为了获得基于网络的产品的设计一致性以及易用性而提出的一套用户界面设计规范。UIA 提出了 12 个方面的界面设计原则。

① Affinity：亲和力。

② Assistance：协助。

③ Availability：有效。

④ Encouragement：鼓励。

⑤ Familiarity：熟悉。

⑥ Obviousness：明显。

⑦ Personalization：个性化。

⑧ Safety：安全。

⑨ Satisfaction：满意。

⑩ Simplicity：简单。

⑪ Support：支持。

⑫ Versatility：多样性。

13.3.1 亲和力

通过好的形象设计，可以让对象更具亲和力。用户界面的形象设计的目的是要融合 UIA 的所有原则。软件系统应该支持用户模型并把它的功能明确地向用户表达。亲和力的设计不应该被看成是“蛋糕上面的糖衣”，而应该作为整个设计过程的主体部分。

下面的原则通过提升界面的清晰性和视觉上的简易朴素来达到强的亲和力。

1. 简化设计

去除任何不能直接提供有意义的可视化信息的元素。“好的设计不是不能再多加点，而是不能再减少点”，这样才能让用户界面简易、朴素。

2. 视觉层次

按用户任务重要程度的先后顺序建立视觉层次。对于关键的对象给予额外的视觉突出。使用相对位置和颜色、大小的对比来增强一个对象的视觉突出效果。用户关心的、对用户重要的元素安排在前面，安排在突出的位置，醒目地显示出来，有相对丰富的层次感，这样才能清晰地向用户表达界面诉求。

3. 供给能力

确保对象显示出好的供给能力。也就是说，用户可以很容易地判断出一个对象对应的动作。有好的供给能力的对象通常很好地模仿了现实世界的对象。表现力强的图标能让用户快速理解所代表的功能。一个按钮的凹凸效果能让人清楚地知道按钮是可点击的。例如，图 13.2 中，button1 的效果设置比起 button2 要让人更容易知道是个可以按下去的按钮。

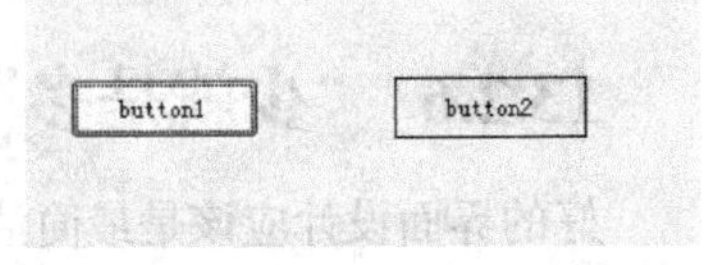

图 13.2 按钮的凹凸效果

4. 视觉方案

设计一个能匹配用户模型的视觉方案，并且能让用户个性化地配置软件系统的界面。例如 Windows 能让用户配置窗口的外观和颜色方案、字体大小等，如图 13.3 所示。

不要仅仅为了节省空间而把图像的预留空间去掉。适当使用空白空间来提供视觉上的“呼吸空间”。例如，图 13.4 所示的窗体界面就太挤了，让人有点喘不过气来，未免有点太不照顾用户的视觉感受了。

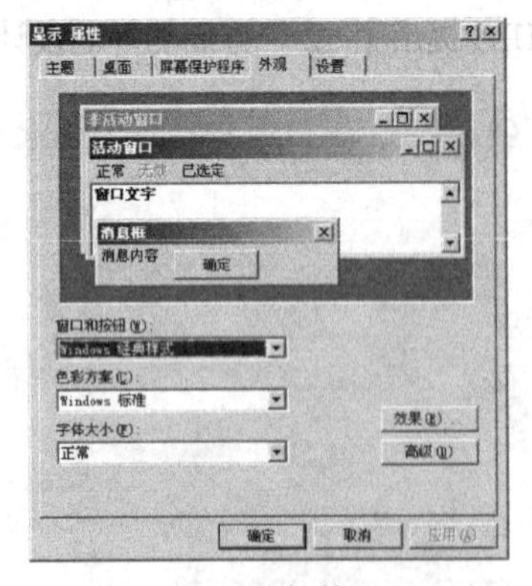

图 13.3 Windows 的外观配置界面

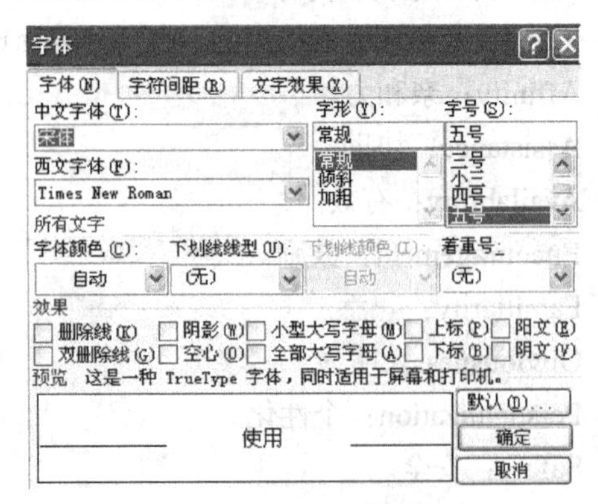

图 13.4 拥挤的界面空间

13.3.2　协助

提供主动的协助。软件系统应该帮助用户执行各种各样的任务，每个用户的系统知识和处理任务的能力不一样，让软件系统能识别个体用户的能力并提供适当的协助。

以标题说明（caption）、提示（hints）、系统帮助（system help）的形式提供协助。提供的协助信息应该是简单的、简明的和有效的，同时也应该是灵活的。系统应该能适应用户能力的提高，并培训用户达到独立使用系统的能力。

这种协助是主动的，而不是被动的，它不需要用户刻意去寻找帮助，不需要用户打售后支持电话，不需要用户寻找软件光盘来查阅说明书，甚至不需要用户打开联机帮助。

通过简单有效的形式提供随时随地的协助，但是这种协助不是硬推的形式，例如，强迫用户每次使用系统之前要阅读注意事项。有些软件系统在每次启动时默认都会有一个欢迎界面，在这个界面提供系统的简介，帮助用户如何开始使用系统，帮助用户导航到联机帮助文档或例子，例如，图 13.5 所示的界面是 TestComplete 启动后显示的 Welcome 界面。

但是，假设界面的左下角没有“Do not show again”选项，这个欢迎界面的设计就是个很糟糕的界面，因为它强迫用户每次启动软件系统后，都要看一下这个界面，然后要用户亲自关闭这个界面。

不要假设用户是很笨的，而是灵活地提供有效的暗示，用户在犹豫时能从这些暗示得到确认的信心，从而做出正确的决定。

表达能力强的图标、tool tips、输入框前面的简明的标题说明、状态栏中关于软件系统状态的说明等都是非常有效的为用户提供协助的方式。例如，Windows 画图工具既提供了图标，又有 tool tips，也在下面的状态栏提供了说明，如图 13.6 所示。

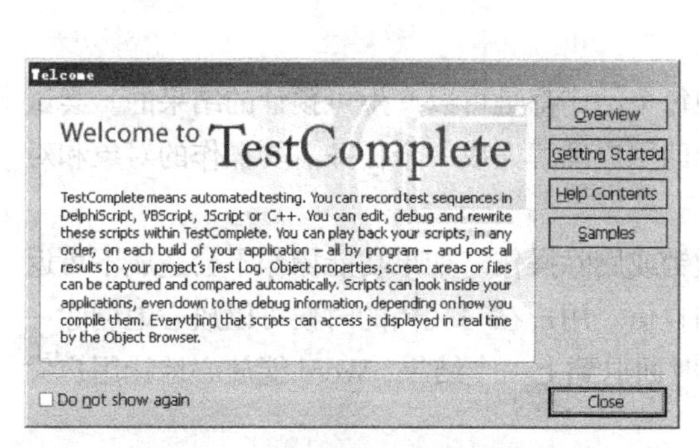

图 13.5　TestComplete 的欢迎界面

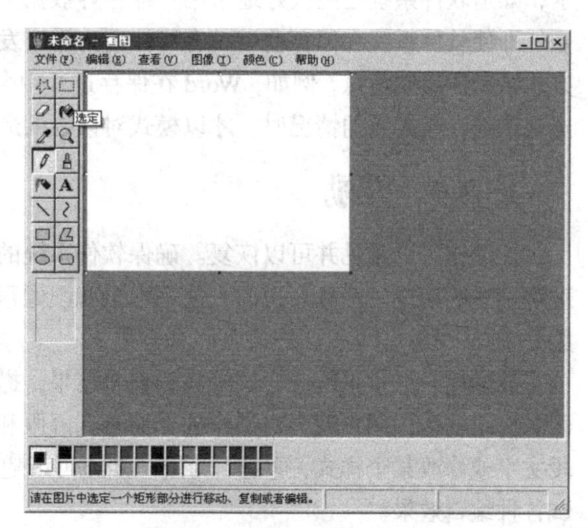

图 13.6　Windows 的画图工具

最后，不要假设用户是个永远也长不大的小孩。初级用户会不断地学习，随着对系统熟悉程度的加强，初级用户逐渐过度到了专家用户的级别。因此，要为不同能力水平的用户提供不同级别的协助，例如对于初级用户提供一步一步的向导和模板，对于专家用户提供个性化定制的能力。

13.3.3 有效

让所有对象在任何时候都是可用的。让用户可以在任何时候以任何次序在同一个视图使用所有的对象。例如，Windows 的打开文件对话框允许用户在打开对话框视图中访问所有对象，如图 13.7 所示。

尽量避免使用模式对话框，模式对话框会使正在交互的界面动作无效或引起非预期的结果。模式对话框限制了用户与系统交互的能力。例如，菜单驱动的系统使用模式对话框，像“打印”和“另存为”，让用户输入请求的命令参数，但是模式对话框倾向于把用户锁定在系统外。用户必须完成或取消模式对话框才能返回系统，导致了很多的不便。

除非必须要用户先处理好才能进入下一步的操作，否则不要使用模式窗口。其实有很多窗口是完全不需要以模式对话框的形式出现的，例如很多系统都会向用户提示保存操作已经成功，但是如果使用的是模式窗口，则很多时候会导致用户的反感，因为，首先保存成功是一个系统应该做的事情，软件系统没有必要以一种炫耀自己功劳的方式出现，还要用户多此一举去确认软件系统的“功劳”。

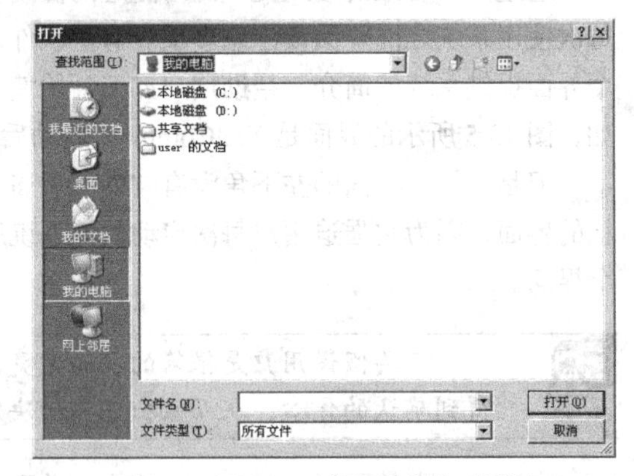

图 13.7 Windows 的打开文件对话框

保存成功前与保存成功后的区别在系统的很多地方可以体现出来，例如，记录的列表会多了一条刚才添加的记录，字段的属性会变成“已保存”等，用户完全可以从这些地方得到足够的提示，知道软件系统已经很好地帮用户保存好数据了。

即使软件系统在保存前后没有可让用户看出发生变化的地方，也完全可以用一个优雅一点的方式给用户反馈信息，例如，Word 在保存过程中会在状态栏显示一个保存过程的动画。只有保存出现错误，或异常的情况时，才以模式对话框的形式提示用户，让用户注意问题的出现并处理。

13.3.4 鼓励

让动作可以预见并可以恢复。确保软件系统的每个动作都是可以产生可预计的结果的。尝试理解用户的期望、任务、目的。使用术语和图像帮助用户理解完成一个任务需要操作的对象和对象关系。

鼓励用户探索系统，尝试操作，查看结果，撤销或删除操作。如果功能操作不会造成不可返回的后果的话，用户就会对操作的界面感到舒服和自信。用户在写文档的时候可以放心地删除一段文字或修改某个样式，这是因为用户知道可以随时回退到上一个结果，Word 能放心地让用户尝试各种编辑效果。

所有的操作，包括表面看起来很微不足道的取消选定操作，都应该是可逆的操作。例如，用户花了几分钟的时间准备和选择特定的文件归档，如果选择突然不小心取消了，而取消选定不能被 undo 的话，用户会感到很沮丧和受挫。

避免把不同的操作绑定在一起。用户可能不能预料到绑定操作的影响。例如，不要把取消操作和删除操作的功能绑定在一起。如果用户选择取消一个发送短信的请求时，仅仅取消发送请求，不要删除短信。让操作独立，或者提供类似向导（wizard）的机制，允许用户组合某些操作在一起提供某个特定的使用目的。

有些软件系统的安装包可以有几种安装的方式，例如，全新安装、升级安装、有选择地安装；或者是：典型安装、最小安装、完全安装等。不同的安装模式，如果没有相应的提示和说明来告诉用户每一种安装的结果是什么的话，用户可能会在安装之前犹豫很长的时间，忐忑不安地、小心地选择一个认为最安全的方式，尤其是对于新用户来说，因为不知道后果会有多严重。

应该尽量提供对操作的撤销和回退功能，如果实在不能回退，则要在操作之前首先让用户知道执行操作会带来的后果。这样才能给用户信心。

13.3.5　熟悉

基于用户已有的知识来设计界面。让用户基于已有的关于软件系统的知识来使用新的系统。一个用户友好的系统能让用户学习新的概念和技巧，通过完成一个任务并应用到更广泛的任务。换而言之，用户不需要学习不同的技巧来执行相类似的任务。例如，微软的 Office 系列产品，在 Word 中的编辑方式和操作方式与在 PowerPoint 中是基本一致的。一个熟悉 Word 写作方式的人也能轻松地学会在 PowerPoint 中编写演讲稿。

使用统一的视觉设计和界面交互技巧来展示给用户并强化用户的经验，让用户在使用相同的平台、相同的环境下的其他类似的系统时可重用。如果在使用一个新的系统界面时所需要的交互技巧与用户已经知道的或料想的一致时，会更容易学习。所以在开始设计之前，先发现并设法了解清楚目标用户的经验和期待值。

统一的图标和功能命名、菜单编排能降低用户在一个新的类似的软件系统中的学习曲线。例如，在 Word 中“保存”的图标和保存功能的快捷方式与 PowerPoint 中的是完全一致的，熟悉 Word 的用户可以马上知道在 PowerPoint 中可以使用相同的功能。

界面交互的操作方式的一致性还能降低软件企业的培训和后续支持费用，企业不需要花大力气让用户接受新的系统，不需要派遣更多的用户教育人员去支持用户培训。

13.3.6　明显

让对象和控件明显、直觉、显而易见。在界面使用体现现实的技术。对象和概念在面向对象的界面里应该类似它们在现实世界的样子。当可能的时候，应该尽量避免对象的人造体现。

垃圾回收和电话是个很好的现实体现的例子。在真实世界里，垃圾回收站是人们抛弃垃圾的容器。在操作系统桌面的垃圾回收站对象体现了它的功能，它让自己清晰地被识别出来是作为一个用于丢弃不需要对象的地方。电话拨号的图标也有相同的效果。基于现实生活的经验，一个用户可以直觉地知道这个对象是为了执行电话相关的任务设计的。

让系统的控件清晰可见并且功能易于识别。使用视觉的或文字提示来帮助用户理解功能，记住关系，并识别当前系统状态。例如，在电话对象上的数字按钮提示它们可以被用于拨电话号码。操作系统通过不同的图标来体现回收站里是否有垃圾，如图 13.8 所示。

图 13.8　通过图标的变化

鼓励直接的或自然的交互。让用户直接地与对象交互并减少用户非直接的技术或过程。识别一个对象并执行与它相关的任务，例如拿起电话的听筒来回答来电，在真实世界中往往不是一个独立的行为。使用直接动作或交互技巧，用户界面不需要明显地单独地在一个序列中选择动作。虚拟现实三维界面就是特别设计成直接的交互。

13.3.7 个性化

允许用户对界面进行个性化设置。允许用户按个人需要和想法裁剪界面。没有两个用户是绝对相同的；用户的背景、兴趣、动机、经验程度和物理能力都不同。个性化能帮助用户对界面感觉更舒服。个性化界面还能导致更高的工作效率和用户满意程度。例如，允许用户改变默认值可以节省时间和减少访问经常使用的功能的麻烦。

在微软的 Word 中，就提供了工具栏的自定义设置功能，如图 13.9 所示。用户可以选择经常使用的功能才出现在工具栏上，不仅可以减少工具栏占用的屏幕位置，而且能减少因为工具栏过多而造成的查找和选择时间。

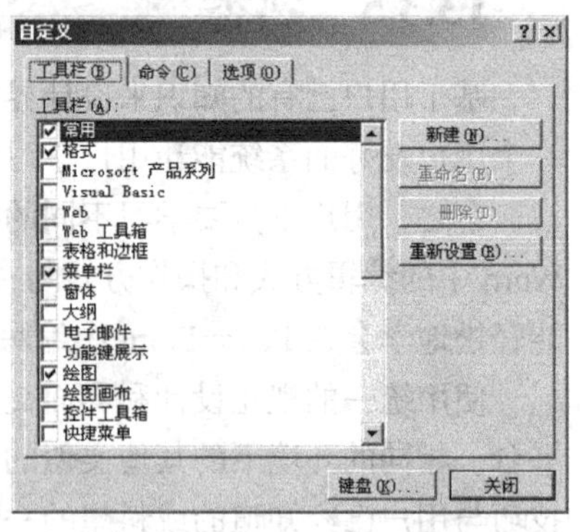

图 13.9 Word 的工具栏自定义设置界面

在多用户共享一台计算机的环境中，让每个用户创建自己的“系统个性”并使重启系统容易实现。在一个用户使用多台计算机的环境中，让个性化信息可转移；让用户可以把“个性”从一个系统带到另外一个系统。例如，Windows 操作系统的主题属性就可以通过另存为 Theme 文件，在其他机器上的操作系统导入，从而让多个操作系统共用同一个相同的主题。

13.3.8 安全

不要让用户轻易接触到危险的操作。尽量不让用户犯错。让用户不能轻易接触危险操作的责任在设计者的身上。界面应该自动地或根据请求提供视觉上的提示、提醒信息、选择列表和其他辅助手段。上下文的帮助和代理能提供额外的协助。帮助信息应该简单、清晰，并且是面向任务的。

例如，Windows 操作系统会把系统文件默认隐藏起来，只有在用户设置文件夹选项时才能把隐藏的系统文件显示出来，这是为了避免用户不小心删除掉关键的系统文件造成损失。

不要要求用户记忆系统已经知道的信息，例如前一次的设置、文件名和其他界面细节。尽可能通过系统提供这些信息。用户的设置应该被系统记忆起来，这样不需要用户每次去设置，因为这些已经设置过的信息，系统是可以用很多方法记录下来、保存下来的。

让系统和用户之间能进行双向的沟通。这种积极的沟通能力允许用户澄清或确认一个请求，纠正一个问题，或做出特定任务的决定。例如，在某些系统设计的拼写检查器，会在用户编写文档的过程中高亮地显示可能存在拼写错误的单词。这允许用户纠正拼写错误或继续工作。

这种双向的沟通能力还能帮助用户定义自己的任务目标。用户知道要完成和达到的是什么，但是很难描述和表达出来，这种情况并不少见。系统应该能够识别这些问题，鼓励用户提供相关的信息，并建议可能的方案。

13.3.9　满意

让用户感觉到连贯的进度和完成，立即报告动作的结果。任何加在用户任务上的延迟都会影响用户对系统的信心。即时的反馈可以让用户评估结果是否满足自己的期望，如果不满足，则可马上采取其他替换措施。例如，当用户选择一个新的字体样式，应用了字体改变的文本应该马上发生变化，然后用户可以决定是否保留改变。

预览一个动作的结果，以便用户可以评估它。例如，如果用户想在一篇大文档中使用楷体+粗体+下划线的样式效果，那么提供一个样例。用户可以评估改变是否合适从而决定是否应用改变。这样，用户不需要花时间去撤销一个不想要的改变。例如，Windows 的屏幕保护设置界面就提供了预览功能。而在主题设置界面和外观设置界面更是提供了即时的示例，如图 13.10 所示。

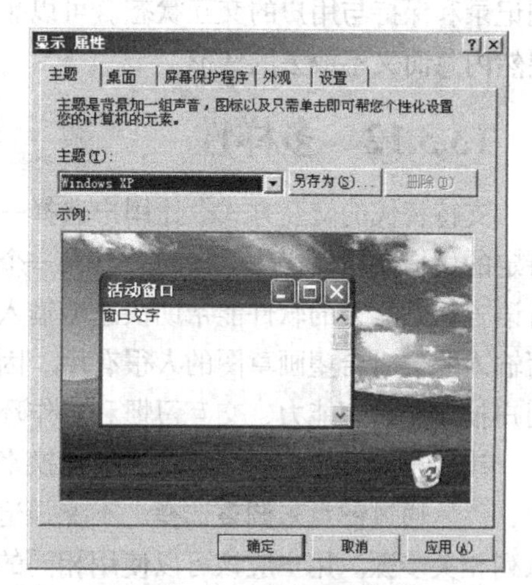

图 13.10　Windows 的主题设置提供即时示例功能

当用户对系统做出改变时立即更新信息。对于那些事件的结果更新不能马上展现的，要与用户沟通。这在网络环境下尤其重要，因为在这种环境下更难在网络系统之间维护动态的状态。例如，大部分 Web 浏览器在信息区域显示完成的百分比，以便用户知道页面加载的进度状态。

13.3.10　简单

不要为了功能而采取折衷的可用性。界面的组织不要按功能模块的思维来划分和拼凑，不要认为代码实现上是独立的两个对象，在界面上就要对应两个对象，而是以用户的工作任务和流程分析来组织。

保持界面简单和直接。用户能从直觉的、便于使用的功能受益。确保基本的功能明显地展现在用户面前，而高级的功能易于学习。例如，Google 的界面就非常简单，但是非常直接和有效，作为搜索引擎提供的功能，Google 的界面设计简单而直接，也可以在界面上找到其他高级的、不常用的功能，但是设计者把它们很好地“隐藏”了起来。

尽量减少界面上的对象和动作的个数，但是能足以让用户完成每天的任务。只有对用户任务分析后表明需要才把功能包括进去。

要为易于访问和使用而组织功能，避免设计一个混杂着功能的界面。一个良好组织的界面只是在背后默默地支持用户更加高效地工作。

13.3.11　支持

让用户控制系统，让用户自己定义完成任务的过程。不要把自己认为“正确”的做事方式强加给用户，而限制了用户可能的选择。

软件系统对于用户来说只是工作的辅助工具而已，因此软件系统应该站在协助和支持用户工作的角度出现。如果一个工具或设备可以有多种使用方式，不要限定用户只能用一种方式使用它，软件系统也一样。“不要打电话给我，我会找你的！”不要想当然地强加一些功能给用户。例如，旧版本的微软 Office 助手（“曲别针”）的“Dear”敏感功能。

确保系统允许用户建立和维护一个经常工作的上下文或界面框架。确保系统的当前状态和用户可进行的操作对用户来说是明显的。如果用户离开系统一段时间，那么系统的状态应该在用户回来时保持当前状态或稳定的状态。这种前后一致的框架能让用户感觉到系统的稳定性。

在网络系统中尤其需要注意这种状态的保持，通过维护用户与系统服务器之间的 session 来达到记录和保持与用户的交互状态。可以想象一个在这方面有设计缺陷的系统的用户在使用过程中突然内急而又不敢去的情形。

13.3.12 多样性

支持替代的交互方式。让用户选择一个适合特定情形的交互方式。每一种交互设备都是为了特定的用户使用而优化设计的，没有一个唯一的交互方式是在任何情况下都是最好的。例如，具有语言识别能力的软件能帮助快速地输入文字，或者是在不能用手操作的环境下会很有用，而手写输入笔会对希望画草图的人很有用。因此，拥有不同的交互方式选择的界面能适应更大范围的用户技能、物理能力、交互习惯和工作环境。

让用户能够在不同的方式之间切换来完成一个交互过程。例如，允许用户使用鼠标快速地定位，然后通过键盘来调整选择。不要强迫用户切换不同的方式来完成一个交互步骤或任务中的一系列相关步骤。用户应该可以使用相同的输入设备完成整个任务步骤的序列。例如，让用户在使用键盘编辑文本时要用鼠标来滚屏效率会非常低。

为不同能力和不同工作环境的用户提供广泛的交互方式。允许用户为经常使用的操作创建快捷方式，从而提高交互的效率。例如，让用户使用一个按钮就可以用默认打印机打印文档。

当用户选择一个对象时预览它的内容。预览让用户粗略地扫描并做出决定。

让用户根据各种任务来组织对象。例如，用户应该可以通过发送人、主题等来分类组织 E-mail 信息。

13.4 小　结

用户界面设计和测试是一个成功的软件产品的必备要素，用户不会接受一个界面丑陋、操作方法繁复的软件产品，尤其是在今天有更多选择的环境下。用户界面已经成为软件产品的竞争力之一。

各种先进的用户交互界面技术层出不穷，界面工程师和用户交互研究者在不断地改善人类与计算机的交流障碍，拉近用户与计算机的距离。开发人员倾向于用开发模型来思考软件产品，在界面设计中也会有这种倾向。因此，必须有一个角色是从用户模型出发来思考软件产品的，这个角色就是测试人员。

测试人员需要掌握大量的用户界面设计原理和界面规范，最重要的是要从用户操作者的角度、从使用者的感受出发来看待软件产品，这样才能找出界面的缺陷，找出易用性问题，找到用户体验不佳的交互方式。

13.5　习　　题

一、选择题

1. 界面设计应该尽量减少用户在使用界面操作时的工作量，不包括________。

A. 逻辑的工作量　　B. 知觉的工作量

C. 记忆的工作量　　D. 设计的工作量

2. IBM 用户界面架构，提出了 12 个方面的界面设计原则，包括________（多选）。

A. Strange：奇怪　　B. Availability：有效

C. Familiarity：熟悉　　D. Affinity：亲和力

3. 界面设计原则中“明显”的含义是________。

A. 允许用户按个人需要和想法裁剪界面

B. 让对象和控件明显、直觉、显而易见

C. 基于用户已有的知识来设计界面

D. 以标题说明、提示、系统帮助的形式提供协助

4. 与界面设计原则中“安全”有关的是________。

A. 通过提升界面的清晰性和视觉上的简易朴素来达到

B. 除非必须要用户先处理好才能进入下一步的操作，否则不要使用模式窗口

C. 不要让用户轻易接触到危险的操作，尽量不让用户犯错

D. 立即报告动作的结果，任何加在用户任务上的延迟都会影响用户对系统的信心

二、填空题

1. 支持替代的交互方式。让用户选择一个适合特定情形的交互方式是遵循界面设计原则中的________________。

2. 测试人员在重复的测试过程中，不断地重复操作相同的界面、重复执行相同的步骤，会导致________________的问题。

3. 好的界面设计应该是________，没有________元素。好的界面设计不是不能再添加一些界面元素，而是不能再减少一个界面元素。每一个界面元素都发挥其最大的作用，缺一不可。

第 14 章
自动化测试项目实战

自动化测试是把以人为驱动的测试行为转化为机器执行的一种过程，提高测试效率。它的适用范围是：可以依据输入和输出判断功能正确。除了依据输出判断，还需要其他人工判断的，则不能仅仅使用自动化测试。例如，地图漫游、放大、缩小功能，除了输出成功或失败的结果，还需要人工观察功能是否实现，就不能只使用自动化。

自动化测试使用场景：多用于回归测试。校验软件发生变化后，对原有没有变化的功能进行验证。既做到检查改动的影响域，又节省了人力。对于软件新增功能，因为要尽快进入测试阶段，同时测出问题可能进行修改，所以使用手工测试的方法。当功能稳定了，开始转变为自动化测试。

14.1 自动化测试用例设计

本节介绍自动化测试用例的设计，包括与手动测试用例的不同、涉及到的测试类型、设计架构与编写原则。

14.1.1 手工测试用例与自动化测试用例

手动测试用例，一般包括用例步骤。输入项比较复杂时，单独对输入、输出项整理为样本如图 14.1 所示，作为步骤附件。有的用例需要准备一定的前提条件，还包括前提数据。

样本编号	用户名	密码	预期结果	测试结果
S1	zhangsj	111111	欢迎	未执行
F1	zhangsj		您的用户名并不存在，或者您的密码错误	未执行
F2		111111	请输入您的用户名	未执行
F3	zhangsj	222222	您的用户名并不存在，或者您的密码错误	未执行

图 14.1　手动测试用例组成

上面就是测试一个论坛登录的样本，S 表示是成功样本，F 表示失败样本。文件中有 1 个成功样本，3 个失败样本。

自动化测试用例，除了上述几项外，因为是自动执行脚本，所以还应包括脚本。脚本也作为用例的附件。所以完整的用例结构如图 14.2 所示。

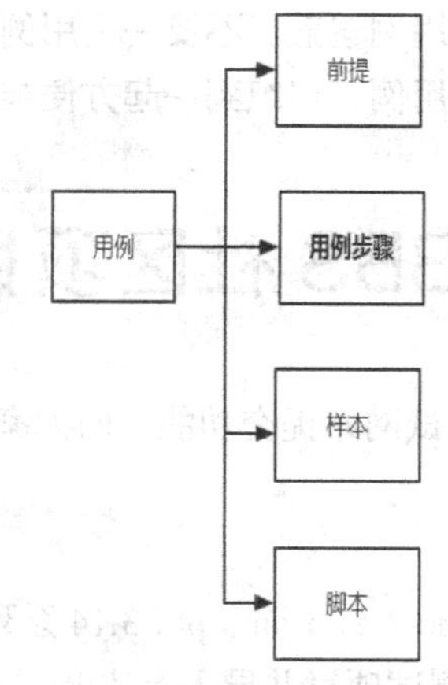

图 14.2　自动化用例组成

14.1.2　测试类型

自动化测试通常用于功能的回归测试。对于一些可以录制脚本进行识别的性能指标的测试，也可以用自动化实现。而且自动化能够很好地规避人为操作的影响，也可以设定特定的等待时间、模拟时间、超时时间等，记录的指标比人工执行更规范。而且，可以多次执行，去平均值或最大、最小值，保证测试结果的稳定性。

其他测试类型：接口测试、安装卸载测试、兼容性测试，也可以适当地选择自动化实现。例如，商城类网站，都会有绑定银行卡接口，多种银行的银行卡，纯人工执行会很费时。可以将支持的银行卡数据整理好，使用自动化脚本执行，自动输出测试结果。测试人员只需要检查结果文件即可。具体实现可以参考下面的内容。

14.1.3　自动化测试用例编写原则

软件设计遵循高内聚低耦合的原则，自动化测试用例设计与编写也一样。单个模块高内聚，功能单一、明确。模块间低耦合，最大限度降低相互之间的影响。例如脚本完成执行的功能，数据文件负责组织测试数据。项目配置信息、路径等由宏定义文件维护。日志负责结果的输出。使用过程中如果有对其他模块的调用，则统一由脚本负责完成。

自动化测试用例设计架构如图 14.3 所示。

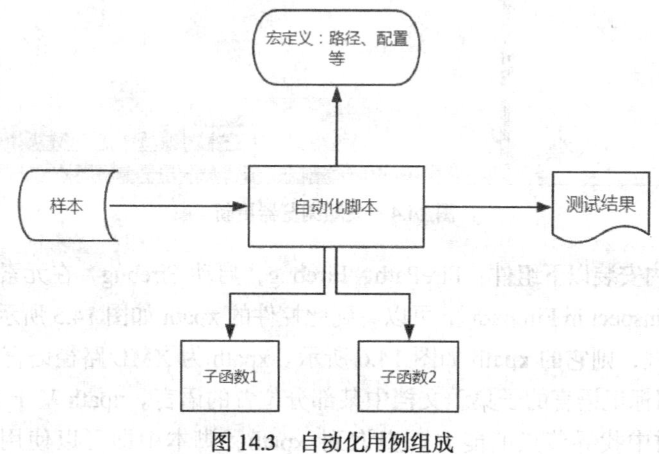

图 14.3　自动化用例组成

编写过程中，一个功能使用一个用例覆盖。不要一个用例覆盖多个功能，或一个单一、固定的功能由多个用例覆盖。同一模块的用例，组织到一起方便维护和管理。

14.2 BBS社区项目实战

本节使用selenium实现自动化测试网站提交功能，向大家演示一种自动化测试框架。

14.2.1 准备工作

① 准备selenium-server-standalone-2.47.1.jar、poi-3.14系列jar包。

② 安装eclipse，后面需要建立测试项目并导入上述jar包。

③ 安装Firefox Setup 24.7.0esr.exe（如果之前装了高版本的，需要卸载），注意关闭自动更新选项。在主菜单-》选项-》更新，选择“不检查更新”，如图14.4所示。这个和后面用到的selenium-server-standalone-2.47.1版本是一致的，火狐（Firefox）若更新了新版本，会导致问题。

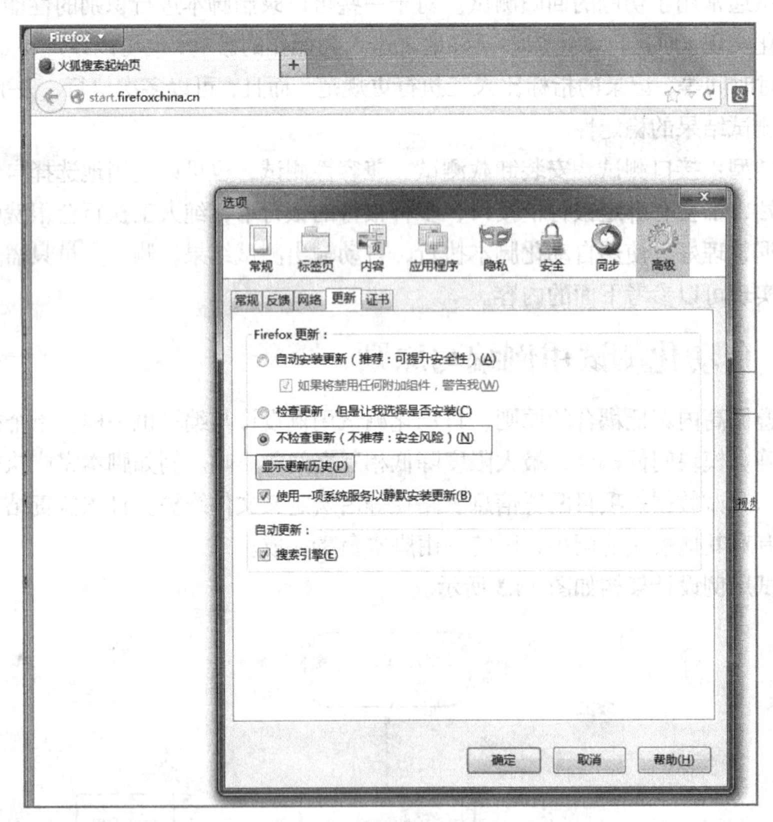

图14.4 关闭浏览器更新

④ 在Firefox内安装以下组件：FirePath、Firebug，启动Firebug，在元素上右键单击“查看元素”，下面点击“inspect in Firepath”，可以看到此控件的xpath如图14.5所示。如果选择的控件是“用户名”输入框，则它的xpath如图14.6所示。xpath为XML路径语言，它是一种用来确定XML（标准通用标记语言的子集）文档中某部分位置的语言。xpath基于XML的树状结构，提供在数据结构树中找寻节点的能力。查询到xpath，脚本中即可以使用driver.findElement

(By.xpath ("html/body/section/div[1]/form/input[1]"))识别网页中用户名输入框控件。也可以用 By.id、By.name 的方式，即通过控件 id 或 name 识别，当控件没有设置 id 或 name 时则使用 xpath。

图 14.5　查看控件 xpath

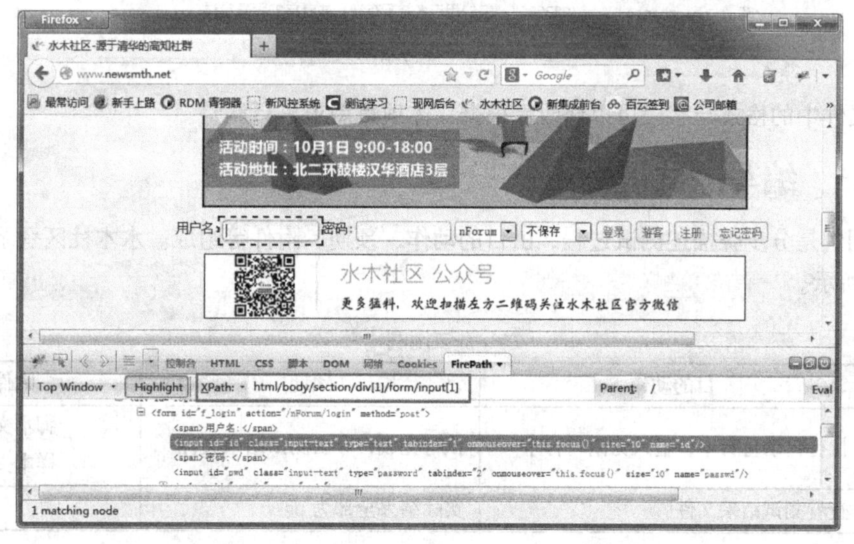

图 14.6　控件的 xpath

链接水木社区网站，保证可以正常访问。

14.2.2　项目结构介绍

使用自动化脚本测试水木社区登录功能。按照前面讲的框架设计原则分为下面几个方面：一是样本用单独的文件管理，独立出来，方便维护。在设计阶段即可进行，不耽误项目总体进度。二是测试结果单独输出到一个文件中，真正实现脱离人工、自动执行。

14.2.3　配置文件

在需要复杂配置的项目中，还需要将配置信息单独整理出来，可以以配置文件、宏定义文件等组织。像下面例子中的导入样本路径、导出结果路径就可以提取出来，方便管理。本项目作为演示，不再单独配置。

14.2.4 样本与执行结果

设计样本，登录样本验证成功情况和失败情况。实际结果设计中显示未执行。导出结果使用pass，failed 表示通过或失败，如图 14.7 所示。

Book.xls [兼容模式]

	A	B	C	D	E
1	样本编号	用户名	密码	预期结果	测试结果
2	S1	zhangsj	111111	欢迎	未执行
3	F1	zhangsj		您的用户名并不存在，或者您的密码错误	未执行
4	F2		111111	请输入您的用户名	未执行
5	F3	zhangsj	222222	您的用户名并不存在，或者您的密码错误	未执行

loginResult.xls [兼容模式]

	A	B	C	D	E
1	样本编号	用户名	密码	预期结果	测试结果
2	S1	zhangsj	111111	欢迎	pass
3	F1	zhangsj		您的用户名并不存在，或者您的密码错误	pass
4	F2		111111	请输入您的用户名	pass
5	F3	zhangsj	222222	您的用户名并不存在，或者您的密码错误	pass

图 14.7 样本与结果文件

每个文件中的格式与字段可以修改，根据具体项目需求进行调整。

14.2.5 编写测试用例

测试用例是分步骤描述测试过程，由目的动作、预期、附件等组成。水木社区登录测试用例如表 14-1 所示。

表 14-1 测试用例

序号	目的动作	预期	附件
1	执行自动化脚本，输入为附件样本	执行完成，导出测试结果文件	脚本文件 样本文件
2	查看测试结果文件	实际结果全部为 pass	

测试脚本的编写，使用 poi-3.14 完成对样本 excel 文件的读取和测试结果的保存。引入selenium-server-standalone-2.47.1.jar 使用 selenium 中 webdriver 作为浏览器驱动。关键代码如下。首先是读取样本，因为样本第一行是标题列，实际有效数据是第二行开始，所以测试数据从第二行读取。读取一条样本，执行一次登录操作，预期使用样本中的预期进行比对。一致的话将此样本实际结果置为 pass，否则置为 failed。全部执行完成，导出结果文件。对网站控件的识别使用By.xpath，如果控件存在 id 或 name 也可以使用这两个属性。相对于 id 或 name 可能出现重复的情况，xpath 是比较合适的识别方法。

```
public static void main(String[] args) {

    // --------------读取 excel 数据--------
```

```
        String path = "E:/jar/Book.xls";
        System.out.println("=======数据来自: " + path + "==========");
        File file = new File(path);
        FileInputStream inputStream = null;
        FileOutputStream fileOut = null;
        HSSFWorkbook wbs = null;
        try {
            inputStream = new FileInputStream(file);
            wbs = new HSSFWorkbook(inputStream);
        } catch (IOException e) {
            e.printStackTrace();
        }
        HSSFSheet childSheet = wbs.getSheetAt(0);
        HSSFCell cell;
        HSSFRow row;
        // 表头
        int begin = childSheet.getFirstRowNum();
        HSSFRow firstRow = childSheet.getRow(begin);
        int cellTotal = 5;

        begin += 1;// excel 数据从第二行读取
        HashMap<String, String> map;
        // 打开网址操作
        driver = new FirefoxDriver();
        boolean isOK = false;
        // 循环读取
        for (int i = begin; i <= childSheet.getLastRowNum(); i++) {
            // for (int i = begin; i <= 1; i++) {
            row = childSheet.getRow(i); // 下一行
            if (null != row) {
                String[] cells = new String[cellTotal];
                map = new HashMap();
                for (int k = 0; k < cellTotal; k++) {
                    cell = row.getCell(k);
                    cells[k] = getStringXLSCellValue(cell);
                    if (cells[k] != null & cells[k] != "") {
                        System.out.print(cell.toString() + "   ");
                    } else {
                        System.out.print("             ");
                    }
                }
                if (cells[0] == null || cells[0] == "")
                    break;
                map.put("YangBenBH", cells[0]);
                map.put("User", cells[1]);
                map.put("Password", cells[2]);
                map.put("Expect", cells[3]);
                map.put("Real", cells[4]);

                wait(1000);
                String url = "http://www.newsmth.net/";
                driver.get(url);
                driver.manage().window().maximize();
                driver.findElement(By.xpath(".//*[@id='id']")).click();
```

```
            driver.findElement(By.xpath(".//*[@id='id']")).clear();

            driver.findElement(By.xpath(".//*[@id='id']")).sendKeys(
                    map.get("User"));
            wait(1000);
            driver.findElement(By.xpath(".//*[@id='pwd']")).click();
            driver.findElement(By.xpath(".//*[@id='pwd']")).clear();
            driver.findElement(By.xpath(".//*[@id='pwd']")).sendKeys(
                    map.get("Password"));
            driver.findElement(By.xpath(".//*[@id='b_login']")).click();
            wait(3000);

            if (i == 1) {
                isOK = driver
                        .findElement(By.xpath(".//*[@id='u_login']/div"))
                        .getText().contains(map.get("Expect"));// 核对预期
                // 并判断是否包含 文本 what
                if (isOK == true) {
                    driver.findElement(By.xpath(".//*[@id='u_login_out']"))
                            .click();
                    row.getCell(4).setCellValue("pass");
                } else {
                    row.getCell(4).setCellValue("failed");
                }
            } else {
                    isOK = driver.findElement(By.xpath("html/body/div[3]"))
                        .getText().contains(map.get("Expect"));// 核对预期

                if (isOK == true) {
                    row.getCell(4).setCellValue("pass");
                    // jsPrompt.accept();// 模拟点击确定
                } else {
                    row.getCell(4).setCellValue("failed");
                }
                wait(1000);
            }
            System.out.println();
        }
    }
    String url = "E:/jar/";
    try {
        fileOut = new FileOutputStream(url + "loginResult" + ".xls");
    } catch (FileNotFoundException e) {
        // TODO Auto-generated catch block
        e.printStackTrace();
    }// 另存文件
    try {
        wbs.write(fileOut);
    } catch (IOException e) {
        // TODO Auto-generated catch block
        e.printStackTrace();
    }
    try {
        fileOut.close();
```

```
        } catch (IOException e) {
            // TODO Auto-generated catch block
            e.printStackTrace();
        }
        System.out.println("=======测试完成。导出结果文件在：" + url + "loginResult"
                + ".xls" + "==========");
        driver.quit();
    }
```

14.2.6　执行测试用例

按照用例步骤执行测试用例。执行完成脚本，查看测试结果文件即可。如果存在识别的情况，可以看到对应的样本数据。修改软件后，继续执行一遍自动化脚本，直到没有错误。

前面也提到自动化测试是适用于回归测试的，所以通常情况，不应有较多错误。如果错误较多，或修改的功能对影响域内的其他功能影响较大，则修改自动化脚本的工作量就会很大，这时应重新考虑是否采用自动化的方式。

14.3　小　　结

自动化测试实现方式与实现对象要考虑工作中的实际情况。自动化能够替代大量的人工操作，节省时间。但是开发与维护自动化脚本需要专门的人员投入。实际工作中应该均衡考虑，清楚自动化的适用范围，才能做到事半功倍的效果。

自动化适用于大批量类似功能操作、关键功能、相当一定时间内不会做大的改动的功能，多用于回归测试。这些关键点，测试负责人在决策时应当牢记。

14.4　习　　题

使用 selenium 实现对一个网站提交表单的自动化测试，例如发帖子、测试数据与执行脚本分开、自动导出测试结果。